"十三五"职业教育规划教材

食品化学

武爱群　谢建华　主编
贡汉坤　主审

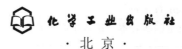

化学工业出版社
·北京·

食品化学是食品类专业的主干课程。本书针对高职高专的特点，遵循高职高专教育规律，简化基础理论，注重食品化学对食品加工和食品品质影响等方面的内容，加大实验实训比重。全书内容包括食品的基本营养成分（水分、糖类、蛋白质、脂类、维生素、矿物质），影响食品品质的其他成分（食品中的酶、色素、风味物质、添加剂、有害物质）的化学组成、结构、理化性质及其在食品加工和贮藏中发生的化学变化等，以及这些变化对食品品质和安全性的影响；最后介绍了相关的实验实训内容。本书配有电子课件，可从 www.cipedu.com.cn 下载参考。

本书可作为食品类、农产品类、餐饮类和公共服务类等专业的教材，也可作为相关行业科研和技术人员的参考书。

图书在版编目（CIP）数据

食品化学/武爱群，谢建华主编. —北京：化学工业
出版社，2019.9（2024.9重印）
"十三五"职业教育规划教材
ISBN 978-7-122-34716-9

Ⅰ.①食… Ⅱ.①武…②谢… Ⅲ.①食品化学-高
等职业教育-教材 Ⅳ.①TS201.2

中国版本图书馆 CIP 数据核字（2019）第 121880 号

责任编辑：迟　蕾　张春娥　李植峰　　　　装帧设计：王晓宇
责任校对：边　涛

出版发行：化学工业出版社（北京市东城区青年湖南街 13 号　邮政编码 100011）
印　　刷：北京云浩印刷有限责任公司
装　　订：三河市振勇印装有限公司
787mm×1092mm　1/16　印张 14¾　字数 364 千字　　2024 年 9 月北京第 1 版第 7 次印刷

购书咨询：010-64518888　　　　　　售后服务：010-64518899
网　　址：http://www.cip.com.cn
凡购买本书，如有缺损质量问题，本社销售中心负责调换。

定　　价：42.00 元　　　　　　　　　　　　　　　　版权所有　违者必究

《食品化学》编审人员名单

主　　编　武爱群　谢建华

副 主 编　余奇飞　包志华　王利民

编写人员　（按姓氏汉语拼音排序）

白　雪（黑龙江职业学院）

包志华（内蒙古商贸职业学院）

刘娜丽（山西药科职业学院）

王利民（呼和浩特职业学院）

武爱群（安徽粮食工程职业学院）

谢建华（漳州职业技术学院）

余奇飞（漳州职业技术学院）

张瑾莉（安徽粮食工程职业学院）

张　艳（重庆三峡职业学院）

主　　审　贡汉坤（江苏食品药品职业技术学院）

前 言

随着食品工业的不断发展，食品种类和功能越来越多，人们对食品的营养、安全和感官质量特性提出了更高的要求。而食品化学知识广泛地应用在食品工业、食品检验、食品安全等与食品密切相关的领域中，它对于提高人们生活品质发挥着越来越重要的作用。

食品化学课程是食品类、农产品类、药品类、餐饮类和公共服务类等专业的主干课程。为贯彻落实党的十九大精神和全国教育大会精神，认真实施《国家职业教育改革实施方案》，提升人才培养质量，实现高职教育高质量发展，我们以教育部有关高职高专教育教学的最新基本要求为原则，结合十余所高职院校授课教师的教学经验，联合食品企业一线技术管理人员，力求打造出一本有关食品化学基础知识与技能的精品教材。

该教材针对高职高专的特点，紧密结合人们日常生活中的"食"，将抽象的理论知识尽可能融入大量实例中，易学易懂；突出了"工学结合"的特色，简化了有关复杂化学结构方面的知识，加大了食品化学对食品加工、食品品质影响的内容。全书共分三个模块进行介绍，模块一为食品的基本营养成分；模块二为影响食品品质的其他成分；模块三为食品化学实验实训。本教材注重适用性和实用性的统一、知识性和趣味性的统一、理论教学与实践教学的统一，同时注重与前导基础课程及后续专业课程的衔接。

本书由武爱群编写绪论、模块一项目一，谢建华编写模块一项目二，王利民编写模块一项目三，包志华编写模块一项目四、模块二项目五，白雪编写模块一项目五、模块二项目四，刘娜丽编写模块二项目一，张瑾莉编写模块二项目二、项目三，余奇飞和张艳合编模块三。全书由武爱群统稿，全国食品工业职业教育教学指导委员会副主任贡汉坤教授主审。

在编写过程中，得到了福建康之味食品工业有限公司技术总监林小晖的指导和帮助，在此表示感谢！同时感谢编者所在院校领导的大力支持！

鉴于编者水平有限，难免有疏漏与不妥之处，敬请广大同行及读者提出批评和建议，以便再版时进行修正完善。

编者

2019 年 3 月

▌目　录▐

模块二　影响食品品质的其他成分

参考文献

绪论

知识目标

1. 掌握食品化学的基本概念。
2. 了解食品化学的研究内容和研究方法。

案例引入

俗话说：民以食为天，食以安为先。 人们每日食用的米饭、馒头、鱼、肉、蛋、蔬菜、水果等食品，能给人体提供哪些营养物质？ 不同的食品为什么具有不同的色、香、味、形？ 食品为什么会腐败变质？ 人们采取哪些措施来保证食品的安全性？ 当你学习了食品化学这门课后，就能正确解答这类问题了。

一、食品化学的基本概念

1. 食品与食物

食物一般指能够提供营养素、维持人类代谢活动的可食性物料。经加工处理后供人们食用的食物称为食品。食物包含了食品。例如：生鸡蛋是食物，蒸鸡蛋是食品；小麦粉是食物，面包是食品；苹果是食物，果酱是食品等。但现在人们通常用"食品"一词来泛指一切可以被人类食用的食物，即食品与食物两者之间不进行严格的区分。

2. 食品的化学成分

食品的化学成分很复杂，有些成分是动植物体内原有的。例如：禽蛋中富含蛋白质；动物肉中富含脂肪；谷物中富含碳水化合物；动物肝脏中富含铁等矿物质；蔬果中富含维生素和水等。蛋白质、脂肪、碳水化合物、矿物质、维生素和水这六种成分，是维持人体正常生长发育和新陈代谢所必需的物质，称作六大营养素。食品中的有些成分是在加工或储存过程中产生的。例如：糖类在加热过程中产生黑褐色的焦糖；粮食经发酵可以生成醋酸（食醋的主要成分）和乙醇（酒的主要成分）；蔬菜在腌制过程中会产生亚硝酸盐；油脂储存过程中产生具有哈喇味的小分子醛、酮、酸等。

根据食品中各化学成分的来源，可将其分为天然成分和非天然成分两大类。天然成分是指在正常的食品原料生产过程中生成的化合物，包括无机成分和有机成分；非天然成分指人为添加的成分，包括食品添加剂和污染物。食品的化学组成分类见图0-1。

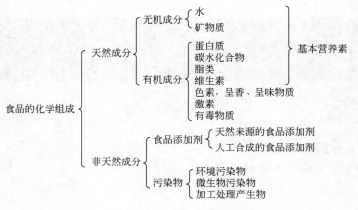

图 0-1　食品的化学组成分类

3. 食品化学的定义

食品化学是从化学角度和分子水平研究食品的组成、结构、理化性质、营养和安全性，以及食品在生产、加工、储存和运销过程中的变化及其对食品品质和食品安全性影响的科学；是为改善食品品质、开发食品新资源、革新食品加工工艺和储运技术、科学调整膳食结构、改进食品包装、加强食品质量控制及提高食品原料加工综合利用水平奠定理论基础的学科。

食品化学是一门交叉性的应用学科，它涉及化学、生物化学、物理化学、植物学、动物学、食品营养学、食品安全、高分子化学、环境化学、毒理学、分子生物学及包装材料学等诸多学科，侧重于研究动、植物及微生物中各成分在生命的不适宜条件下（如冻藏、加热、干燥等）的变化情况，以及在复杂的食品体系中不同成分之间的相互作用情况，各种成分的变化和相互作用与食品的营养、安全及感官享受（色、香、味、形）之间的关系。

二、食品化学发展简史

食品化学是随着化学、生物化学的发展以及食品工业的兴起而形成的一门独立的学科。我国劳动人民早在 4000 年前就已经掌握了酿酒技术，1200 年前便会制酱，在食品保藏加工、烹调等方面也积累了许多宝贵的经验。公元 4 世纪晋朝的葛洪已经采用含碘丰富的海藻治疗"瘿病"，公元 7 世纪已用含维生素 A 丰富的猪肝治疗夜盲症。可见我国的食品化学萌芽于远古时代，但直到 18 世纪末期世界各国才开始进行有关食品化学的研究，20 世纪食品化学才真正成为了一门独立的学科。国内有学者根据文献将食品化学的发展过程大致归纳为以下四个阶段。

（1）早期阶段　18 世纪中后期，在化学学科发展的基础上，一些化学家、植物学家开始以食物为对象，从中分离某些成分。例如：从水果中分离出了柠檬酸和苹果酸，对食物特征成分如乳糖、柠檬酸等进行了大量研究，积累了许多有关食物成分的分析资料。

（2）发展阶段　19 世纪早期，英国化学家 Sir Humphrey Davy（1813 年）出版了第一本与食品化学相关的书籍《农业化学原理》，食品化学在农业化学的发展过程中得到了充实和发展，食品化学的研究开始在欧洲占据重要地位，体现在建立了专门的化学研究实验室，创立了新的化学研究杂志。与此同时，食品掺假事件在欧洲时有发生，这对于检验食品中的杂质提出了更高要求，推动了食品检验技术的快速发展。在此期间，Justus von Liebig 优化了定量分析有机物质的方法，并于 1847 年出版了第一本有关食品化学的著作《食品化学的研究》。

（3）成熟阶段 19 世纪中期，英国的 Arthur Hill Hassall 绘制了显示纯净食品材料和掺杂食品材料的微观形象示意图，建立了精确的微观分析方法，推动了人类对食品成分的认识进程。20 世纪初，食品工业已成为发达国家和一些发展中国家的重要工业，大部分食品的物质组成被揭示，关于食品化学研究的世界性杂志相继创刊，食品化学文献日益增多。人们对食品质量和自身营养状况的更多关注，推动了食品化学的进一步发展，食品化学逐渐成为一门独立的学科。

（4）现代阶段 随着世界范围的社会、经济和科学技术的快速发展以及各国人民生活水平的显著提高，为更好地满足人们对食品的安全、营养、美味、方便的更高需求，传统食品加工已向规模化、标准化、工程化及现代化的方向发展，新工艺、新材料、新装备不断应用，极大地推动了食品化学的快速发展。另外，基础化学、生物化学、仪器分析等的快速发展也为食品化学的发展提供了条件和保证。

三、食品化学的研究内容和领域

食品的组成成分复杂，从原料生产到食品加工、包装、贮藏、产品销售、食用等各环节，都涉及一系列的化学反应和生物化学反应，对这些变化的研究和控制构成了食品化学研究的核心内容。

（1）食品中营养成分、呈色成分、风味成分和有害成分的化学组成、性质、结构及功能特性的研究 食品的基本成分包括人体营养所需的蛋白质、脂肪、碳水化合物、矿物质、维生素和水等，它们提供人体正常代谢所必需的物质和能量（常见食品所含营养成分见表 0-1）。食品除了具有足够的营养素外，还必须具有能激发人们食欲的风味特征和良好的质地，同时必须对人体无害。

表 0-1 常见食品所含营养成分

类别	食物名称	食部/g	能量/kJ	蛋白质/g	脂肪/g	碳水化合物/g	维生素 A/μgRE	胡萝卜素/μg	硫胺素/mg	核黄素/mg	尼克酸/mg	维生素 C/mg	钙/mg	铁/mg	锌/mg	硒/μg
谷类及制品	小麦粉（标准粉）	100	1482	15.7	2.5	70.9	—	—	0.46	0.05	1.9	—	31	0.6	0.2	7.42
薯类、淀粉及制品	马铃薯	94	318	2.0	0.2	17.2	5	30	0.08	0.04	1.1	27	8	0.8	0.37	0.78
畜肉类及制品	猪肉（肥瘦）	100	1653	13.2	37.0	2.4	18	—	0.22	0.16	3.5	—	6	1.6	2.06	11.97
蔬菜类及制品	荷兰豆	88	113	2.5	0.3	4.9	80	480	0.09	0.04	0.7	16	51	0.9	0.50	0.42
水果类及制品	中华猕猴桃	83	234	0.8	0.6	14.5	22	130	0.05	0.02	0.3	62	27	1.2	0.57	0.28

食品中的有毒物质包括食品中存在的天然毒物，加工和贮藏过程中产生的有毒物质以及化肥、农药、重金属、真菌毒素等外源污染物。这些物质的快速灵敏分析、对食品安全性的影响和作用机制以及它们在食品中的分布和存在状况，都是食品化学研究的重要内容。

（2）食品在生产、加工、贮藏、运销过程中发生的变化及变化机理的研究　食品在贮藏加工过程中发生的化学变化主要有以下几类：食品的非酶褐变和酶促褐变；脂类的水解、氧化、热降解和辐射；蛋白质的变性、交联和水解反应；糖类的水解；维生素的降解和损失；食品中风味化合物的产生；水分活度对食品安全性的影响；食品中大分子化合物的结构与功能特性之间的变化；酶催化的反应；食品中有害化合物的产生等。这些变化的发生会影响食品的品质和安全性。

（3）食品加工、贮藏新技术开发的研究　近 20 年来，食品科学和工程领域发展了许多高新技术，例如辐照保鲜技术、生物技术、微波技术、超临界萃取技术、分子蒸馏技术、膜分离技术、活性包装技术、可降解食品包装材料、真空临界低温干制技术、超微粉碎技术、微胶囊技术等，这些新技术的开发和应用与食品化学的发展紧密相关。

（4）食品的新产品开发和食品的新资源利用的研究　社会在进步，人们生活水平也在提高，这也就要求开发新的食品资源。人们不仅要求食品具有丰富的营养、良好的风味、食用的安全性，而且还要求食品具有增强人体体质、调节人体生理功能、恢复健康、延缓衰老等特殊功能。对这些功能性食品的研究和开发已成为现阶段食品化学的重要研究方向。

（5）食品安全性的研究　食品安全通常指食品质量安全，即食品无毒、无害，符合应当有的营养要求，对人体健康不造成任何急性、亚急性或者慢性危害。而食品在生产、加工、贮藏、运输过程中会受到工业废水、农药、兽药、微生物等有害物质不同程度的污染，并且食品掺假现象依然存在，因此运用食品化学知识研究食品中的有毒、有害物质的化学成分，快速检测食品中的有毒、有害成分，已成为进一步保障食品质量与安全的重要手段。

四、食品化学的研究方法

食品是由多种化学成分构成的体系，这些化学成分在食品原料配制、食品加工和贮藏过程中会发生许多复杂的变化，这些变化及其对食品品质的影响见表 0-2。

表 0-2　食品加工或贮藏中常见的反应对食品的影响

反应种类	实例	对食品的主要影响
非酶褐变	焙烤食品表皮呈色,贮藏时色泽变深等	产生需宜的色、香、味,营养损失,产生不需宜的色、香、味和有害成分等
氧化反应	脂类的氧化、维生素的氧化、酚类的氧化、蛋白质的氧化、色素变色等	变色,产生需宜的风味,营养损失,产生异味和有害成分等
水解	脂类、蛋白质、维生素、碳水化合物以及色素等的水解	增加可溶物,质地变化,产生需宜的色、香、味,增加营养,某些有害成分的毒性消失等
异构化	顺-反异构化、非共轭酯-共轭酯	变色,产生或消失某些功能等
聚合	油炸过程中油起泡,水不溶性褐色成分	变色,营养损失,产生异味和有害成分等
蛋白质变性	卵清蛋白凝固、酶失活	增加营养,某些有害成分的毒性消失等

食品化学的研究方法不同于一般的化学研究方法，它将食品的化学组成、理化性质及变化的研究，与食品品质和安全性的研究联系起来，通常采用一个简化的、模拟的食品物质体

系来进行试验，再将所得的试验结果应用于真实的食品体系，进而解释真实的食品体系中的情况。

五、食品化学在食品工业中的作用及发展前景

1. 食品化学在食品工业中的作用

食品化学已成为食品类各专业的主要基础课程之一，它对食品工业的发展产生了重要影响。现代食品正向着加强营养、保健、安全和享受性方面发展，食品化学的基础理论和应用研究成果，正在并将继续指导人们依靠科技进步，健康而持续地发展食品工业。实践证明，没有食品化学的理论指导就不可能有快速发展的现代食品工业。食品化学对各食品工业技术进步的影响见表 0-3。

表 0-3 食品化学对各食品工业技术进步的影响

食品工业	影响方面
基础食品工业	面粉改良,改性淀粉及新型可食用材料,高果糖浆,食品酶制剂,食品营养的分子基础,开发新型甜味料及其他天然食品添加剂,生产新型低聚糖,改性油脂,分离植物蛋白,生产功能肽,开发微生物多糖和单细胞蛋白质,野生、海洋和药食两用资源的开发利用等
果蔬加工贮藏	化学去皮,护色,质构控制,维生素保留,脱涩脱苦,打蜡涂膜,化学保鲜,气调贮藏,活性包装,酶法榨汁,过滤和澄清,化学防腐等
肉品加工贮藏	宰后处理,保汁和嫩化,护色和发色,提高肉糜乳化力、凝胶性和黏弹性,超市鲜肉包装,烟熏剂的生产和应用,人造肉的生产,内脏的综合利用(制药)等
饮料工业	速溶,克服上浮下沉,稳定蛋白饮料,水质处理,稳定带肉果汁,果汁护色,控制澄清度,提高风味,白酒降度,啤酒澄清,啤酒泡沫和苦味改善,防止啤酒异味,果汁脱涩,大豆饮料脱腥等
乳品工业	稳定酸乳和果汁乳,开发凝乳酶代用品及再制乳酪,乳清的利用,乳品的营养强化等
焙烤工业	生产高效膨松剂,增加酥脆性,改善面包呈色和质构,防止产品老化和霉变等
食用油脂工业	精炼,油脂改性,DHA(二十二碳六烯酸,俗称脑黄金)、EPA(二十碳五烯酸,鱼油的主要成分) 及 MCT(中链甘油三酯)的开发利用,食用乳化剂生产,抗氧化剂,减少油炸食品吸油量等
调味品工业	生产肉味汤料、核苷酸鲜味剂、碘盐和有机硒盐等
发酵食品工业	发酵产品的后处理,后发酵期间的风味变化,菌体和残渣的综合利用等
食品安全	食品中外源性有害成分来源及防范,食品中内源性有害成分消除等
食品检验	检验标准的制定,快速分析,生物传感器的研制,不同产品的指纹图谱等

2. 食品化学发展前景

食品化学是食品科学学科中发展较快的一个领域，食品化学的研究成果和方法已不断被食品界所吸收和应用，为食品工业的发展注入了巨大活力。近年来，食品化学的研究领域更加拓宽，研究手段更趋现代化，研究成果的应用周期越来越短。随着人们生活水平的提高和食品工业的快速发展，食品化学的理论和应用必将产生新的突破和飞跃。近期食品化学的研究方向将体现在以下几方面：

① 继续研究不同原料和不同食品的组成、性质以及在食品贮藏加工中的变化及其对食品品质和安全性的影响。

② 开发新的食品资源，特别是新的食用蛋白质资源，发现并脱除新食源中的有害成分，

同时保护有益成分的营养与功能性。

③ 现有的食品工业生产中还存在各种各样的问题，如变色变味、质地粗糙、货架期短、风味不自然等，这些问题有待食品化学家与工厂技术人员相配合，从理论和实践上加以解决。

④ 功能性食品中功能因子的组成、提取、分离、结构、生理活性及综合开发等。

⑤ 现代贮藏保鲜技术的研究。

⑥ 利用现代分析手段和高新技术深入研究食品的风味化学和加工工艺学。

⑦ 新食品添加剂的开发、生产和应用研究。

⑧ 食品快速分析和检测新方法或新技术的研究与开发。

⑨ 食物资源深加工和综合利用的研究。

六、食品化学的学习方法

食品化学是食品类专业重要的专业基础课程，在食品类专业人才培养中具有重要地位。由于食品化学课程的知识点多而且分散，课程知识的理论性较强，在学习这门课时应注意：①掌握食品化学基本概念，加深对食品中的主要化学成分的结构特点和在加工、贮藏过程中的反应机理的理解。②提倡课前预习、课后复习归纳，养成学习中记笔记的习惯。主动将所学知识系统化，在对知识理解的基础上加强记忆。③重视实验课的学习和实验技能的训练。食品化学是应用化学等学科的实验手段与方法来研究食品中所发生的各种化学变化的，食品化学的实验有助于对所学知识的理解和应用，培养实事求是和严谨的科学态度。④食品化学与人们的日常生活紧密相关，学习中应注意联系生活实际，锻炼用所学知识解释常见食品在加工、贮藏、营销、食用过程中出现各类变化的能力，提高学习兴趣，做到学以致用。

模块一
食品的基本营养成分

项目 一

食品中的水分

1. 了解水分在食品中的作用及食品中水分的存在状态。
2. 掌握水分活度、水分吸附等温线的意义。
3. 掌握水分活度对食品稳定性的影响。

案例引入

　　日常生活中蒸煮米饭时，蒸煮时的水分比例是影响米饭食味品质的主要因素之一，它影响了米饭的黏度、硬度和食味。新鲜蔬菜经脱水处理、新鲜水果加糖制成蜜饯等这些不同的加工工艺，可以改变果蔬风味，延长新鲜蔬果的贮存期。肉类食品在−18℃下冻藏，可大大延长其保质期。可见食品中的水分及其存在状态，对食品品质、食品加工和食品贮藏等有着重要影响。

一、概述

　　水是食品的重要组成成分，了解食品中水分的含量、分布、存在状态，水分对食品品质的影响、水分在食品加工贮藏过程中的变化等，对于食品加工、食品贮藏、食品营养及食品安全性的研究具有重要的指导意义。

1. 各种食品及原料的含水量

　　食品中的水分参与了食品加工中的各种化学和生物化学反应，同时赋予各种食品不同的色、香、味、形等特征。每一种食品都有其特定的含水量，改变食品的含水量，食品原有的形态、质构、口感等都将发生改变。如焙烤食品的含水量与其松软度有关；蔬菜的含水量与其新鲜度、硬度、脆感等有关；肉制品的含水量与其鲜嫩度和黏弹性有关。

　　在生物体内，水的分布是不均匀的。动物性原料中，肌肉、脏器、血液中的含水量最高，为 $70\%\sim80\%$；皮肤次之，为 $60\%\sim70\%$；骨骼含水量最低，为 $12\%\sim15\%$。植物性原料中，即便是同一种植物原料，其组织和器官之间因成熟度的不同，水分含量差异也很大。一般地，叶菜类较根茎类含水量高得多；营养器官（如植物的叶、茎、根）含水量较高；繁殖器官（如植物的种子）含水量较低。表 1-1 所列为主要食品和食品原料的含水量。

表 1-1　主要食品和食品原料的含水量

食品名称	含水量/%	食品名称	含水量/%	食品名称	含水量/%
蔬菜		乳制品		水果	
青豌豆	80～90	液态乳	87～92	杏	85～91
甜菜	85～95	奶粉	4～6	西瓜	90～98
胡萝卜	80～85	奶油	16～18	草莓	90～96
马铃薯	78～85	奶酪	40～70	苹果	90～95
大白菜	90～95	冰激凌	65～68	柑橘	87～95
番茄	90～95	山羊乳	87～93	香蕉	75～80
莴苣	90～97	人造黄油	18～20	葡萄	80～85
卷心菜	92～98			梨	85～90
焙烤制品		糖及其制品		肉类	
蛋糕	20～24	蜂蜜	20～25	土耳其烤肉	62～68
饼干	5～8	果冻	<35	猪肉	60～63
面包	35～45	糖蜜	25～28	牛肉	50～70
馅饼	43～59	糖	<1	鱼肉	65～81

2. 水在食品中的作用

食品中水的含量、分布、状态和取向对食品的结构、外观、质地、风味、色泽、流动性等具有极大的影响，而且水对生物组织的生命过程也起着重要的作用。

（1）水是食品中的溶剂　水是自然界中最丰富的溶剂之一，食品中的水起着溶解和分散营养物质、风味物质、异味及有害物质等水溶性成分的作用，使它们形成溶液或凝胶。例如：肉类在加热过程中，其细胞破裂，结构松散，水溶性成分溶出，与加热过程中产生的水溶性风味物质和调味品中的水溶性物质混合在一起，构成肉类特有的肉香味。

（2）水是食品中的反应物和反应介质　在食品加工过程中，水作为食品中的溶剂具有物理作用和化学作用。水通过与蛋白质、多糖、脂类和调味料等作用，影响食品的结构、外观、质地、风味和营养。例如：小麦粉在调制面团的过程中，蛋白质发生水化作用形成了面筋，感官上表现为面团逐渐由松变硬、体积增大、弹性不断增强。

水还能参与导致食品腐败的化学反应，它是微生物繁殖的重要条件，能够影响食品的贮藏期和安全性。

（3）水能去除食品中的有害物质　有些食品中含有异味物质和有害物质，它们可通过溶解在水中而除去，或被水分解而破坏。常用的去除食品中异味和有害物质的方法有浸泡、热烫、焯水等。例如：果蔬干制前首先要用水浸泡，清洗除去新鲜果蔬表面的灰尘、泥土、农药和微生物等；杏、桃等植物性食品的核仁中含有对人体有毒的氰苷，但氰苷具有较好的水溶性，因而可通过用水浸泡、漂洗的方法除去。

（4）水是食品的浸胀剂　水是食品加工中的重要原料，具有膨润、浸透、均匀化等功能。干制品中的淀粉、蛋白质、果胶、琼脂等都可以吸水发生浸胀，被吸收的水分存在于凝胶结构网络中，使其体积膨大。浸胀后的物质比其在浸胀前更易受热、酸、碱和酶的作用，所以更容易被人体消化吸收，但也容易被细菌或其他不正常环境因素破坏而腐败变质。例如：香菇、木耳的胀发就是将其浸泡在水中，让它们重新吸收充足的水分，最大限度地恢复原有鲜嫩、松软的状态，同时有利于去除杂质和异味。

（5）水是食品的传热介质　水在加热时，水分子剧烈运动并通过与食品原料的碰撞传递热能，即以对流的形式进行热传导。

在食品加工过程中，水量、水质、水温直接影响食品加工工艺。例如：谷物颗粒不溶于水，消化液难以渗入植物细胞壁，不易被人体消化吸收，而人们利用水的传热作用，把谷物颗粒放入水中加热熬煮，颗粒在热水中慢慢溶胀、分裂、崩溃，形成糊状进入溶液，最终成为营养丰富、易被人体消化吸收的香喷喷的米粥。食物烹饪中的煮、炖、蒸、烤、涮等都是利用水的传热进行的。

3. 水的生理功能

水是人体细胞和体液的重要组成成分，是维持生命活动、调节代谢过程不可缺少的重要物质，一切生命活动都离不开水。

水在人体内具有以下重要功能：①水是良好的溶剂。水能促进营养素的消化、吸收和废弃物的排泄，参与人体内新陈代谢全过程。②水具有调节体温的作用。水的热容量大，人体通过出汗散发体内过多的热能，通过血液流动维持全身体温不发生大的波动，人的正常体温为 $36.0 \sim 37.2 \, ℃$。③水是一种天然的润滑剂。如泪液可防止眼球干燥，唾液和消化液有利于吞咽及咽喉的湿润，体内关节、韧带、肌肉、膜等部位因为有水的润滑作用而避免了摩擦损伤等。

人体对水的需求量随个体年龄、性别、体重、活动强度以及气候而变化。人的年龄越小，体内含水量越高，胎儿体内含水量约为 90%，婴儿体内含水量约为 80%，成年人体内含水量为 $50\% \sim 70\%$，一般成年女性体内含水量大于成年男性。水在人体内的分布不均匀，骨骼的含水量最低，约为 22%，血液中的含水量最高，约为 85%。人体主要通过日常饮食获取水分，体内自身经氧化或代谢过程也会产生少量的水。成年人每日需水量为 $1450 \sim 2800 \, mL$，当体内缺水时，人就会感到口渴，这时就要通过饮水来补充体内水分，维持人体健康。

二、食品中水和冰的结构与性质

1. 食品中水的结构

（1）水分子的结构　水分子的化学式为 H_2O，其中的氢原子与氧原子以极性共价键结合。因氧原子吸引电子的能力大于氢原子，$O—H$ 间的共用电子对偏向于氧原子，使得氧原子带有部分负电荷、氢原子带有部分正电荷。水分子是非线性分子，两个 $O—H$ 极性键组成的键角为 $104.5°$，$O—H$ 核间距为 $0.096 \, nm$，氧与氢的范德华半径分别为 $0.14 \, nm$ 和 $0.12 \, nm$（气态水分子），每个键的解离能为 $4.61 \times 10^2 \, kJ/mol$。因此水分子是典型的极性分子。其结构见图 1-1。

（2）水分子的相互作用　水分子具有很强的缔合作用。这是由于水分子中的氢原子带有部分正电荷而表现出裸质子的特征，这个氢原子可与另一个水分子中的氧原子外层的孤对电

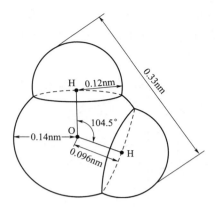

图 1-1　单个水分子的结构示意

子互相吸引，这种作用力所产生的能量一般在 2～40kJ/mol 的范围，比化学键弱但比分子间作用力强，称之为氢键。水分子间通过这种氢键而呈现缔合状态。水分子的缔合可用式子 $n H_2O \rightleftharpoons (H_2O)_n$ 表示。

　　由于每个水分子中有四个形成氢键的位点，因此每个水分子可通过氢键最多结合 4 个水分子，形成如图 1-2 所示的四面体结构。因此水分子间的吸引力比同样靠氢键结合在一起的小分子如 NH_3 和 HF 要大得多。

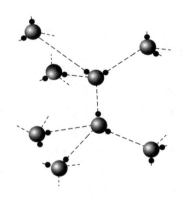

图 1-2　四面体结构中的水分子间氢键
（虚线代表氢键，大圆球代表氧原子，小圆球代表氢原子）

　　通常情况下水有三种存在状态：气态、液态和固态。水在其沸点 100℃ 时，缔合程度很小，水蒸气中的水分子以单个状态存在。液态水有一定程度的缔合。水在 0℃ 以下结成冰时，每个水分子被其他 4 个水分子包围，水分子固定在相应的晶格里，要破坏它们的结构必须给予额外的能量，所以水的熔点较高。

　　不仅水分子之间可以通过氢键缔合，许多带有极性基团的有机分子也可以通过氢键与水结合，这就是糖类、氨基酸类、蛋白质类等化合物能够溶解在水中的原因。

2. 食品中冰的结构

　　冰是水分子通过氢键相互结合、有序排列形成的低密度、具有一定刚性的六方形晶体结构。冰中的每个水分子都与其相邻的 4 个水分子形成四面体结构，每个水分子都位于四面体的顶点，构成了水分子的分子晶体。普通冰的晶胞如图 1-3 所示，最邻近的水分子的 O—O

核间距为 0.276nm，O—O—O 键角约为 109°，很接近标准的四面体的键角 109°28′。当冰融化时一部分氢键断裂，转变为结构紧密的液态水分子，密度增加，所以水的密度大于冰的密度。

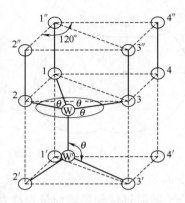

图 1-3　0℃时普通冰的晶胞（圆圈表示水分子中的氧原子）

冰主要有 11 种结晶类型，在常压和 0℃时，只有普通的正六方晶系的冰晶体是稳定的。六方形是大多数冷冻食品中重要的冰晶形式，它是一种高度有序的普通结构。食品在最适度的低温冷却剂中缓慢冷却，并且溶质的性质及浓度均不严重干扰水分子的流动时，才有可能形成六方形冰晶。

水的冻结温度为 0℃，但纯水在此时并不结冰，而是先被冷却到过冷状态。所谓过冷状态是由于无晶核存在，液态水的温度降到冰点以下仍不析出固体。如果外加晶核，在这些晶核周围就会逐渐形成大的冰晶，但此时生成的冰晶粗大，因为冰晶只围绕有限的晶核长大。

一般食品中的水是溶解了食品中的可溶性成分所形成的溶液，食品中溶质的数量和种类对冰晶的数量、大小、结构、位置和取向都有影响。食品中水的冰点均低于 0℃，大多数天然食品的初始冻结点在 −2.6～−1.0℃。随冻结量增加，冻结温度持续下降，直到达到食品的低共熔点。我们把食品中的水完全结晶时的温度叫低共熔点，大多数食品的低共熔点在 −65～−55℃。然而我国商业冻藏食品一般采用 −18℃ 的温度，虽然这个温度比低共熔点高很多，但在此温度下大部分水已结冰，大大降低了食品中化学反应发生的程度。

现代食品冷冻技术常使用速冻，即食品在 30min 之内中心温度必须降至 −18℃，并在 −18℃ 以下的温度贮藏。食品在速冻条件下形成的冰晶细小、呈针状，冰晶分布与天然食品中液态水的分布极为接近，不会损坏细胞组织。当食品解冻时，冰晶体融化，对食品品质影响最小。速冻的冻结时间短且微生物活动受到更大限制，保证了食品的品质和安全性。

3. 食品中水与冰的物理性质

水与元素周期表中邻近氧的某些元素的氢化物（如 HF、H_2S、NH_3、CH_4）的物理性质有显著差异，水的这些特性对于食品加工和贮藏具有重要的意义。例如：水的密度高于冰的密度，使得水结成冰时体积增大 9%，表现出异常的膨胀特性，这将导致动、植物体内的细胞组织经冻藏后被破坏，解冻后出现汁液流失、组织溃烂、滋味改变等。因此，含水食品在加工和贮藏过程中，必须以水为重点，考虑和选择合适的方法和工艺条件。水和冰的常见物理性质见表 1-2。

表 1-2　水和冰的常见物理性质

物理量名称	物理常数值		
分子量	18.0153		
相变性质			
熔点(101.3kPa)/℃	0.000		
沸点(101.3kPa)/℃	100.000		
临界温度/℃	373.99		
临界压力/MPa	22.064		
三相点	0.01℃ 和 611.73Pa		
熔化热(0℃)/(kJ/mol)	6.012		
蒸发热(100℃)/(kJ/mol)	40.657		
升华热(0℃)/(kJ/mol)	50.910		
其他性质	20℃（水）	0℃（水）	0℃（冰）	−20℃（冰）
密度/(g/m³)	0.99821	0.99984	0.9168	0.9193
黏度/(mPa·s)	1.002	1.793	—	—
界面张力(相对于空气)/(mN/m)	72.75	75.64		
蒸气压/kPa	2.3388	0.6113	0.6113	0.103
热容量/[J/(g·K)]	4.1818	4.2176	2.1009	1.9544
热导率(液体)/[W/(m·K)]	0.5984	0.5610	2.240	2.433
热扩散系数/(m²/s)	$1.4×10^{-7}$	$1.3×10^{-7}$	$11.7×10^{-7}$	$11.8×10^{-7}$
介电常数	80.20	87.90	约90	约98

你知道吗？

水除了气态、液态和固态外，还有一种玻璃态。那么玻璃态水具有什么特性呢？

扫二维码可见答案

三、食品中水与溶质的相互作用及水分的存在状态

大多数食品中都同时含有水和非水溶质，这些非水溶质是蛋白质、糖类、脂类、矿物质、维生素以及各种食品添加剂等。由于非水溶质的存在，水与它们以多种方式相互作用后，影响了食品中水的结构和流动性。

1. 水与溶质的相互作用

(1) 食品中水与离子和离子基团的相互作用　当食品中的非水物质是可电离溶质时，这

些离子或离子基团（Na^+、Cl^-、—COO^-、—NH_3^+ 等）就与极性水分子结合，破坏了纯水靠氢键键合的四面体的正常结构，水分子被牢固地束缚在溶质中，导致水的结构、性质发生改变。例如：在水中加入 NaCl 后，Na^+ 和 Cl^- 与邻近的水分子相互作用（见图 1-4），这种作用方式通常称为离子水合作用。

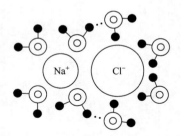

图 1-4　NaCl 与邻近水分子的水合作用（小空心圆代表氧，实心圆代表氢）

(2) 食品中水与极性基团的相互作用　当食品中的非水物质是含有极性基团（如 —OH、—NH_2、—COOH 等）的具有形成氢键能力的大分子时，水与溶质分子之间形成氢键，其强度与水分子之间形成的氢键相当，但远低于水分子与离子之间的静电相互作用。例如：食品中蛋白质、淀粉、果胶物质和纤维素等成分含有大量的具有氢键结合能力的极性基团，它们与水分子之间形成氢键，水的流动性大幅降低，并能阻碍水在 0℃ 下结冰。

(3) 食品中水与非极性基团的相互作用　当食品中的非水物质是含有非极性基团（疏水基团）的烃类、脂肪酸、氨基酸及蛋白质等物质时，它们与水分子间产生斥力，从而使疏水基团附近的水分子之间的氢键键合作用增强，结构更为有序，水分子在疏水基团外围定向排列，此过程被称为"疏水水合作用"[见图 1-5(a)]。由于疏水水合作用在热力学上是不稳定的，因此水就尽可能少地与疏水基团缔合。如果水体系中存在多个分离的疏水基团，则疏水基团之间发生相互聚集，尽可能减少它们与水的接触面积，此过程被称为"疏水相互作用"[见图 1-5(b)]。

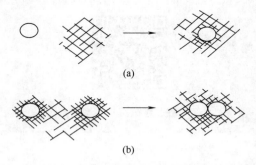

(a)

(b)

图 1-5　非极性物质与水相互作用示意

食品中大多数蛋白质分子中大约 40% 的氨基酸含有非极性基团，因此疏水基团相互聚集的程度很高，对蛋白质的构象及功能特性造成影响。当蛋白质的疏水基团暴露在水中时，会促使疏水基团缔合或发生"疏水相互作用"，引起蛋白质的折叠，这是维持蛋白质三级结构的重要因素。当蛋白质的疏水基团受周围水分子的排斥时，疏水基团之间则靠范德华力或疏水键紧密结合在一起，并尽可能减少与水的接触面积。如果蛋白质暴露的非极性基团太多，溶液就容易发生聚集而产生沉淀。球状蛋白质的疏水相互作用情况如图 1-6 所示。

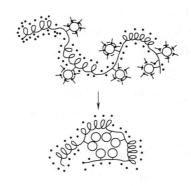

图 1-6 球状蛋白质的疏水相互作用

2. 食品中水分存在的状态

食品中的水分与非水物质结合的紧密程度不同，会对食品的结构、加工特性、稳定性等产生不同影响。一般可将食品中的水划分为结合水（或称束缚水、固定水）和自由水（或称游离水、体相水）。

(1) 结合水 结合水通常是指存在于非水物质附近的、与溶质分子之间通过化学键（氢键）结合的那部分水，是食品中与非水成分结合得最牢固的水。结合水不能被微生物利用，在 $-40℃$ 下不结冰，不能溶解溶质。根据结合水被结合的牢固程度不同，结合水又分为化合水、邻近水和多层水。

① 化合水（或称构成水） 是指与非水物质结合得最牢固的那部分水，它与非水物质构成了一个整体。如存在于蛋白质空隙区域内的水或者化学水合物内的水。在高水分含量食品中，化合水只占很小比例。

② 邻近水（或称单层水） 是指在非水物质中的亲水基团周围结合的第一层水，也包括直径小于 $0.1\mu m$ 毛细血管中的水。化合水和邻近水的总量占食品中总水分的 0.5% 左右。

③ 多层水 是指位于以上所说的第一层水的剩余位置的水和邻近水的外层形成的几个水层，主要靠水-水和水-溶质间的氢键形成。虽然多层水的结合强度弱于邻近水，但是仍与非水物质结合较紧密，其性质也大大不同于纯水的性质。多层水的含量约占食品总质量的 5%。如图 1-7 所示是单层水与多层水的示意。

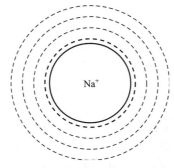

图 1-7 单层水（深色点）与多层水（浅色点）的示意

食品中大部分的结合水是与蛋白质、糖等相结合的。据测定，每 100g 蛋白质可结合 50g 左右的水，在动物的器官组织中，蛋白质约占 20%，所以在 100g 动物组织中由蛋白质结合的水可达 10g。植物组织的情况与此类似，每 100g 淀粉可结合约 30g 水。

（2）自由水　自由水通常是指没有被非水物质化学结合的水。自由水的性质与纯水性质相似，它在食品被冻结时能结冰，液态时能溶解溶质，可以被微生物所利用，也可以参与化学反应。食品在干燥过程中自由水首先被除去，而在食品复水过程中被最后吸入。根据自由水在食品中的存在状态，又可划分为滞化水、毛细管水和自由流动水。

① 滞化水（或称不移动水）　是指被组织中的显微和亚显微结构与膜所阻留的水，这些水不能自由移动。

② 毛细管水　是指生物组织的细胞间隙或食品的组织结构中的毛细管所保留的水。毛细管直径越小，持水能力越强，当毛细管直径小于 $0.1\mu m$ 时就是结合水，而当毛细管直径大于 $0.1\mu m$ 时就是自由水。大部分毛细管水是自由水，其物理和化学性质与滞化水相同。

③ 自由流动水　是指动物血浆、淋巴、尿液以及植物的导管和细胞内液泡中的水，以及食品中肉眼可见的水，这些水可以自由流动。

食品中的水与非水物质结合方式十分复杂，结合水和自由水之间难以定量划分，只能根据其物理、化学性质做定性划分。结合水与自由水性质比较见表 1-3。

表 1-3　结合水与自由水性质比较

性质	结合水	自由水
一般描述	存在于非水物质附近、与溶质分子之间通过化学键结合的水，包括化合水、邻近水、多层水	远离非水物质、以水-水氢键结合的水，包括滞化水、毛细管水和自由流动水
与溶质结合紧密度	紧密	不紧密
化学反应	不参与	参与
微生物利用性	不能	能
溶剂能力	不作溶剂	作溶剂
冰点（与纯水比较）	大幅降低，$-40℃$ 下不结冰	略微降低，能结冰
高水分食品中水分含量	3%～5%	约96%
去除水方法	化学方法	物理方法

结合水不易结冰有着重要的生物学意义，正因为具有这个性质，植物的种子和微生物的孢子才能够在极低温度下保持旺盛的生命力。

3. 持水力

持水力是描述由分子（通常是以低浓度存在的大分子）构成的机体，通过物理方式截留大量的水而阻止水渗出的能力。物理截留水在食品加工时表现出来的性质几乎与纯水相同，如在干燥时易于除去、在冻结时容易变为冰、可作为溶剂等，甚至当组织化食品被切割或剁碎时这部分水仍不会流出。

持水力是评定食品品质的重要指标之一。例如：肉的持水力影响肉的滋味、香气、多汁性、营养成分、嫩度、颜色等食用品质。一般老龄动物肉的持水力低，肌肉结构紧密，肉质较硬，结缔组织较多，加工方法宜采用小火长时间加热，但过度加热会造成肌肉纤维组织的彻底破坏、自由水流失、营养成分和风味物质丧失。年幼动物肉持水力高，肌肉结构较疏松，肉质细嫩，宜采用大火短时间加热的方法加工，以避免内部水分的损失，保持肉质鲜嫩。

食品持水力的损害会严重影响食品质量，如凝胶食品脱水收缩、冷冻食品解冻时渗水、面包放置后干燥等。因此在食品加工中，常使用水分保持剂提高食品持水力。

水分保持剂指在食品加工过程中，加入后可以提高产品的稳定性，保持食品内部持水性，改善食品的形态、风味、色泽等的一类物质。水分保持剂除可保持水分外，还能提高乳化性，改善食品品质，延长保质期。

四、水分活度

我们知道，食品的腐败变质与其含水量有着密切关系，通过干燥、浓缩、脱水等操作可以除去食品中绝大部分水分，从而使得食品的保质期得到延长。如香菇、鱼干、大豆、奶粉等食品就是通过脱水干燥进行保存的。人们还发现，不同种类的食品即使水分含量相同，其腐败变质的难易程度也存在明显差异，甚至出现含水量低的食品比含水量高的食品更易腐败的现象。如面包的含水量很低，保质期却不长；而酱油是高水分食品，保质期却较长。因此以含水量作为判断食品安全性的指标并不可靠。研究表明，食品的腐败与其所含自由水量相关，而与其所含结合水量几乎无关。即衡量食品贮藏稳定性时，水在食品中的状态比其在食品中的含量更重要。在此情况下提出了水分活度（A_w）的概念，水分活度能够反映水与各种非水成分的结合强度，且与微生物生长和许多降解反应密切相关，因此可以依据水分活度值预测食品的稳定性和安全性。

1. 水分活度的定义

水分活度表示食品中水分可以被微生物所利用的程度。其表达式见式(1-1)。

$$A_w = \frac{p}{p_0} = \frac{ERH}{100} \tag{1-1}$$

式中　p——某种食品在密闭容器中达到平衡状态时的水蒸气分压；

　　　p_0——在同一温度下纯水的饱和蒸气压；

　　ERH——食品样品周围的空气平衡相对湿度。

一般来说，由于食品中溶有小分子的盐类和一些有机物，因此食品中水的蒸气压一般低于纯水的蒸气压，食品的 A_w 在 0～1 之间。常见食品的水分活度见表 1-4。

表 1-4　常见食品的水分活度

食品	生鱼	苹果	牛乳	面包	熏火腿	果酱	酱油	面粉	饼干
A_w	0.99	0.99	0.98	0.95	0.87	0.80	0.80	0.70	0.10

通常把水分活度大于 0.85 的食品称为高水分活度食品，需要冷藏或采取其他措施控制病原体生长；水分活度在 0.6～0.85 之间的食品称为中等水分活度食品，不需冷藏也不需采取其他措施控制病原体生长，但可因酵母或霉菌引起腐败而影响稳定性；水分活度小于 0.6 的食品称为低水分活度食品，不需冷藏且货架期较长。

2. 水分活度与温度的关系

由于蒸气压是温度的函数，所以水分活度也是温度的函数。在测定样品的 A_w 时必须标明温度。

一般来说，含水食品在冻结温度以上时，水分活度主要受食品成分和温度的影响。在一定温度范围内，A_W 随温度的上升而上升，温度每变化 10℃，A_W 变化 0.03～0.20，因此温度的变化对水分活度产生的效应会影响密封袋内或罐装食品的稳定性。

当含水食品在冻结温度以下时，A_W 与食品的成分无关、仅与温度有关，此时不能根据水分活度值来预测冰点以下食品体系组成对化学、生物变化所产生的影响，加之在冻结温度以下时，微生物活动受到抑制且化学反应缓慢，所以 A_W 作为食品体系中可能发生的物理、化学和生理变化的指标，在高于冻结温度时使用更具有应用价值。

五、水分吸附等温线

一般情况下，食品的含水量越大，水分活度越大，但食品含水量与水分活度之间并不呈正比例关系，了解水分含量与水分活度的关系对食品加工和贮藏具有重要意义。例如：在浓缩和干燥过程中，样品脱水的难易程度与水分活度有关；配制混合食品时，应避免水分在不同组分之间转移；测定能够抑制微生物生长繁殖的最高水分活度值等。水分含量与水分活度的关系可用水分吸附等温线来表示。

1. 水分吸附等温线的定义

在恒温条件下，食品的含水量（用每单位干物质中的含水量表示）与其水分活度的关系曲线，称为水分吸附等温线，简称 MSI。

如图 1-8 所示是食品水分吸附等温线的示意，表明食品在极低水分含量到极高水分含量区间内，水分含量与水分活度的关系。由图可见，当食品的水分含量（gH_2O/g 干物质）从 0 变化到 0.5 时，水分活度相应地从 0 变化到了约 0.9。因此研究低水分含量范围食品的吸附等温线更具实用价值。

图 1-9 所示是低水分含量范围食品的吸附等温线放大图，为便于研究，可将图中曲线分为以下 3 个区间。

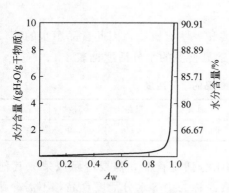

图 1-8　广泛水分含量范围食品的
水分吸附等温线

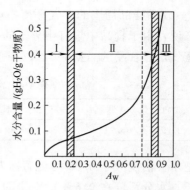

图 1-9　低水分含量范围食品的
水分吸附等温线（20℃）

Ⅰ区：为结合水中的化合水和邻近水区，曲线较陡。这部分水能比较牢固地与非水物质结合，是食品中最不易移动的水，因此 A_W 较低，一般在 0～0.25 之间，相当于物料含水量在 0～0.07gH_2O/g 干物质。这部分水由于被束缚，可看作是溶质的组成部分，因而不能溶解溶质，难以发生物理、化学变化，在 −40℃ 下不结冰，对固体没有显著的增塑作用。

在区域Ⅰ的高水分末端（区域Ⅰ和区域Ⅱ的分界线）位置的这部分水，相当于食品的单分子层水。可看成是在干物质可接近的强极性基团周围形成一个单分子层所需水的近似量，对于淀粉相当于每个脱水葡萄糖残基结合1个水分子。在高水分食品中，属于Ⅰ区的水只占总水量的很小一部分。

Ⅱ区：为结合水中的多层水区，曲线较平缓。这部分水的流动性比自由水稍差，A_W一般在0.25～0.8之间，对食品固形物有增塑作用，并促使固体骨架开始肿胀，引起溶解过程发生，使大多数反应速度加快。这种水大部分在−40℃下不结冰。区域Ⅰ和区域Ⅱ的水在高水分含量食品中最多占5%。

Ⅲ区：为自由水区。这部分水是与食品中非水物质结合最不牢固、流动性最大、运动能力最强的水，A_W较高，在0.8～0.99之间。在凝胶和细胞体系中，这种水以物理方式被截流，流动性受阻，与稀盐溶液中的水性质相似。这种水既可以结冰，也可以作为溶剂，有利于化学、生物化学反应的发生和微生物的生长繁殖，是影响食品稳定性的主要因素。这部分水在高水分含量食品中一般占总含水量的96%以上。

一般地，大多数食品的水分吸附等温线为如图1-9所示的S形，而水果、糖制品等食品的水分吸附等温线是J形。图1-10所示是一些食品的真实水分吸附等温线。

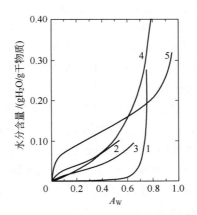

图1-10　不同食品的水分吸附等温线

1—糖果（主要成分为粉末状蔗糖）；2—喷雾干燥菊苣根提取物；3—焙烤后的咖啡；
4—猪胰脏提取物粉末；5—天然稻米淀粉（注：1为40℃时样品的MSI曲线，
其余为20℃时样品的MSI曲线）

2. 水分吸附等温线与温度的关系

由于食品的水分活度与温度有关，因此水分吸附等温线与温度密切相关。同一食品在不同温度下具有不同的水分吸附等温线。图1-11所示是马铃薯在不同温度下的水分吸附等温线。由图可见，在一定的水分含量时，水分活度随温度上升而增大；在一定的温度时，水分含量随水分活度的增加而增加。因此，为保持食品稳定性，可采取降低贮藏温度或降低水分含量的措施。

3. 滞后现象

MSI的绘制有两种方法，一种是回吸法，即向干燥食品中添加水所得到的吸附等温线；

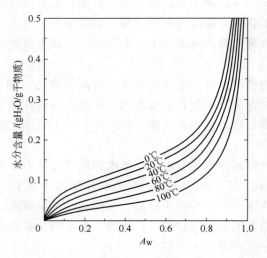

图 1-11　马铃薯在不同温度下的水分吸附等温线

另一种是解吸法，即把水从食品中移除所得到的吸附等温线。同一种食品的这两种曲线从理论上应该一致，但实际上并不完全重叠，这种现象就称为滞后现象。

如图 1-12 所示，实线是把完全干燥的样品（核桃仁）放置在相对湿度不断增加的环境里，样品（核桃仁）所增加的重量数据绘制而成的吸附（回吸）曲线；虚线是把潮湿样品（核桃仁）放置在同一相对湿度下，测定样品（核桃仁）重量减轻数据绘制而成的脱附（解吸）曲线。食品种类及组成成分不同，滞后作用的大小、滞后曲线的形状、滞后曲线的起始点和终止点都将不同，这取决于食品的性质、食品除去或添加水分时所发生的物理变化，以及温度、解吸速度和解吸时的脱水程度等多种因素。在 A_W 一定时，食品的解吸过程一般比回吸过程水分含量更高，故解吸曲线在回吸曲线之上。例如：通过空气干燥制得的苹果片属于高糖-高果胶食品，滞后现象主要出现在单分子层水的区域，当 A_W 超过 0.65 时就不存在滞后现象；冷冻干燥的熟猪肉属于高蛋白食品，在 A_W 低于 0.65 时有滞后现象；干燥的大米属于高淀粉食品，滞后现象较严重，如图 1-13 所示。

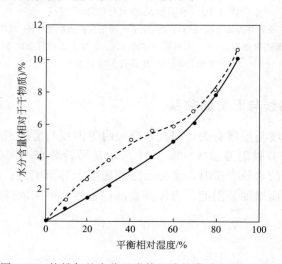

图 1-12　核桃仁的水分吸附等温线的滞后现象（25℃）

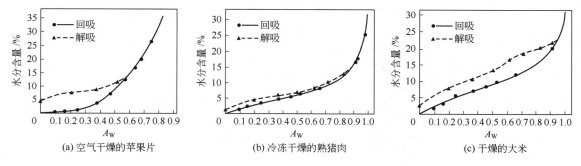

图 1-13 不同食品的水分吸附等温线的滞后现象

在食品工业中，水分回吸等温线用于吸湿制品的研究，而水分解吸等温线用于干燥过程的研究。干制后的产品应该具有良好的复水性。滞后现象越严重，干燥食品复水后与新鲜食品的外观和质地差别就越大。干燥技术的核心目标是尽可能减轻食品的滞后现象。

六、水分活度与食品稳定性

在大多数情况下食品的安全性与水分活度密切相关。研究食品水分活度与化学或酶促反应以及微生物生长的关系，可以提前预测食品的保质期，延缓食品的腐败变质。

1. 水分活度对食品化学反应的影响

食品中的水分有多种存在状态，水分参与食品中的化学反应时情况复杂。食品中能够发生氧化反应、褐变反应等各种化学反应，由于大多数化学反应要在水溶液中进行，所以降低食品中的水分活度，食品中水的状态发生了改变，自由水比例减少，降低了化学反应发生的程度。食品中一些常见的化学反应与水分活度的关系如图 1-14 所示。

食品中水分活度对脂类氧化的影响明显与其他化学反应不同。图 1-14（a）表示油脂氧化与 A_W 之间的关系。影响油脂品质的化学反应主要为油脂的酸败，而酸败发生的本质是空气中氧的自动氧化，这是食品中的非酶氧化。从极低的 A_W 开始，氧化速率随着水分活度的升高而降低，在 $A_W = 0.35$（即单分子层水）时达到氧化反应速率的最低点。这是因为在非常干燥的样品中加入水后，这部分水将与脂类氧化反应中产生的氢过氧化物以氢键的形式结合，降低了氢过氧化物的分解速率，阻碍了氧化的进行。当食品中 A_W 大于 0.35 时，脂类氧化速率明显加快。这是因为水的溶剂化作用，使反应物和产物更易于移动，利于氧化反应的发生，而且因水分对食品中生物大分子的溶胀作用，暴露出了新的氧化部位，有利于氧化反应的发生。当食品中 A_W 大于 0.85 时，所添加的水能减缓脂类氧化速率。这是因为大量的水降低了反应物和催化剂的浓度，致使反应速率降低。因此，对于含油量较高的食品，维持其水分活度在 0.35 左右能有效防止脂类氧化，增强食品稳定性。

由图 1-14（b）可见，当食品的水分活度在一定范围内时，美拉德褐变反应随水分活度的增大而加快，A_W 在 0.6～0.7 之间时，褐变反应速率达到最大值。当水分活度再继续增大时，因溶质被稀释反而导致褐变速率下降。

维生素 C 和叶绿素则随着水分活度的降低而越来越稳定，如图 1-14（a）、（c）所示。

许多以酶为催化剂的酶促反应，水除了作为反应物外，还充当了底物向酶扩散的输送介

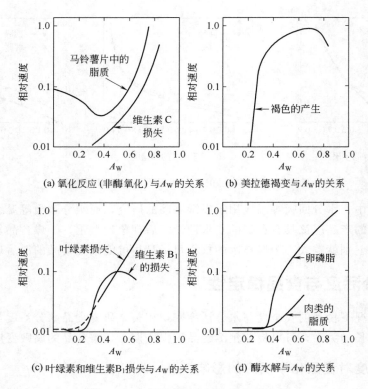

图 1-14　水分活度与食品稳定性的关系

质，并通过水化作用促使酶和底物活化。当 A_w 低于 0.8 时，大多数酶的活力受到抑制；当 A_w 值降低到 0.25～0.30 的范围时，食品中的淀粉酶、多酚氧化酶和过氧化物酶就会受到强烈抑制甚至完全丧失活力，因为此时食品中绝大部分的水是单分子层水，如图 1-14（d）所示。但对于脂肪酶而言，甚至在 A_w 值降低到 0.1～0.5 时仍然具有活性。

食品中色素的稳定性也与水分活度有关。食品中的绿叶蔬菜中的叶绿素、虾蟹中的类胡萝卜素等，在单分子层水分含量下最稳定。食品中的葡萄和黑米中的花青素，在水中很不稳定，1～2 周后其特有色泽就会消失。但花青素在干制品中十分稳定，经过数年贮藏也仅仅是轻微分解。一般来说，水分活度增大，则色素分解的速度加快。

需要注意的是，化学反应速率与水分活度的关系是随着样品的组成、物理状态及结构而改变的，也随大气组成、温度等因素的改变而改变。

2. 水分活度对微生物生长繁殖的影响

食品中各种微生物的生长繁殖取决于水分活度而不是水分含量，不同微生物在食品中繁殖时对水分活度的要求不同，只有食品的水分活度大于某个临界值，特定的微生物才能生长。一般来说，细菌要求 $A_w > 0.91$，酵母要求 $A_w > 0.87$，霉菌要求 $A_w > 0.80$，此时这些微生物才能在食品中萌发并开始生长，而当 $A_w < 0.50$ 时几乎所有微生物都不能生长（见图 1-15）。我们知道，当向食品原料中加入食盐和糖后，能显著延长原料的保存期，这是因为盐和糖的加入导致食品原料中的水分活度降至 0.9 以下，抑制了细菌的生长。食品中适合各种微生物生长的水分活度范围见表 1-5，低于此水分活度范围则相应微生物不能生长。

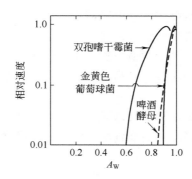

图 1-15 微生物生长与 A_W 的关系

表 1-5 食品中的水分活度与微生物生长的关系

微生物类群	大多数细菌	大多数酵母菌	大多数霉菌	嗜盐性细菌	干性霉菌	耐高渗酵母
A_W 值范围（低于此范围能抑制）	0.99～0.90	0.94～0.88	0.94～0.73	0.75	0.65	0.60
在此范围的食品	牛乳、面包、鱼、肉、水果等	果汁、人造奶油、香肠等	面粉、米、甜炼乳、蛋糕等	果酱、棉花糖等	果干、坚果等	蜂蜜、焦糖等

微生物对水分的需要还与食品的 pH 值、营养成分、氧气等因素有关。因此在选定食品的适宜水分活度时应根据多方面综合因素决定。

综上所述，食品的一些重要化学反应，如脂类氧化、褐变反应等，在 0.7～0.9 的水分活度范围内，其反应速率达到最大，而中等水分活度食品正好落在此范围内。最小反应速率一般出现在等温线的区域Ⅰ与区域Ⅱ之间的边界附近，即在 0.2～0.3 的水分活度范围内。当进一步降低水分活度时，除了氧化反应外，其他反应的速率都处于最小值，这时的水分含量是单分子层水分含量。因此，用食品的单分子层水分含量值可以准确预测干燥产品最大稳定性时的含水量，这对于食品的稳定性和安全性的研究具有重要的实际意义。当食品的水分活度增大到 0.9 时，化学反应速率呈下降趋势，但此时微生物的繁殖却成为食品腐败的主要原因。

3. 水分活度对食品质构的影响

水分活度对于干燥和半干燥食品的质构有较大影响。例如：当水分活度为 0.4～0.5 时，肉干的硬度及耐嚼性最大，增加水分活度，肉干的硬度及耐嚼性都降低；要想保持饼干、爆玉米花、油炸土豆片的脆性，防止奶粉、砂糖、蜜饯的黏结，水分活度都应足够低。研究表明，要保持干燥食品的理想质构，水分活度不能超过 0.3～0.5。但对含水量较高的食品如蛋糕、面包等，为避免失水变硬，需要保持相当高的水分活度。

4. 水分活度在食品贮藏过程中的应用

在低水分活度条件下，食品的贮藏性较好，因此对于一些不易保存的食品可采用降低水分活度的方法进行保存。如利用浓缩或脱水干燥的方法除去食品中的水分，或利用盐腌、糖渍的方法降低食品的水分活度。

对一些要求保持一定水分活度的食品，可利用适当的包装材料进行控制。高吸湿食品吸湿速度快，夺取水分能力强，吸附等温线表现为较陡直的曲线，这样的食品需用玻璃瓶密封包装或用阻水塑料包装,如速溶咖啡等。低吸湿食品吸湿性差,常温常压下贮藏不易变质,可用聚乙烯塑料袋包装,如焙烤后的咖啡。

对于高水分活度食品,其水分活度值一般高于大气相对湿度的数值,包装时应考虑不能损失水分,应选择密封不透水的包装,且高水分活度食品易滋生微生物而发生腐败,应在低温下罐藏。

当一个密闭容器内同时存放不同的食品时,这些食品会因它们之间水分活度的不同而发生水分迁移,水分的迁移是从高水分活度食品向低水分活度食品一方进行,最终导致食品品质劣变。

七、冷/冻藏与食品稳定性

1. 食品的冷藏与冻藏

冷冻食品分为冷藏食品和冻藏食品,冷冻是保藏大多数食品的常用方法。其作用原理是利用低温来抑制食品中微生物的繁殖,降低食品中化学反应的速率,从而延长食品的保藏期。

(1) 食品的冷藏 食品的冷藏是指将食品温度降低到稍高于食品冻结点的温度并在此温度下保藏。一般冷藏温度在 $2\sim10℃$,用来短期保藏液态乳、蔬菜、水果、禽蛋等。

水果和蔬菜在采收以后仍具有生命,并依靠其自身贮存的营养素继续进行呼吸作用,吸收氧气,消耗糖、淀粉、有机酸等,排出二氧化碳,同时产生呼吸热。果蔬在进行呼吸作用的同时,逐渐成熟、衰老直至腐败。动物性食品在冷藏期间,自身酶的活动促使其分解腐烂。所以食品的冷藏期一般只有几天。

(2) 食品的冻藏 食品的冻藏是指将食品温度降低到低于食品冻结点并在低温下保藏。一般冻藏温度在 $-26\sim-18℃$,用来长期保藏肉、禽、水产、米面制品等。冻藏食品能较好地保持食品本身的色香味、营养成分和组织状态。人们习惯称冻藏食品为冷冻食品。

由于食品水分中溶有糖、酸、盐、矿物质及胶体物质等,因此食品的冰点都低于 $0℃$。如新鲜禽畜肉的冰点一般为 $-2.5\sim-0.5℃$。

冻藏又分慢冻和速冻两种方法。以冷冻肉的过程为例,慢冻的肉由于冻结速率缓慢,形成的冰晶数量少而且颗粒大,冰晶的膨胀破坏了肌肉纤维的组织结构。解冻时,融化后的水不能完全渗入肌肉内部,一部分肉汁从组织内部流出,使肉的营养和风味受到影响,引起肉的品质下降。速冻的肉是将肉放置在 $-35\sim-20℃$ 的低温环境中,肉汁中的水迅速冻结,冻结过程中形成的冰晶数量多、颗粒小,对肌肉组织破坏程度很小,解冻融化后的水可以渗透到肌肉组织内部,保持了肉的原有风味和营养价值。所以速冻食品经过低温速冻处理,能最大限度地保持食品本身的色泽、风味及营养成分,有效抑制微生物的活动,保证食用安全。目前速冻食品工业已成为世界上发展速度最快的工业之一。

2. 冻藏与食品稳定性

食品在冻藏时温度相当低,食品中的脂肪氧化、蛋白质分解和变性、酶和微生物的作用等都会变得非常缓慢,食品的保藏期限延长,一般冻藏食品保藏期为半年至一年。但冻藏对某些食品也会带来不良影响,例如:食品中的维生素C、维生素A、蛋白质等在冻结过程中,因自由水的减少造成它们的浓度提高,促进了非水物质间的接触机会,为一些反应提供了便利条件；水分的冻结还将造成酶的浓度提高，酶与激活剂、底物之间的接触机会也大大提高。因此冷冻对反应速率有两个相反的影响，一是降低温度使反应速率大大降低，二是冻结所产生的浓缩效应使某些反应速率加快。

冻藏食品中的水结为冰后，体积将增大9%，冰晶的膨胀对细胞产生机械损伤作用，解冻后细胞汁液流失，营养成分和食品风味也随之损失。

冻藏过程中保持稳定的温度是保证冻藏效果的重要因素之一。如果冻藏过程中温度波动大，则当温度升高时，已冻结的冰融化为水并在食品内流动；而当温度再次降低后，这些融化的水就冻结在食品内较大的冰晶表面，使得冰晶体积变大，对组织结构造成较大破坏。我们通常见到有些冻藏食品表面附着了较厚的冰晶，也是这个原因造成的，其结果使冻藏食品品质下降。

八、分子流动性与食品稳定性

利用水分活度预测和控制食品稳定性已经在食品工业中得到了广泛应用，此外，分子流动性（简称Mm）与食品的稳定性也有密切关系。

分子流动性是分子的旋转移动和平动移动的总度量（不包括分子的振动），因为与食品的许多由扩散限制的性质关系密切而成为食品的重要属性。即分子流动性指的是与食品贮藏和加工性能相关的分子运动形式。分子流动性主要受水合作用大小和温度高低的影响，食品中液相状态成分的流动特性由水分含量的多少及水分与非水物质的作用决定，温度越高分子流动越快，相态的变化也会影响分子流动性。

由Mm决定的某些食品性质和特征见表1-6。

表1-6　与分子流动性有关的某些食品性质和特征

干燥或半干燥食品	冷冻食品
流动性和黏性	水分迁移（冰的结晶作用）
结晶和再结晶过程	乳糖结晶（冰冻甜食中砂状结晶析出）
巧克力表面起糖霜	酶活力
食品干燥时的爆裂	在冷冻干燥初始阶段发生无定形区的结构塌陷
干燥或中等水分的质地	食品体积收缩（冷冻甜食中泡沫样结构部分塌陷）
冷冻干燥中发生的食品结构塌陷	
胶囊中固体、无定形基质挥发性物质的逸散	
酶的活性	
美拉德反应	
淀粉的糊化	
淀粉变性引起的焙烤食品的老化	
焙烤食品冷却时的破裂	
微生物孢子的热灭活	

用水分活度和分子流动性方法研究食品稳定性可相互补充，Aw方法集中关注食品中水的有效性，如水作为溶剂的能力、水被微生物利用的程度等；Mm方法集中关注食品的微观黏度和化学成分的扩散能力，如冷冻食品的理化性质，冷冻干燥的最佳条件，包括结晶作用、胶凝作用和淀粉老化等物理变化。

目前测定 A_w 较为快速和方便，应用 A_w 评定食品稳定性仍是较常用的方法。由于食品中成分复杂，食品的 Mm 还不能快速、准确地测定，关于食品分子流动性的研究还有待加强。

九、食品中水分的转移与食品稳定性

每一种食品都有各自的水分含量标准，以保持食品的特有品质。但食品在贮存和运输过程中，水分含量会发生一些变化，食品水分的这种变化可分为两种情况：一种情况是水分在同一种食品的不同部位间转移，或是在不同的食品间转移，导致食品中原来水分分布状况的改变；另一种情况是食品水分的相转移，特别是气相和液相水的相互转移，导致了食品含水量的改变。水分的转移对食品的贮藏性、加工性和食品品质都有极大影响。

1. 食品中水分的位转移

食品中发生转移的水分都属于自由水，根据热力学有关定律，食品中自由水的化学势（μ）用式（1-2）表示：

$$\mu = \mu(T,p) + RT\ln A_w \qquad\qquad (1\text{-}2)$$

式中　　$\mu(T,p)$——一定温度（T）、压力（p）下纯水的化学势；

　　　　A_w——食品的水分活度；

　　　　R——气体常数。

由式（1-2）可知，食品中水的化学势与食品的温度以及水分活度有关。当同一种食品或不同食品的化学势不同时，水分就由化学势高的食品向化学势低的食品转移。

(1) 温差引起的水分转移　食品的温度与贮藏的环境温度有关，如果它们之间温度不一致，水分就从食品的高温区域向低温区域转移。当这种转移发生在同一食品中时，水分仅在食品内部运动。当转移发生在不同食品中时，水分必须通过空气介质转移。这种由温差引起的水分转移过程是缓慢的。

(2) 水分活度不同引起的水分转移　食品的水分活度受温度、食品化学成分、组织结构等多种因素影响，食品中水分活度不同引起水分从高 A_w 区域向低 A_w 区域转移。例如：把 A_w 大的蛋糕与 A_w 小的饼干混装在一起，则蛋糕里的水分就会自动转移到饼干中，导致蛋糕变干、饼干吸水变软，蛋糕和饼干的品质都受到影响。

2. 食品中水分的相转移

食品的含水量是指在一定温度、湿度等外界条件下食品的平衡水分含量，如果外界条件发生变化，则食品的水分含量也就发生变化。食品中水分的相转移形式主要有水分蒸发和水蒸气凝结。

(1) 食品中水分蒸发　食品中的水分由液相变为气相而散失的现象称为食品的水分蒸发。水分蒸发对食品品质有重要影响。利用水分的蒸发进行食品干燥或浓缩，可以制得低水分活度的干燥食品或中湿食品。但对于新鲜的蔬菜、水果、肉禽、鱼贝及其他许多食品，水分蒸发对食品的品质会产生不良影响，如导致外观萎蔫皱缩、食品的新鲜度和脆度降低，严重的甚至会失去商品价值。同时，水分蒸发会促进食品中水解酶的活力增强，高分子物质水解，产品的货架期缩短。例如：奶粉在潮湿的空气中吸湿结块，进而变色并失去原有的营养和风味；面包放置在空气中会变硬，这不仅是面包失去水分变得干燥，而且面包中淀粉的结构也因此发生了变化。

（2）食品中水蒸气的凝结　空气中的水蒸气在食品表面凝结成液态水的现象称为水蒸气凝结。一般地，单位体积的空气所能容纳水蒸气的最大数量随着温度的下降而减少，当空气的温度下降到一定数值时，就使得原来饱和的或不饱和的空气变为过饱和的状态，致使空气中的一部分水蒸气在物体上凝结成液态水。例如：苹果的表面有一层蜡质，当把苹果从冰箱里取出放置在空气中一段时间后，苹果的表面就会出现许多凝聚的小水珠。

3. 水分转移对食品质量的影响

食品在贮藏和运输过程中，如果发生了水分的转移，食品的感官性质和理化性质都将发生改变。如果因食品的水分转移引起食品水分含量超过其安全水分含量值，将加速食品的腐败变质。

要避免食品的水分转移，必须消除引起水分转移的各种因素。如贮藏食品时的环境温度应尽可能保持相同，以减少因温差导致的水分转移；对于不同的水分活度的食品要分开包装和存放等。

水不仅是食品中的重要组分，而且是决定食品品质的关键成分之一。水是食品腐败变质的重要影响因素，它决定了食品中许多化学反应和生物变化的发生。但是水的性质及其在食品中的作用极其复杂，对水的研究还需进一步深入。

拓展阅读

核磁共振技术检测食品中的水分状态变化

食品中水分研究的方法主要有微波测定法、近红外光谱法、电阻率成像法、计算机断层成像法、核磁共振（NMR）法等。传统的研究方法无法得到食品中水分的分布状态和水分的流动性信息，并且在测定过程中，加热等会导致一些物理、化学变化，如蛋白质变性或淀粉糊化等，不能准确反映体系的水分结合特征。

核磁共振可以通过对低场质子核磁共振（^{1}H-NMR）中弛豫时间的测定，描述水分子的运动情况及其存在状态。核磁共振成像（MRI）技术可用来研究食品和其他聚合物的水分迁移状况，以图像的方式显示出食品中水分的分布状况，可直观观测到水分在不同多元体系中的迁移现象，为研究食品的贮藏期提供有力证明，是研究食品和其他聚合物水分迁移的得力手段。

如研究大米复水过程中水分状态的变化，揭示水分进入大米中心所需复水时间及不同品种大米复水过程中水分状态差异；研究冷藏山羊肉水分含量及分布迁移情况，观测食品各个组织结构之间的变化，快速评价山羊肉品质、预测山羊肉冷藏期等。

核磁共振技术作为近年来兴起的研究方法，具有稳定性高、重复性好、无损、快速的优点，可实时监测食品不同加工工艺过程中的水分变化，在直接测量食品中水分含量，间接测量冻结水比例、水分活度、玻璃化转变温度等很多重要物理指标和不同成分分布成像研究中显示出独特的优越性。

课后练习题

一、填空题

1. 当蛋白质的非极性基团暴露在水中时，会促使疏水基团_____或发生_____，引起_____；若降低温度，会使疏水相互作用_____，而氢键_____。

2. 一般来说，食品中的水分可分为_____和_____两大类。其中，前者可根据被结合的牢固程度细分为_____、_____、_____，后者可根据其在食品中的物理作用方式细分为_____、_____、_____。

3. 水与不同类型溶质之间的相互作用主要表现在_____、_____、_____等方面。

4. 一般来说，大多数食品的等温线呈_____形，而水果等食品的等温线为_____形。

5. 吸附等温线的制作方法主要有_____和_____两种。

6. 关于食品中水分对脂质氧化反应的影响，当食品中 A_w 值在_____左右时，水分对脂质起_____作用；当食品中 A_w 值在_____时，水分对脂质起_____作用。

7. 食品中当 A_w 值处于_____区间时，大多数食品会发生美拉德反应；随着 A_w 值增大，美拉德褐变_____；继续增大 A_w，美拉德褐变_____。

8. 冷冻是食品贮藏的最理想的方式之一，其作用主要在于_____。冷冻对反应速率的影响主要表现在_____和_____两个相反的方面。

二、选择题

1. 水分子通过（　　）的作用可与另 4 个水分子配位结合形成正四面体结构。

A. 范德华力　　　　　　B. 氢键　　　　　　C. 盐键　　　　　　D. 二硫键

2. 关于冰的结构及性质描述有误的是（　　）。

A. 冰是由水分子有序排列形成的结晶

B. 冰结晶并非完整的晶体，通常是有方向性或离子型缺陷的

C. 食品中的冰是由纯水形成的，其冰结晶形式为六方形

D. 食品中的冰晶因溶质的数量和种类等不同，可呈现不同形式的结晶

3. 食品中有机成分上极性基团不同，与水形成氢键的键合作用也有所区别。在下面这些有机分子的基团中，（　　）与水形成的氢键比较牢固。

A. 蛋白质中的酰胺基　　　　　　　　　　B. 淀粉中的羟基

C. 果胶中的羟基　　　　　　　　　　　　D. 果胶中未酯化的羧基

4. 食品中的水分分类很多，下面（　　）选项不属于同一类。

A. 多层水　　　　　　B. 化合水　　　　　　C. 结合水　　　　　　D. 毛细管水

5. 关于等温线划分区间内水的主要特性描述正确的是（　　）。

A. 等温线区间Ⅲ中的水，是食品中吸附最牢固和最不容易移动的水

B. 等温线区间Ⅱ中的水可靠氢键键合作用形成多分子层结合水

C. 等温线区间Ⅰ中的水，是食品中吸附最不牢固和最容易流动的水

D. 食品的稳定性主要与区间Ⅰ中的水有着密切的关系

6. 关于水分活度描述有误的是（　　）。

A. A_w 能反映水与各种非水成分缔合的强度

B. A_w比水分含量更能可靠地预测食品的稳定性、安全性等性质

C. 食品的A_w值总在 0～1 之间

D. 不同温度下 A_w 均能用 p/p_0 来表示

7. 当向水中加入（　　）物质，不会出现疏水水合作用。

A. 烃类　　　　　　　　B. 脂肪酸　　　　C. 无机盐类　　　　D. 氨基酸类

8. 邻近水是指（　　）。

A. 属自由水的一种

B. 结合最牢固的、构成非水物质的水分

C. 亲水基团周围结合的第一层水

D. 没有被非水物质化学结合的水

三、问答题

1. 如何对食品中的水分进行分类？

2. 试比较自由水和结合水之间的不同点。

3. 水分活度从哪些方面影响食品的稳定性？

4. 冻藏对食品的化学反应有哪些影响？

四、综合题

果蔬干制就是在自然条件或人工条件下促使果蔬中的水分蒸发的工艺过程，如晒干、风干、烘房烘干、真空干燥等。果蔬干制是一种经济、方便的加工方法，干制成品体积小、重量轻，营养接近新鲜果蔬，易保存和运输，可供人们在果蔬淡季食用。请分析回答以下问题：

1. 果蔬干制为什么可以延长果蔬的保存期？

2. 果蔬干制前为什么要对果蔬进行去皮、切分等预处理？

3. 有的果蔬经干制后会出现表面硬化现象，这是什么原因造成的？

4. 为什么大多数果蔬经干制后，其特有的风味会受到损失并无法恢复？

项目 二
食品中的糖类

知识目标

1. 了解主要的单糖、低聚糖和多糖及其各类衍生物。
2. 掌握单糖的性质、结构、分类及其在食品中的应用；了解食品中常见的低聚糖和多糖的性质及其在加工中的应用。
3. 掌握淀粉的糊化和老化机理及其在食品加工中的应用。

案例引入

　　碳水化合物是食品的主要成分之一，其种类不同对食品的性质具有不同的影响，如葡萄在酵母菌的作用下形成酒精，而牛乳在发酵后形成酸乳，均能延长食品贮藏期，又能形成新的食品风味和口感。另外，食品加工过程中碳水化合物会发生很多变化，从而影响到食品的色泽、风味、口感等。如面团烘烤后成为深黄色的面包，其香味诱人；而采用蒸汽加工就成为白色的馒头。因此加工方法及加工程度对碳水化合物具有不同的影响。此外，以同种大米为原料，采用不同的烹饪方式，做出的米粥黏稠、米饭松软、炒米酥脆，原因也是由于碳水化合物的结构发生了不同的改变。可见不同的碳水化合物的加工过程对食品的品质、加工、贮藏等方面有着重要影响。

一、概述

　　糖类广泛存在于自然界。在化学组成上，它大多数由碳、氢、氧组成，常用通式 $C_n(H_2O)_m$ 表示，糖类也称为碳水化合物。但后来发现有些糖如鼠李糖（$C_6H_{12}O_5$）和脱氧核糖（$C_5H_{10}O_4$）并不符合上述通式，并且有些糖还含有氮、硫、磷等成分。显然碳水化合物的名称已经不适当，但由于沿用已久，至今仍在使用。根据糖类的化学结构特征，糖类的定义应是多羟基醛或多羟基酮及其衍生物和缩合物。

1. 碳水化合物的种类

　　根据水解程度，碳水化合物可以分为单糖、低聚糖（又称寡糖）和多糖三大类。单糖是糖类化合物中最简单的糖类，是不能再被水解的多羟基醛类或多羟基酮类化合物。根据单糖分子中碳原子数目的多少，可将单糖分为丙糖（三碳糖）、丁糖（四碳糖）、戊糖（五碳糖）、己糖（六碳糖）等；根据其分子中所含羰基的特点又可分为醛糖和酮糖。自然界最简单的单糖是丙糖（甘油醛和二羟丙酮），而最重要也最常见的单糖则是葡萄糖和果糖。

低聚糖是指能水解产生 2～10 个单糖分子的化合物。按水解后所生成单糖分子的数目，低聚糖可分为二糖、三糖、四糖、五糖等，其中以二糖最为重要，如蔗糖、麦芽糖等；根据还原性质不同也可分为还原性低聚糖和非还原性低聚糖。

多糖又称为多聚糖，是指单糖聚合度大于 10 的糖类。根据组成不同，多糖可以分为均多糖和杂多糖两类。均多糖是指由相同的糖基组成的多糖，如纤维素、淀粉等；杂多糖是指由两种或多种不同的单糖单位组成的多糖，如半纤维素、果胶质、黏多糖等。根据来源，多糖又可分为植物多糖、动物多糖和细菌多糖；根据所含非糖基团的不同，多糖可以分为纯多糖和复合多糖，主要有糖蛋白、糖脂、脂多糖、氨基糖等。此外，还可根据糖的功能不同，多糖分为构成多糖和活性多糖。

2. 碳水化合物的来源

碳水化合物是生物体维持生命活动所需能量的主要来源，是合成其他化合物的基本原料，同时也是生物体的主要结构成分。自然界中的植物在叶绿素的催化作用下，使空气中的二氧化碳与土壤中的水分，在光照条件下结合形成碳水化合物。

$$6CO_2 + 6H_2O \xrightarrow[\text{叶绿素}]{\text{日光}} C_6H_{12}O_6 + 6O_2$$

葡萄糖在植物体内还进一步结合生成多糖——淀粉及纤维素。地球上每年由绿色植物经光合作用合成的糖类物质达数千亿吨。它们既是构成植物的组织基础，又是人类和动物赖以生存的物质基础，也为工业生产提供诸如粮、棉麻、竹、木等众多的有机原料。

3. 食品中碳水化合物的作用

碳水化合物是人体"三大营养素"之一，是人体健康以及生命活动不可或缺的营养物质，也是进行体力活动的能量来源。随着人类社会的发展和科技的进步，食品加工也由手工操作逐步向机械化、自动化方向发展。而碳水化合物作为许多食品的基本成分之一，在食品工业中具有举足轻重的地位。

（1）作为食品工业的原料　人类赖以生存的粮食以谷类、薯类和豆类为主，这些粮食中都含有丰富的碳水化合物。小麦、玉米、大米中碳水化合物的含量在 60%～70%，甘薯中的碳水化合物约占总干物质的 89.7%，马铃薯中碳水化合物约占总干物质的 82.6%，黄豆中碳水化合物约占 28.3%，绿豆中碳水化合物约占 58.8%。水果、蔬菜也是人类经常食用的一大类食物，而水果、蔬菜的干物质绝大部分是碳水化合物。以谷类、薯类、豆类、水果、蔬菜为主要原料，可以制造多种食品，如米粉丝、土豆片、豆奶、蜜饯、蔬菜罐头，甚至酒类。

（2）作为食品的风味物质　糖是糖果的主要原料，并赋予糖果甜味。食品中有一个相当大的领域是带甜味的食品，称为甜食和糖食。糖果是甜食中的一大类，糖果工业也成为食品工业的一个重要组成部分。生产糖果所用的主要原料是白砂糖、淀粉糖浆等。

除糖果以外，市场上还有很多带甜味的食品，如碳酸饮料、蛋白质饮料、酸牛奶等，这些食品要获得优良可口的甜味就必须使用甜味剂。糖类物质中的蔗糖、葡萄糖、果糖、乳糖、麦芽糖等都是天然的甜味剂。人工合成的甜味剂也有许多是糖的衍生物，如三氯蔗糖等。

（3）糖类广泛用于改善食品的加工性能

① 延长食品的保质期　糖可以增加渗透压。在果酱、甜炼乳等含糖食品中，因为糖的存在，增加了渗透压，可以抑制微生物的生长繁殖，从而有效地延缓了食品的变质过程，提高了食品的保存性。糖的浓度越高，渗透压越大，抑菌效果也越显著。对于蔗糖溶液，1%～10%的糖液能影响某些微生物的生长；50%的糖液可抑制绝大多数酵母和细菌的生长；65%～70%的糖液可抑制霉菌生长；70%～80%的糖液能阻止所有微生物生长。糖的分子量越小抑菌效果越大。另外，糖还具有抗氧化作用。很多糖如饴糖、淀粉糖浆等具有还原性，含有这些糖的食品，可以有效地延缓油脂的氧化变质，从而延长食品的保存期。

② 供酵母发酵的碳素源　在发酵食品中，如面包、酸奶等，常用蔗糖、饴糖、淀粉糖浆等来补充微生物的碳源，促进微生物的生长繁殖，以改善加工过程、提高食品的风味和品质。

③ 最大限度地保留食品中的挥发性物质，提高食品的风味　蔗糖、乳糖、葡萄糖、麦芽糖等小分子糖类在溶液中各分子间通过氢键联合，形成一个较稳定的能捕捉易挥发性物质分子的网络，因此具有吸附易挥发性物质分子的能力；直链淀粉能形成螺旋状结构，这种螺旋状结构能与具有挥发性的香味物质分子形成高度稳定的结合物；β-环糊精能很容易地以其内部空心腔与风味物质形成稳定的包合物，添加在食品中可以减少风味物质的损失，以达到保护和稳定食品风味的目的。特别是对于香味易损失的食品，这具有十分重要的意义。

④ 抑制食品中的不良风味　有些糖类物质对不良风味有抑制作用，利用这种性质可以改善食品的风味，使食品更加可口。如β-环糊精能掩盖柠檬苦味素的苦味；咖啡的苦味分子与蔗糖甜味分子有效混合，可以使咖啡的风味更加独特；有些食品蔗糖的含量很高，味过甜，使用一些胶类如古柯豆胶可以抑制蔗糖的部分甜味，据报道古柯豆胶可以抑制蔗糖甜味的阈值25%。

⑤ 参与食品中的非酶褐变　糖类参与的食品非酶褐变主要有美拉德反应和焦糖化反应，这些反应可以产生风味物质和呈色物质。将蔗糖溶液和酸一起加热可以产生各种不同的焦糖色素，广泛用于调味品、糖果和饮料中。美拉德反应一般指羰氨反应，可以产生不同的风味，如在100℃下葡萄糖和甘氨酸反应可以产生焦糖香味，与甲硫氨酸反应能产生马铃薯的香味，与半胱氨酸盐酸盐反应产生一种似肉的香味。利用美拉德反应合成的一系列香料化合物已被广泛地用于烟草及食品加香中。

⑥ 作为增稠剂、稳定剂广泛应用于食品加工中　增稠剂是在食品工业中用来提高食品的黏度或形成凝胶的一类非常重要的食品添加剂。它可以改善食品的物理性质，保持水分，赋予食品以黏滑适口的口感，也可以改善食品的外观。同时这些物质可以稳定食品体系的乳化状态和悬浮状态，在一些食品中作稳定剂使用。至今为止世界上用于食品的增稠胶已达40余种，这些胶大部分都是以植物渗出液制成的植物胶类，从结构上看是由葡萄糖、甘露糖、半乳糖等单糖及相应醛、酸缩合而成的多糖衍生物。这些物质被广泛用于各种食品的加工中，如冰激凌、软糖、果酱、红烧类或豉油类水产调味品罐头、果冻、巧克力、干酪、人造奶油、乳酸饮料、植物蛋白饮料等。

⑦ 用作填充剂　一些糖类可以用作食品加工的填充剂以提高食品的加工性能或降低生产成本。如用麦芽低聚糖作填充剂可生产粉末果汁、粉末调味品、咖啡伴侣等粉末性食品，此外麦芽糖可在生产酶制剂时作填充剂以提高酶的稳定性。由中国乳品工业发展中心研制完成的"婴儿配方奶粉Ⅲ"项目，在产品与配方中明确提出了麦芽糊精是重要的基础原料之一。

⑧ 提高食品的持水能力，防止淀粉老化　许多糖类物质如甲壳低聚糖、异麦芽低聚糖、果糖等具有很好的持水能力，用在含淀粉多的食品中可以延缓淀粉的老化过程。例如，在生产面包时，有的国家面包出炉后仅供应1~2天，之后就作为其他工业原料或饲料出售，这主要是由于淀粉老化而造成的。如果使用高持水性糖和其他添加剂一起则可有效地延缓面包老化的进程，增加保质供应期，提高经济效益。

⑨ 降低食品冰点　一些单糖及低聚糖的冰点较低，用于冰激凌等冷食品加工中，可以降低冰激凌的冰点，从而使冰激凌质地柔软、细腻可口。可作为冰点下降剂的糖类有蔗糖、果糖、麦芽糖等。注意在冰激凌生产中一般同时用几种糖（如葡萄糖浆可与蔗糖并用），以发挥各自的抗结晶作用，防止糖的结晶和水形成冰晶的可能，以保证产品的质构。

⑩ 抑制蛋白质变性　有些糖如海藻糖能抑制蛋白质在干燥过程中的变性。通过添加海藻糖，即使在冰点以上处理鱼类，蛋白质也不会变性，这对鱼肉食品的干燥非常有利。

(4) 保健作用　功能性食品所添加的功能性因子有很多种类，碳水化合物功能性因子是其中一个大类，主要有活性多糖、功能性甜味剂、黄酮、皂苷等。

二、食品中的单糖

1. 单糖的结构和命名

单糖是构成各种糖分子的基本单位，是一种不能再水解的糖类。从分子结构上看，它是一类多羟基醛或多羟基酮，即根据其分子结构可分为醛糖和酮糖两类。根据单糖分子中碳原子的数目，可分为丙糖、丁糖、戊糖和己糖，其中戊糖和己糖是最常见的单糖。

除二羟基丙酮外，其他所有的单糖均含有手性碳原子（即不对称碳原子），因此都具有旋光异构现象，即 D-型和 L-型两个旋光异构体。这些差向异构体不仅旋光性不同，物理性质和化学性质也往往有明显的差异。天然存在的单糖大多数是 D-型，只有少数是L-型。

食物中有两种天然存在的 L-糖，即 L-阿拉伯糖与 L-半乳糖。单糖的直链状构型的写法，以费歇尔式（E. Fischer）最具代表性，几种重要单糖的构型如图 1-16 所示。

单糖既可以开链形式存在，也可以环式结构形式存在。单糖的链状结构不稳定，尤其在水溶液中多以环状结构——半缩醛式的构型存在，只有很少一部分以直链状存在。如果把葡萄糖溶于水，在很短的时间内环状就与链状分子之间达到平衡，其中直链状分子占 0.1% 以下。这是因为在葡萄糖分子内，C2~C6 有 5 个醇性羟基，当其中的 C4 或 C5 上的羟基和C1 上的醛基反应，分别生成五元环和六元环的半缩醛，无论是醛糖或酮糖的环状结构，环内都以醛基或酮基的氧桥与羟基相连。六元环的糖因其环与吡喃环相似，故六元环状的半缩醛糖称为吡喃糖。五元环的糖因其环与呋喃环相似，故五元环状的半缩醛糖被称为呋喃糖。几种葡萄糖的环状构型如图 1-17 所示。

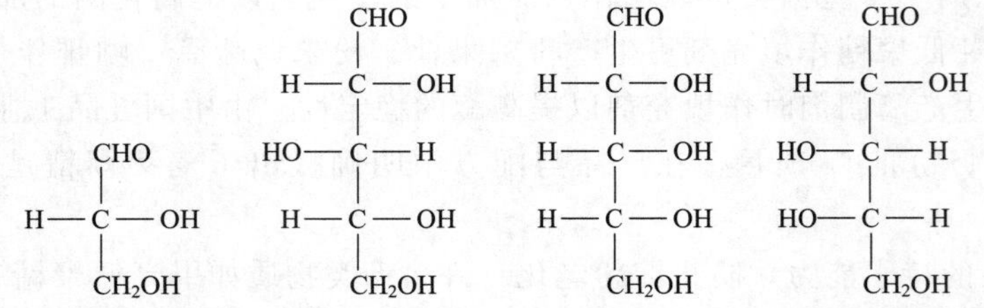

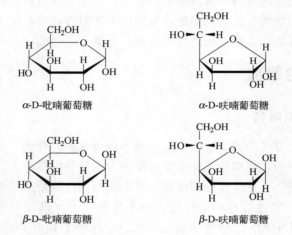

D-甘油醛   D-木糖   D-核糖   L-阿拉伯糖

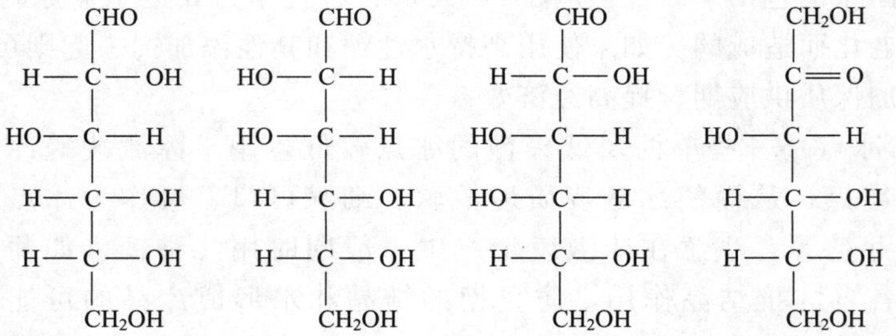

D-葡萄糖   D-甘露糖   D-半乳糖   D-果糖

图 1-16　几种单糖的链状构型

α-D-吡喃葡萄糖　　　　α-D-呋喃葡萄糖

β-D-吡喃葡萄糖　　　　β-D-呋喃葡萄糖

图 1-17　几种葡萄糖的环状构型（Haworth 表示法）

单糖环状结构书写以哈武斯式（W. N. Haworth）最为常见。图 1-18 是以哈武斯式表示的几种主要的单糖环状结构。

天然存在的糖环实际上并非平面结构，吡喃葡萄糖有两种不同的构象，即椅式和船式，但大多数己糖是以椅式存在，如图 1-19 所示。

2. 单糖的物理性质

单糖都是无色晶体，味甜，有吸湿性，极易溶于水，难溶于乙醇，不溶于乙醚。单糖有旋光性，其溶液有变旋现象。

（1）甜度　甜味是糖的重要物理性质，甜味的高低用甜度来表示，但甜度目前还不能用物理或化学方法定量测定，只能采用感官比较法，因此所获得的数值只是一个相对值，通常以蔗糖（非还原糖）为基准物。一般以 10％或 15％的蔗糖水溶液在 20℃时的甜度为 1.0 为

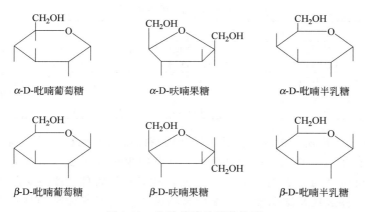

图 1-18　几种单糖的环状构型

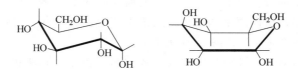

图 1-19　吡喃糖的椅式和船式两种构象

基准，则果糖的甜度为 1.5、葡萄糖的甜度为 0.7，由于这种甜度是相对的，所以又称为比甜度。表 1-7 列出了一些单糖的比甜度。

表 1-7　一些单糖的比甜度

单糖	比甜度
蔗糖	1.00
α-D-葡萄糖	0.70
β-D-呋喃果糖	1.50
α-D-半乳糖	0.27
α-D-甘露糖	0.59
α-D-木糖	0.50

　　单糖都有甜味，绝大多数双糖和一些三糖也有甜味，多糖则无甜味。糖甜度的高低与糖的分子结构、分子量、分子存在状态及外界因素（温度、pH、黏度等）有关，分子量越大溶解度越小，则甜度越小。此外，糖的 α-型和 β-型也影响糖的甜度。对于 D-葡萄糖，如把 α-型的甜度定为 1.0，则 β-型的甜度为 0.666 左右。结晶葡萄糖是 α-型，溶于水以后一部分转为 β-型，所以刚溶解的葡萄糖溶液最甜。果糖与之相反，若 β-型的甜度为 1.0，则 α-型果糖的甜度是 0.33。结晶的果糖是 β-型，溶解后，一部分变为 α-型，达到平衡的甜度下降。

　　优质糖应具备甜味纯正、甜感反应快、消失迅速、无不良风味等特点。例如果糖的甜感反应最快，甜度较高，持续时间短，而葡萄糖的甜感反应慢，甜度较低。

　　（2）溶解度　单糖由于分子中有多个羟基使得它能溶于水，尤其是热水，但不能溶于乙醚、丙酮等有机溶剂。但其溶解度与糖的种类及外界因素有关。在同样温度下，各种单糖的溶解度不一样，果糖的溶解度最高。不同温度下果糖、葡萄糖和蔗糖的溶解度如表 1-8 所示。

　　由表可知，果糖的溶解度为三种糖类中最高，在 20～50℃的温度范围，它的溶解度为蔗

表 1-8 不同糖的溶解度

糖	20℃		30℃		40℃		50℃	
	浓度/%	溶解度/(g/100g 水)	浓度/%	溶解度/(g/100g 水)	浓度/%	溶解度/(g/100g 水)	浓度/%	溶解度/(g/100g 水)
果糖	78.94	374.78	81.54	441.70	84.34	538.63	86.94	665.58
蔗糖	66.60	199.4	68.18	214.3	70.01	233.4	72.04	257.6
葡萄糖	46.71	87.67	54.64	120.46	61.89	162.38	70.91	243.76

糖的 1.88~2.58 倍。果酱、蜜饯类食品，是利用高浓度糖的保存性质，这需要糖具有高溶解度。糖浓度只有在 70% 以上才能抑制酵母、霉菌的生长。在 20℃ 时，单独的蔗糖、葡萄糖、果糖最高浓度分别约为 67%、50% 与 79%，故只有果糖具有较好的食品保存性。

(3) 吸湿性、保湿性及结晶性 吸湿性是指糖在空气湿度较高的情况下吸收水分的性质。保湿性是指糖在空气湿度较低条件下保持水分的性质。这两种性质对于保持食品的柔软性、弹性、贮存及加工都有重要的意义。不同的糖吸湿性不一样，在所有的糖中，果糖的吸湿性最强，葡萄糖次之，所以用果糖或果葡糖浆生产面包、糕点、软糖、调味品等食品，效果很好，但不能用于生产硬糖、酥糖及酥性饼干。

蔗糖与葡萄糖易结晶，但蔗糖晶体粗大、葡萄糖晶体细小；果糖及果葡糖浆较难结晶；而淀粉糖浆是葡萄糖、低聚糖和糊精的混合物，不能结晶，并可防止蔗糖结晶。在糖果生产中，就需利用糖结晶性质上的差别。例如蜜饯需要高糖浓度，若使用蔗糖易产生返砂现象，不仅影响外观且防腐效果降低，适当以不易结晶的果糖或果葡糖浆替代蔗糖，可大大改善产品的品质。

(4) 黏度 糖的黏度特性对食品加工具有现实的生产意义。通常糖的黏度是随着温度的升高而下降，但葡萄糖的黏度则随温度的升高而增大，并且单糖的黏度比蔗糖低、低聚糖的黏度多数比蔗糖高。在一定黏度范围内，由糖浆熬煮而成的糖膏具有可塑性，适合糖果加工中的拉条和成型的需要。另外，糖浆的黏度有利于提高蛋白质的发泡性质，如在搅拌蛋糕蛋白时，加入糖浆，可起到稳定蛋白质中气泡的作用。

(5) 渗透压 单糖的水溶液与其他溶液一样，具有冰点降低、渗透压增大的特点。糖溶液渗透压与其浓度和分子量有关。渗透压与糖的摩尔浓度成正比，且与糖的溶解度有关。高浓度的糖浆具有较高的渗透压，食品加工中常利用此性质来降低食品的水分活度，抑制微生物的生长繁殖，从而提高食品的贮藏性并改善风味。同样浓度的情况下，单糖的渗透压为双糖的 2 倍，例如果糖或果葡糖浆就具有高渗透压特性，故其防腐效果较好。低聚糖由于摩尔浓度较大，且水溶性较小，所以其渗透压也较小。

(6) 发酵性 糖类发酵对食品具有重要的意义，酵母菌能使葡萄糖、果糖、麦芽糖、蔗糖、甘露糖等发酵生成酒精，同时产生 CO_2，这是酿酒生产及面包疏松的基础。但各种糖的发酵速度不一样，大多数酵母菌发酵糖的顺序为：葡萄糖＞果糖＞蔗糖＞麦芽糖。乳酸菌除可发酵上述糖类外，还可发酵乳糖产生乳酸。但大多数低聚糖却不能被酵母菌和乳酸菌等直接发酵，而是要在水解后产生单糖才能被发酵。

由于蔗糖、葡萄糖、果糖等具有发酵性，故在某些食品的生产中，可用其他甜味剂代替糖类，以避免微生物生长繁殖而引起食品变质或汤汁混浊现象的发生。

3. 单糖的化学反应

所有碳水化合物分子都具有羟基，可以参与醇羟基的成酯、成醚、成缩醛等反应。简单的单糖和大多数低聚糖具有羰基，可以参与羰基的一些加成反应。而且羰基和羟基又可以相互作用而产生一些特殊反应，其中与食品有关而且比较重要的有以下几种。

（1）美拉德反应 美拉德反应又称羰氨反应，即指羰基与氨基经缩合、聚合生成类黑色素的过程。由于此反应最初是由法国生物化学家美拉德（Louis-Camille Maillard）于1912年发现，故以他的姓氏命名。美拉德反应的产物是棕色缩合物，反应结果往往使反应体系的颜色加深，所以该反应又称为"褐变反应"。这种褐变反应不是由酶引起的，故属于非酶褐变反应。

几乎所有食品均含有羰基（来源于糖或油脂氧化酸败产生的醛、酮）和氨基（来源于蛋白质），因此都可能发生羰氨反应，故在食品加工中由羰氨反应引起食品颜色加深的现象比较普遍。如焙烤面包产生的金黄色，烤肉产生的棕红色，熏干产生的棕褐色，啤酒的黄褐色，酱油、醋的黑色等均与其有关。

① 美拉德反应的机理 美拉德反应是食品在加热和贮存过程中由于还原糖（主要是D-葡萄糖）同游离氨基酸或蛋白质链上氨基酸残基的游离氨基发生化学反应，而使食品发生褐变。该反应过程包含很多反应，至今仍未完全了解。

② 影响羰氨反应的因素 美拉德反应的机制十分复杂，不仅与参与的单糖及氨基酸的种类有关，同时还受到温度、氧气、水分子及金属离子等因素的影响。控制这些因素可以产生或抑制褐变，这对食品加工具有实际意义。

a. 底物结构和浓度 对于不同的还原糖，它们的反应活性大致有以下的顺序：五碳糖＞六碳糖，醛糖＞酮糖，单糖＞二糖；五碳糖中核糖＞阿拉伯糖＞木糖，六碳糖中有半乳糖＞甘露糖＞葡萄糖。对于不同的氨基化合物，氨基酸、肽、蛋白质及胺类均与褐变有关。胺类比氨基酸的褐变速度快，而对氨基酸来讲，碱性氨基酸的褐变速度快；氨基酸的氨基在ε-位或在末端的比在α-位的易褐变，因此可以预料，在美拉德反应中赖氨酸损失应是较严重的。对于同一氨基酸来讲，则是碳链长度越短的氨基酸反应性越强。

b. pH的影响 美拉德反应在酸、碱环境中均可发生，但在pH 3以上，其反应速度随pH的升高而加快，所以可通过控制pH来调控褐变。

c. 水分 美拉德反应速度与反应物浓度成正比，在完全干燥条件下，反应难以进行；水分在10%～15%时，褐变易进行。此外，褐变与脂肪也有关，当水分含量超过5%时，脂肪氧化加快，褐变也加快。

d. 温度 美拉德反应时的温度越高，反应时间越长，反应进行的程度就越大。反应温度相差10℃，褐变速度相差3～5倍。一般在30℃以上时，褐变速度较快，而在20℃以下褐变则较慢。将食品在10℃以下冷藏，可较好地防止褐变反应发生。

e. 金属离子 铁和铜促进褐变，Fe^{3+}比Fe^{2+}促进褐变速度快，因此在食品加工中要避免这些金属离子的混入。而Na^+对褐变没有影响，Ca^{2+}可与氨基酸结合形成不溶性物质从而抑制褐变，另外，Mn^{2+}、Sn^{2+}也可抑制褐变。

对于很多食品，为了增加色泽和香味，在加工处理时利用适当的褐变反应是十分必要的，例如，茶叶的制作，可可豆、咖啡的烘焙，酱油的加热杀菌等。然而对于某些食品，由于褐变反应可引起其色泽变劣，则要严格控制，如乳制品、植物蛋白饮料的高温灭菌。

（2）焦糖化反应 糖类尤其是单糖在没有氨基化合物存在的情况下，加热到熔点以上的高温（一般是140～170℃）时，因糖发生脱水与降解，也会产生褐变反应，这种反应称为焦糖化反应。

各种单糖因熔点不同,其反应速度也不一样,葡萄糖的熔点为 146℃,果糖的熔点为 95℃,麦芽糖的熔点为 103℃,由此可见,果糖引起焦糖化反应最快。糖液的 pH 不同,其反应速度也不同,pH 越大,焦糖化反应越快,在 pH 8 时反应要比 pH 5.9 时快 10 倍。

焦糖化反应主要有以下两类产物:一类是糖的脱水产物——焦糖(或称酱色);另一类是糖的裂解产物——挥发性醛、酮类等。与美拉德反应类似,对于某些食品如焙烤、油炸食品,焦糖化作用得当,可使产品得到悦人的色泽与风味。作为食品色素的焦糖色素,也是利用此反应得来的。

蔗糖通常被用于制造焦糖色素和风味物,催化剂可以加速此反应,并形成不同类型的焦糖色素。有三种商品化焦糖色素,第一种是由亚硫酸氢铵催化产生的耐酸焦糖色素,可应用于可乐饮料、其他酸性饮料、烘焙食品、糖浆、糖果以及调味料中;第二种是将糖与铵盐加热,产生红棕色并含有带正电荷胶体粒子的焦糖色素,其水溶液的 pH 为 4.2~4.8,可用于烘焙食品、糖浆以及布丁等;第三种是由蔗糖直接热解产生红棕色并含有略带负电荷的胶体粒子的焦糖色素,其水溶液的 pH 为 3~4,应用于啤酒和其他含醇饮料。焦糖色素是一种结构不明确的大的聚合物分子,这些聚合物形成了胶体粒子,形成胶体粒子的速度随温度和 pH 的增加而增加。

(3) 差向异构化 单糖在碱性溶液中不稳定,易发生异构化和分解反应。碱性溶液中糖的稳定性与温度的关系很大,在温度较低时还是相当稳定的,温度增高,很快发生异构化和分解反应。这些反应发生的程度和产物的比例受许多因素的影响,如糖的种类和结构、碱的种类和浓度、反应的温度和时间等。

用稀碱溶液处理单糖,能形成某些差向异构体的平衡体系,主要是由于碱可以催化羰基的烯醇化,所以用碱处理 D-葡萄糖则生成烯醇式中间体,进一步转化得 D-葡萄糖、D-甘露糖和 D-果糖三种差向异构体的平衡混合物。同理,用稀碱处理 D-果糖或 D-甘露糖,也可得到相同的平衡混合物。未使用酶解以前,果葡糖浆的生产即利用此反应处理葡萄糖溶液或淀粉糖浆获得。

(4) 糖的氧化

① 土伦试剂、费林试剂氧化(碱性氧化) 单糖含有醛基或酮基,而酮基在稀碱溶液中能转化为醛基,因此,单糖具有醛的通性,既可被氧化成酸又可被还原为醇。所以醛糖与酮糖都能被土伦试剂或费林试剂这样的弱氧化剂氧化,前者产生银镜,后者生成氧化亚铜的砖红色沉淀,糖分子的醛基被氧化为羧基。

凡是能被上述弱氧化剂氧化的糖,都称为还原糖,所以,果糖也是还原糖。

② 溴水氧化(酸性氧化) 溴水能氧化醛糖,生成糖酸,糖酸加热很容易失去水而得到 γ-酯和 δ-酯。葡萄糖酸还可与钙离子生成葡萄糖酸钙,它是口服钙的补充剂。但酮糖不能被溴水氧化,因为酸性条件下,不会引起糖分子的异构化作用。所以此反应可用来区别醛糖和酮糖。

③ 硝酸氧化 稀硝酸的氧化作用比溴水强,它能将醛糖的醛基和伯醇基都氧化,生成具有相同碳数的二元酸。半乳糖氧化后生成半乳糖二酸。半乳糖二酸不溶于酸性溶液,而其他己醛糖氧化后生成的二元酸都能溶于酸性溶液,利用这个反应可以鉴定半乳糖和其他己醛糖。

④ 其他 除了上面介绍的一些氧化反应外,如酮糖在强氧化剂作用下,在酮基处裂解,生成草酸和酒石酸。单糖与强氧化剂反应还可生成二氧化碳和水。葡萄糖在氧化酶的作用下,可以保持醛基不被氧化,仅第六个碳原子上的伯醇基被氧化生成羧基而形成葡萄糖

醛酸。

（5）还原反应　与醛、酮相似，单糖分子中的醛基或酮基也能被还原生成多元醇。D-葡萄糖还原生成山梨醇，木糖还原生成木糖醇，D-果糖还原生成甘露醇和山梨醇的混合物。

山梨醇、甘露醇等多元醇存在于植物中，山梨醇无毒，有轻微的甜味和吸湿性，甜度为蔗糖的50%，可用作食品、化妆品和药物的保湿剂。木糖醇的甜度为蔗糖的70%，可以替代蔗糖作为糖尿病患者保健食品的甜味剂。

4. 食品中重要的单糖

（1）葡萄糖　葡萄糖是自然界分布最广且最为重要的一种单糖，它是一种多羟基醛。D-（＋）-葡萄糖在自然界中分布极广，尤以葡萄中含量较多，因此叫葡萄糖。葡萄糖也存在于人的血液中，叫做血糖。糖尿病患者的尿中含有葡萄糖，含糖量随病情的轻重而不同。葡萄糖是许多糖如蔗糖、麦芽糖、乳糖、淀粉、糖原、纤维素等的组成单元。

葡萄糖是无色晶体或白色结晶性粉末，熔点146℃，易溶于水，难溶于酒精，有甜味。天然的葡萄糖具有右旋性，故又称右旋糖。在肝脏内，葡萄糖在酶作用下氧化成葡萄糖醛酸，即葡萄糖末端上的羟甲基被氧化生成羧基。葡萄糖醛酸在肝中可与有毒物质如醇、酚等结合变成无毒化合物由尿排出体外，可起到解毒作用。

（2）半乳糖　半乳糖是己醛糖，是葡萄糖的非对映体。其为无色晶体，熔点165～166℃。半乳糖有还原性，也有变旋现象，平衡时的比旋光度为＋83.3°。半乳糖是哺乳动物乳汁中乳糖的组成成分，从蜗牛、蛙卵和牛肺中已发现由D-半乳糖组成的多糖。它常以D-半乳糖苷的形式存在于大脑和神经组织中。半乳糖也是琼脂的主要构件。

（3）果糖　果糖中含6个碳原子，是葡萄糖的同分异构体，它以游离状态大量存在于水果的浆汁和蜂蜜中，果糖还能与葡萄糖结合生成蔗糖。纯净的果糖为无色晶体，熔点为103～105℃，它不易结晶，通常为黏稠性液体，易溶于水、乙醇和乙醚。D-果糖是最甜的单糖。

你知道吗？

糖经常作为食品发酵的营养物质，你知道食品中葡萄糖、果糖、麦芽糖、蔗糖、甘露糖哪些不能被酵母菌直接利用呢？

扫二维码可见答案

三、食品中的低聚糖

1. 低聚糖的结构

低聚糖又称寡糖，是由2～10个单糖脱水缩合形成的化合物，即醛糖C1（酮糖则在

C2) 上半缩醛的羟基（—OH）和其他单糖的羟基经脱水，通过缩醛式结合而成。糖苷键有 α-和 β-两种，结合的位置为 1→2、1→3、1→4、1→6 等。根据其水解后生成的单糖分子数目，可分为二糖（双糖）、三糖、四糖、五糖等。其中二糖最常见，如蔗糖、麦芽糖、乳糖等。而根据是否有还原性，其可分为还原糖和非还原糖。如图 1-20 所示是几种双糖的结构式。

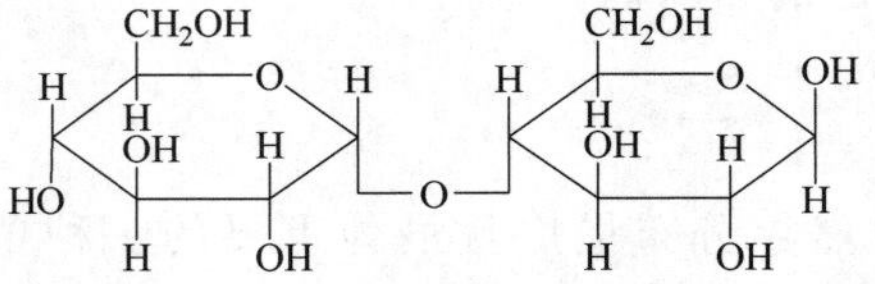

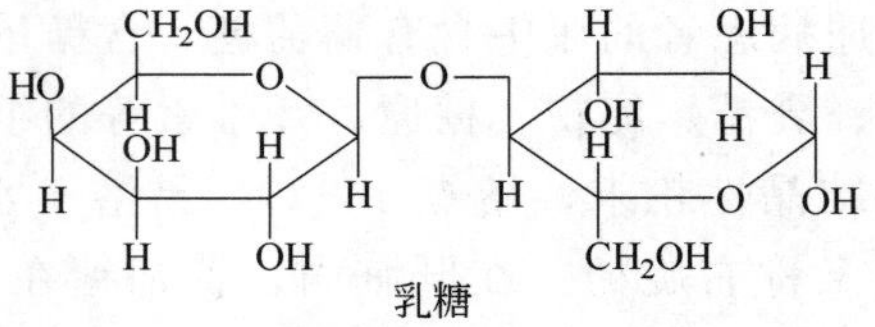

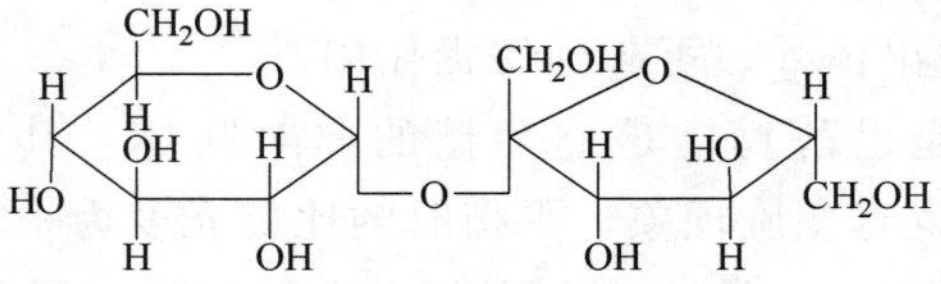

图 1-20　几种低聚糖的结构式

2. 低聚糖的性质

（1）甜度等　随着聚合度的增加，低聚糖的甜度降低。常见几种二糖的甜度大小顺序为：蔗糖（1.0）＞麦芽糖（0.3）＞乳糖（0.2）＞海藻糖（0.1）。果葡糖浆的甜度因其果糖含量的不同而不同，果糖含量越高，则越甜。蔗糖的溶解度介于果糖与葡萄糖之间，麦芽糖的溶解度较大，而乳糖的溶解度较小。

黏度、发酵性、吸湿性、保湿性、结晶性和渗透压，具体参见前面单糖中的性质介绍。

（2）风味结合功能　很多食品，特别是经喷雾或冷冻干燥脱水的食品，糖类在食品脱水过程中对保持其色泽和挥发性风味成分起着重要的作用，它可以使糖-水的相互作用转变成糖-风味物质的相互作用，即糖-水＋风味物质→糖-风味物质＋水。

食品中的风味成分主要包括羰基化合物（醛和酮）和羧酸衍生物（主要是酯类），二糖和分子量较大的低聚糖是有效的风味结合剂，它们比单糖能更有效地保留挥发性风味成分。如环状糊精是一类比较独特的低聚糖，由于环内侧具有疏水的空穴，因此可以包合脂溶性物质如风味物、香精油、胆固醇等。

（3）抗氧化性　糖液具有抗氧化性，因为氧气在糖溶液中的溶解度大幅减少，如 20℃时，60% 的蔗糖溶液中，氧气溶解度约为纯水中的 1/6。糖液可抑制糕饼中油脂的氧化酸败，也可以防止蔬果氧化，阻隔水果与大气中氧的接触，使氧化作用大为降低，同时可防止水果挥发性酯类的损失。若在糖液中加入少许抗坏血酸和柠檬酸则可以增强其抗氧化效果。此外，糖和氨基酸产生的美拉德反应的中间产物也具有明显的抗氧化作用。如将葡萄糖与氨基酸的混合物加入焙烤食品中，对成品的油脂有较好的稳定效果。

（4）**褐变反应** 食品在加热处理中常产生色泽和风味的变化，如蛋白饮料、焙烤食品、油炸食品、酿造食品中的褐变现象，均和食品中的糖类，尤其是单糖和氨基酸、蛋白质之间发生的美拉德反应及糖在高温下产生的焦糖化反应相同。具体参见单糖介绍。

（5）**水解** 低聚糖同其他糖苷化合物一样，易被酸催化水解生成相应的单糖，但对碱较稳定。蔗糖的水解叫做转化，生成等物质的量的葡萄糖和果糖的混合物称为转化糖。

（6）**氧化还原性** 还原性低聚糖由于其含有半缩醛（酮）羟基，因此可被氧化剂氧化生成相应的糖酸，也可被还原剂还原成糖醇（如麦芽糖醇）。非还原性的低聚糖如蔗糖，由于不存在相应的基团，则不具有氧化还原性。

（7）**卤代反应** 低聚糖的卤代反应，尤其是蔗糖的氯代反应，是从天然甜味剂合成高甜度甜味剂的重要反应，通过对羟基的选择性取代，得到高甜度的四氯代蔗糖。同时，通过改变反应条件还可以得到其他的卤代物。

3. 食品中重要的低聚糖

低聚糖存在于多种天然食物中，尤以植物性食物为多，如果蔬、谷物、豆科类等，此外，还有牛乳、蜂蜜等。在食品加工中最常见也最重要的低聚糖是双糖，如蔗糖、麦芽糖、乳糖，但它们的生理功能性质一般，属于普通低聚糖。除此之外的大多数低聚糖，因其具有显著的生理功能，在机体胃肠道内不被消化吸收而直接进入大肠内优先为双歧杆菌所利用，是双歧杆菌的增殖因子，属功能性低聚糖，近年来备受业内专家的重视并对其进行开发应用。

（1）**双糖** 双糖是低聚糖中最重要的一类，可以看作是由两分子单糖失水形成的化合物，能被水解成两分子单糖。它们均溶于水，有甜味、旋光性，可结晶。根据还原性质，双糖又分为还原性双糖与非还原性双糖。

① 蔗糖 蔗糖是 α-D-葡萄糖的 C1 与 β-D-果糖的 C2 通过糖苷键结合的没有还原基的非还原糖。在自然界，蔗糖广泛地分布于植物的果实、根、茎、叶、花及种子内，尤以甘蔗、甜菜中含量最高。蔗糖是人类需求最大，也是食品工业中最重要的能量型甜味剂，在人类营养上起着巨大的作用。制糖工业常用甘蔗和甜菜为原料提取蔗糖。

纯净蔗糖为无色透明的单斜晶体结晶，相对密度 1.588，熔点 160℃，加热到熔点，便形成玻璃样固体，加热到 200℃ 以上形成棕褐色的焦糖。蔗糖味很甜，易溶于水，溶解度随温度上升而增加。此外，其溶解度还受盐类的影响，如有 KCl、K_3PO_4、$NaCl$ 等存在时，其溶解度增加，而有 $CaCl_2$ 存在时，其溶解度反而减少。蔗糖在乙醇、氯仿、醚等有机溶剂中难溶解。

蔗糖不具还原性，也无变旋现象，也不能发生成脎反应，但可与碱土金属的氢氧化物结合，生成蔗糖盐。工业上利用此特性可从废糖蜜中回收蔗糖。

② 麦芽糖 麦芽糖是由 2 分子葡萄糖通过 α-1,4-糖苷键结合而成的双糖。此二糖中提供 C4 羟基成苷键的单糖可以是 α-型，也可以是 β-型，形成的二糖可存在两种异构体，即 α-麦芽糖和 β-麦芽糖，它们依然可通过链状结构式来转变。

麦芽糖为透明针状晶体，易溶于水，微溶于酒精，不溶于醚。其熔点为 $102\sim103$℃，相对密度 1.540，甜度为蔗糖的 1/3，味爽，口感柔和。麦芽糖具有还原性，能与过量苯肼形成糖脎。

麦芽糖大量存在于麦芽、花粉、花蜜、树蜜及大豆植株的叶柄、茎和根部，是淀粉的组成成分，在自然界中并不以游离状态存在。在淀粉酶（即麦芽糖酶）或唾液酶作用下，淀粉水解得麦芽糖。面团发酵和甘薯蒸烤时就有麦芽糖生成，啤酒生产时所用的麦芽汁中所含糖的主要成分就是麦芽糖。

③ 乳糖　乳糖是哺乳动物乳汁中的主要糖成分，牛乳含乳糖 4.6%～5.0%，人乳含乳糖 5%～7%。乳糖在植物界十分罕见，但曾发现连翘属的花药中也含有。它是由一分子 β-D-半乳糖的半缩醛羟基与另一分子 D-葡萄糖上的醇羟基脱水，通过 β-1,4-糖苷键缩合生成。它在常温下为白色固体，溶解度小。

乳糖有助于机体内钙的代谢和吸收，但对体内缺乳糖酶的人群，它可导致乳糖过敏症，它在水解成单糖 D-半乳糖与 D-葡萄糖之后才能作为能量利用。

④ 纤维二糖　纤维二糖是纤维素的基本结构组分，由两分子葡萄糖以 β-1,4-糖苷键结合，是典型的 β-型葡萄糖苷。其分子中依然保留了一个半缩醛羟基，故有还原性，能变旋，能成脎，属还原性二糖。

纤维二糖为无色结晶，熔点为 225℃。其在自然界中是以结合状态存在，是纤维素水解的中间产物。

(2) 果葡糖浆　果葡糖浆又称高果糖浆或异构糖浆。它是以酶法糖化淀粉所得的糖化液经葡萄糖异构酶的异构化，将其中一部分葡萄糖异构成果糖，即由果糖和葡萄糖为主要成分组成的混合糖浆。

果葡糖浆根据其所含果糖（FE）的多少，分为果糖含量为 42%、55%、90% 三种产品，其甜度分别为蔗糖的 1.0 倍、1.4 倍、1.7 倍。

果葡糖浆作为一种食糖，其最大的优点就是含有相当数量的果糖，而果糖具有多方面的独特性质，如甜度的协同增效、冷甜爽口性、高溶解度与高渗透压、吸湿性、保湿性与抗结晶性、优越的发酵性与加工贮藏稳定性以及显著的褐变反应等，而且这些性质随果糖含量的增加而更加突出。由于其独具特色的优越性，目前作为蔗糖的替代品在食品加工领域中的应用日趋广泛。在这方面，以日本、美国走在世界前列。果葡糖浆一般以玉米淀粉为原料制备，是重要的天然甜味剂。

(3) 其他低聚糖　除了双糖外，自然界中常见的低聚糖多具有生理活性，同时作为一类低热值的功能甜味剂在世界各地被广泛应用。

① 棉籽糖　棉籽糖又称蜜三糖，与水苏糖一起组成大豆低聚糖的主要成分。它是除蔗糖外的另一种广泛存在于植物界的低聚糖。它的食物来源包括棉籽、甜菜、豆科植物种子、马铃薯、各种谷物粮食、蜂蜜及酵母等。

纯净棉籽糖为白色或淡黄色长针状结晶体，结晶体一般带有 5 分子结晶水，带结晶水的棉籽糖熔点为 80℃、不带结晶水的为 118～119℃。棉籽糖易溶于水，甜度为蔗糖的 20%～40%，微溶于乙醇，不溶于石油醚。其吸湿性是所有低聚糖中最低的，即使在相对湿度为 90% 的环境中也不吸水结块。棉籽糖属非还原糖，参与美拉德反应的程度小，热稳定性较好。

工业上生产棉籽糖主要有两种方法，一种是从甜菜糖蜜中提取，另一种是从脱毒棉籽中提取。

② 低聚果糖　低聚果糖又称寡果糖或蔗果三糖族低聚糖，是指在蔗糖分子的果糖残基上通过 β-1,2-糖苷键连接 1～3 个果糖基而形成的蔗果三糖、蔗果四糖及蔗果五糖组成的混

合物。其结构如图 1-21 所示。

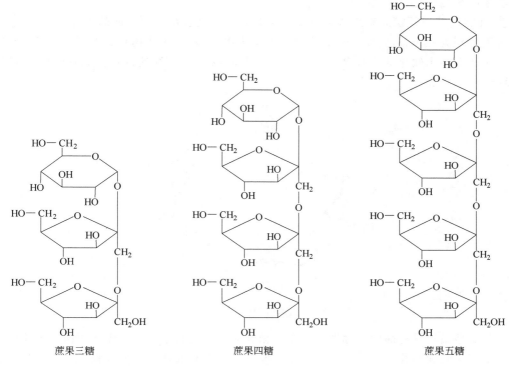

图 1-21　低聚果糖结构式

低聚果糖多存在于天然植物中，如菊芋、芦笋、洋葱、香蕉、番茄、大蒜、牛蒡、蜂蜜及某些草本植物中。由于低聚果糖具有多种生理功能，包括作为双歧杆菌的增殖因子，属于人体难消化的低热值甜味剂、水溶性的膳食纤维可促进肠胃功能，及有抗龋齿作用等优点，近年来备受人们的青睐。在日本、欧洲，低聚果糖已广泛应用于乳制品、乳酸饮料、糖果、焙烤食品、膨化食品及冷饮中。低聚果糖的黏度、保湿性、吸湿性、甜味特性及在中性条件下的热稳定性与蔗糖相似，甜度较蔗糖低。低聚果糖不具有还原性，参与美拉德反应程度小，但其有明显的抑制淀粉回生的作用，这一特性应用于淀粉质食品时非常突出。

③ 低聚木糖　低聚木糖是由 2～7 个木糖以 β-1,4-糖苷键连接而成的低聚糖，其中以木二糖为主要有效成分，木二糖含量越多，其产品质量越好。低聚木糖的甜度为蔗糖的 50%，其甜味特性类似于蔗糖，其最大的特点是稳定性好，具有独特的耐酸、耐热及不分解性，低聚木糖（包括单、木二糖、木三糖）有显著的双歧杆菌增殖作用，它是使双歧杆菌增殖所需用量最小的低聚糖。此外，它对肠道菌群有明显的改善作用，还可促进机体对钙的吸收，并且有抗龋齿作用。在体内它的代谢不依赖胰岛素。由于低聚木糖具有稳定的耐酸性，十分适用于酸性饮料及发酵食品。

④ 异麦芽酮糖　异麦芽酮糖又称为帕拉金糖，是一种结晶状的还原性双糖。异麦芽酮糖具有与蔗糖类似的甜味特性，其甜度为蔗糖的 42%。室温下，其溶解性较小，为蔗糖的 1/2，但随温度的升高，其溶解度急剧增加，80℃时可达蔗糖的 85%。异麦芽酮糖没有吸湿性且抗酸水解性强，不为大多数细菌和酵母所发酵利用，故应用于酸性食品和发酵食品中。异麦芽酮糖的最大生理功用就是具有很低的致龋齿性。

异麦芽酮糖首先发现于甜菜制糖的过程中,目前工业上多采用以蔗糖为原料经 α-葡萄糖基转移酶转化而得。

⑤ 环状糊精 环状糊精是由 α-D-葡萄糖以 α-1,4-糖苷键结合而成的闭环结构的低聚糖。其聚合度分别为 6 个、7 个、8 个葡萄糖单位,依次称为 α-环状糊精、β-环状糊精、γ-环状糊精。工业上多用软化芽孢杆菌产生的葡萄糖基转移酶水解淀粉制得。其化学结构式如图 1-22 所示。

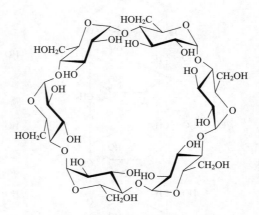

图 1-22 环状糊精的结构图

环状糊精结构具有高度对称性,分子中糖苷氧原子是共平面的,环状糊精呈圆筒形立体结构,空腔深度和内径均为 $0.7 \sim 0.8 nm$,其分子上的亲水基——葡萄糖残基 C6 上的伯醇羟基均排列在环的外侧,易与水亲和;而疏水基——C—H 键则排列在圆筒内壁,使中间的空穴呈疏水性。鉴于这一分子结构特性,环状糊精很容易以其内部空间包合脂溶性物质如香精油、风味物等,从而减少了它们与周围环境的接触,故使其具有许多加工功能特性。诸如作为微胶囊化的壁材充当易挥发嗅感成分的保香剂,不良气味的修饰包埋剂,食品、化妆品的保湿剂、乳化剂,起泡促进剂,营养成分和色素的稳定剂等。其中以 β-环状糊精的应用效果最佳。

四、食品中的多糖

多糖是由 10 个以上的单糖聚合而成的高分子碳水化合物。多糖根据其组成可分为同多糖和杂多糖。由相同的单糖组成的多糖称为同多糖,如淀粉、纤维素和糖原;以不同的单糖组成的多糖称为杂多糖,如阿拉伯胶是由戊糖和半乳糖等组成。多糖不是一种纯粹的化学物质,而是聚合程度不同的物质的混合物。

1. 多糖的性质

多糖类一般不溶于水,无甜味,不能形成结晶,在水中不能形成真溶液,只能形成胶体,无还原性,无变旋性,但有旋光性。多糖也是糖苷,所以可以水解,在水解过程中,往往产生一系列的中间产物,最终完全水解得到单糖。

（1）多糖的溶解性 多糖具有大量羟基,每个羟基均可和一个或几个水分子形成氢键,环氧原子以及连接糖环的糖苷氧原子也可与水形成氢键,多糖中每个糖环都具有结合水分子的能力,因而多糖具有较强的亲水性,易于水化和溶解。

（2）**多糖溶液的黏度与稳定性**　多糖（亲水胶体或胶）主要具有增稠和胶凝的功能，此外还能控制流体食品与饮料的流动性质与质构以及改变半固体食品的变形性等。在食品产品中，一般使用0.25%～0.5%浓度的胶即能产生极大的黏度甚至形成凝胶。

大多数亲水胶体溶液随温度升高黏度下降，但是黄原胶溶液除外，黄原胶溶液在0～100℃内黏度基本保持不变。因而利用此性质，可在高温下溶解较高含量的胶，溶液冷下来后就会变稠。

（3）**凝胶**　在许多食品中，一些高聚物分子（例如多糖或蛋白质）能形成海绵状的三维网状凝胶结构（图1-23）。连续的三维网状凝胶结构是由高聚物分子通过氢键、疏水相互作用、范德华引力、离子桥联、缠结或共价键形成联结区，网孔中充满了液相，液相是由低分子量溶质和部分高聚物组成的水溶液。

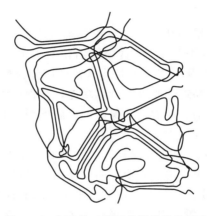

图1-23　典型的三维网状凝胶结构示意

凝胶具二重性，既具固体性质，也具液体性质。海绵状三维网状凝胶结构是具有黏弹性的半固体，显示部分弹性与部分黏性。虽然多糖凝胶只含有1%高聚物、含有99%水分，但能形成很强的凝胶，例如甜食凝胶、果冻、仿水果块等。

不同的胶具有不同的用途，选择标准取决于所期望的黏度、凝胶强度、流变性质、体系的pH、加工温度、与其他配料的相互作用、质构以及价格等。此外，也必须考虑所期望的功能特性。亲水胶体具有多种用途，它可以作为增稠剂、结晶抑制剂、澄清剂、成膜剂、脂肪代用品、絮凝剂、泡沫稳定剂、缓释剂、悬浮稳定剂、吸水膨胀剂、乳状液稳定剂以及胶囊剂等。

（4）**生物活性**　多糖的功能是多种多样的。除作为贮藏物质、结构支持物质外，还具有许多生物活性，如细菌的荚膜多糖有抗原性，分布在肝脏、肠黏膜等组织的肝素对血液有抗凝作用，存在于眼球的玻璃体与脐带中的透明质酸黏性较大，为细胞间黏合物质，因其润滑性对组织起保护作用。

同时微生物多糖也具有抗感染、抗肿瘤、抗病毒、抗辐射及抗变性反应能力，所以利用多糖抑制癌已经是微生物多糖开发利用的一大方面。研究表明，无论是海参中的刺参多糖，还是绿藻中的硫酸多糖，甚至是红藻、褐藻中的大分子藻胶，均具有提高机体免疫力的作用，有的甚至具有多种抗肿瘤、抗HIV的作用。食（药）用菌多糖是近年来抗肿瘤和免疫药物研究的热门课题。食（药）用菌多糖的一个共同特点是能够恢复提高机体的免疫机能，因此可作为一种免疫型药物用于临床，作为抗肿瘤、抗病毒、消炎的药物。

（5）**多糖的水解**　淀粉、果胶、半纤维素和纤维素的水解在食品工业中具有重要的意义。其水解程度与酸碱的强度或酶的活性、作用时间、温度及多糖的结构有关。

① 酶的作用　酶对多糖作用而使多糖水解，不同种类的酶的作用，其产物各有不同，此内容将于模块二项目一中进行讨论。

② 酸或碱的作用　糖苷键在酸性条件下易裂解，在碱性条件下较为稳定。温度、糖的结构等也将影响水解程度，温度的升高也会加快水解。而有些糖较为特殊，如果胶在碱性条件下会发生水解，甚至在中性条件下加热就会发生水解。因此，在果品加工中，可利用热碱对水果进行脱皮处理；采用果胶加工果酱或果冻时，在酸性条件下果胶水解并不严重，另外常利用高浓度糖来保护果胶。

2. 食品中常见的多糖

（1）**淀粉**　植物的种子、根部和块茎中蕴藏着丰富的淀粉，为人类提供了 $70\%\sim80\%$ 的热量，淀粉和淀粉的水解产物是人类膳食中可消化的碳水化合物。而商品淀粉是从谷物（如玉米、小麦、各种米等）以及块茎与块根类（如马铃薯、甜薯和木薯等）制得的。淀粉和改性淀粉具有独特的化学和物理性质以及营养功能，在食品中有着广泛的应用，可作为黏着剂、混浊剂、喷粉剂、成膜剂、稳泡剂、保鲜剂、胶凝剂、上光剂、持水剂、稳定剂、质构剂以及增稠剂等。

淀粉是由 D-葡萄糖通过 α-1,4-糖苷键和 α-1,6-糖苷键结合而形成的高聚物，可分为直链淀粉和支链淀粉两种。在植物中两种淀粉可同时存在，但对于不同植物其相对含量不同。

直链淀粉是由 D-葡萄糖通过 α-1,4-糖苷键连接而成的链状大分子。但从立体结构观察，其并非线性，而是由分子内氢键作用卷曲形成左螺旋状。支链淀粉是由 D-葡萄糖通过 α-1,4-糖苷键和 α-1,6-糖苷键连接而成的带分支的大分子。支链淀粉的结构呈树枝状，其支链长度平均在 $20\sim30$ 个葡萄糖基，且各分支也卷曲成螺旋结构。

① 淀粉的糊化　生淀粉分子排列得很紧密，形成束状的胶束，彼此之间的间隙很小，即使水分子也难以渗透进去。具有胶束结构的生淀粉称为 β-淀粉，β-淀粉在水中经加热后，一部分胶束被溶解而形成空隙，于是水分子浸入内部，与一部分淀粉分子进行结合，胶束逐渐被溶解，空隙逐渐扩大，淀粉粒因吸水体积膨胀数十倍，生淀粉的胶束即行消失，这种现象称为膨润现象。

继续加热胶束则全部崩溃，淀粉分子形成单分子，并为水包围，而成为溶液状态，由于淀粉分子是链状或分支状，彼此牵扯，结果形成具有黏性的糊状溶液。这种现象称为糊化，处于这种状态的淀粉称为 α-淀粉。

糊化作用可分为三个阶段：a. 可逆吸水阶段，水分进入淀粉粒的非晶质部分，体积略有膨胀，此时冷却干燥，可以复原；b. 不可逆吸水阶段，随温度升高，水分进入淀粉微晶间隙，不可逆大量吸水，结晶"溶解"；c. 淀粉粒解体阶段，淀粉分子全部进入溶液。

各种淀粉的糊化温度不相同。即使用同一种淀粉在较低的温度下糊化，因为颗粒大小不一，所以糊化温度也不一致，通常用糊化开始的温度和糊化完成的温度表示淀粉糊化温度。淀粉糊化、淀粉溶液黏度以及淀粉凝胶的性质不仅取决于温度，还取决于共存的其他组分的种类和数量。

高浓度的糖降低淀粉糊化的速度、黏度的峰值和凝胶的强度，二糖在升高糊化温度和降低黏度峰值等方面比单糖更有效。糖通过增塑作用和干扰结合区的形成而降低凝胶强度。

脂类也影响淀粉的糊化，如三酰甘油（脂肪与油）以及脂类衍生物（一酰甘油和二酰甘油乳化剂），它们都能与直链淀粉形成复合物，从而推迟了淀粉颗粒的肿胀。

由于淀粉具有中性特征，低浓度的盐对糊化或凝胶的形成影响很小。含有一些磷酸盐基团的马铃薯支链淀粉和人工离子化淀粉则受盐浓度的影响，对于一些盐敏感性淀粉，依条件的不同，盐可增加或降低膨胀。

大多数食品的 pH 范围在 4~7，这样的酸浓度对淀粉膨胀或糊化影响很小。在 pH 为 10.0 时，淀粉膨胀的速度明显增加。在低 pH 时，淀粉糊的黏度峰值显著降低，并且在烧煮时黏度快速下降。在低 pH 时，淀粉发生水解，产生了糊精。

在许多食品中，淀粉和蛋白质间的相互作用对食品的质构会产生重要影响。淀粉和蛋白质在混合时形成了面筋，在有水存在的情况下加热，淀粉糊化而蛋白质变性，使焙烤食品具有一定的结构。

② 淀粉的老化　经过糊化的 α-淀粉在室温或低于室温下放置后，会变得不透明甚至凝结而沉淀，这种现象称为老化。这是由于糊化后的淀粉分子在低温下又自动排列成序，相邻分子间的氢键又逐步恢复形成致密、高度晶化的淀粉分子微束。

老化过程可看做是糊化的逆过程，但是老化不能使淀粉彻底复原到生淀粉（β-淀粉）的结构状态，它比生淀粉的晶化程度低。不同来源的淀粉，其老化难易程度并不相同。这是由于淀粉的老化与所含直链淀粉及支链淀粉的比例有关，一般是直链淀粉较支链淀粉易于老化，直链淀粉越多，老化越快。支链淀粉几乎不发生老化，其原因是它的结构呈三维网状空间分布，妨碍了微晶束氢键的形成。

老化后的淀粉与水失去亲和力，并且难以被淀粉酶水解，因而也不易被人体消化吸收。淀粉老化作用的控制在食品工业中具有重要意义。

淀粉含水量为 30%~60% 时较易老化，含水量小于 10% 或在大量水中则不易老化，老化作用最适宜的温度为 2~4℃，大于 60℃ 或小于 -20℃ 都不发生老化。在偏酸（pH 4 以下）或偏碱的条件下也不易老化。

为防止老化，可将糊化后的 α-淀粉在 80℃ 以上的高温下迅速除去水分（水分含量最好达 10% 以下）或冷至 0℃ 以下迅速脱水。这样淀粉分子已不可能移动和相互靠近，成为固定的 α-淀粉。α-淀粉加水后，因无胶束结构，水易于渗入而将淀粉分子包蔽，不需加热即易糊化。这就是制备方便食品的原理，如方便米饭、方便面条、饼干、膨化食品等。

③ 淀粉的改性及其应用　为了适应各种使用的需要，需将天然淀粉经化学处理或酶处理，使淀粉原有的物理性质发生一定的变化，如水溶性、黏度、色泽、味道、流动性等。这种经过处理的淀粉总称为改性淀粉。改性淀粉的种类很多，例如可溶性淀粉、交联淀粉、氧化淀粉、酯化淀粉、醚化淀粉、磷酸淀粉等。

a. 可溶性淀粉　可溶性淀粉是经过轻度酸或碱处理的淀粉，其淀粉溶液受热时有良好的流动性、冷凝时能形成坚柔的凝胶。α-淀粉则是由物理处理方法生成的可溶性淀粉。可溶性淀粉不溶于冷水，在热水中则可成为透明溶液。一般用大米、玉米、小米、马铃薯的淀粉都可制成可溶性淀粉，但以红薯淀粉制得的可溶性淀粉质量最好。

可溶性淀粉可用于制造胶姆糖和糖果，且软糖质地紧密、外形柔软、富有弹性，具有较好的糖果质量。

b. 酯化淀粉　淀粉的糖基单体含有三个游离羟基，能与酸或酸酐形成酯，常见的有淀粉醋酸酯、硝酸淀粉、磷酸淀粉和黄原酸酯等。

磷酸为三价酸，与淀粉作用生成的酯衍生物有磷酸淀粉一酯、二酯和三酯。磷酸淀粉一酯糊具有较高的黏度、透明度和胶黏性。磷酸淀粉二酯和三酯称为磷酸多酯，属于交联淀粉。因为淀粉分子的不同部分被羟酯键交联起来，淀粉颗粒的膨胀受到抑制，糊化困难，黏度和黏度稳定性均增高。酯化度低的磷酸淀粉可改善某些食品的抗冻结-解冻性能，降低冻结-解冻过程中水分的离析。

c. 氧化淀粉　工业上应用 HClO 处理淀粉，通过氧化反应改变淀粉的糊性质。这种氧化淀粉的糊黏度较低，但稳定性高，较透明，颜色较白，生成薄膜的性质好。由于直链淀粉被氧化后，成为扭曲状，因而不易引起老化。氧化淀粉在食品加工中可形成稳定溶液，适于作分散剂或乳化剂。高碘酸或其钠盐能氧化相邻的羟基成醛基，在研究糖类的结构中有用。

d. 交联淀粉　用具有多元官能团的试剂，如环氧氯丙烷、三氯氧磷、三偏磷酸盐等作用于淀粉颗粒能将不同淀粉分子经"交联"键结合，产生的淀粉称为交联淀粉。交联淀粉具有良好的机械性能，并且耐热、耐酸、耐碱。随交联程度增高，淀粉性质的变化增大，甚至高温受热也不糊化。在食品工业中，交联淀粉可用作增稠剂和赋形剂。

(2) 果胶　果胶存在于陆生植物的细胞间隙或中胶层，通常与纤维素一起形成植物细胞结构和骨架的主要部分。根据果蔬成熟过程，果胶包含三种形态：原果胶、果胶、果胶酸。商品果胶是用酸从苹果渣与柑橘皮中提取制得的天然果胶（原果胶），它是可溶性果胶。果胶的组成与性质随不同的来源有很大差别。果胶分子的主链是 150～500 个 α-D-半乳糖醛酸基（分子量为 30000～100000）通过 α-1,4-糖苷键连接而成的（图 1-24），在主链中相隔一定距离含有 α-L-鼠李吡喃糖基侧链。

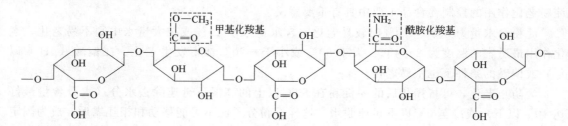

图 1-24　果胶的结构

天然果胶一般有两类，其中一类分子中单糖残基中的羧基超过一半是甲酯化（—COOCH$_3$）的，称为高甲氧基果胶（HM），余下的羧基是以游离酸（—COOH）及盐（—COO—Na$^+$）的形式存在；另一类分子中低于一半的羧基是甲酯型的，称为低甲氧基果胶（LM）。羧基酯化的百分数称为酯化度（DE），当果胶的 DE>50% 时，形成凝胶的条件是可溶性固形物含量超过 55%，pH 为 2.0～3.5；当 DE<50% 时，通过加入 Ca^{2+} 形成凝胶，可溶性固形物含量为 10%～20%，pH 为 2.5～6.5。

果胶的主要用途是作为果酱与果冻的胶凝剂。果胶的类型很多，不同酯化度的果胶能满足不同的要求。慢胶凝的 HM 果胶与 LM 果胶用于制造凝胶软糖。果胶的另一个用途是在生产酸奶时用作水果基质，LM 果胶特别适合。果胶还可作为增稠剂与稳定剂。HM 果胶可应用于乳制品，它们在 pH 3.5～4.2 范围内能阻止加热时酪蛋白聚集，这适用于经巴氏杀菌或高温杀菌的酸奶、酸豆奶以及牛乳与果汁的混合物。HM 与 LM 果胶也能应用于蛋黄酱、番茄酱、混浊型果汁、饮料以及冰激凌等，一般添加量小于 1%；但是凝胶软糖除外，它的添加量为 2%～5%。

（3）纤维素和半纤维素及纤维素衍生物

① 纤维素　纤维素是最为丰富的有机化合物以及最为丰富的碳水化合物之一，因为它是高等植物细胞壁的主要组分。纤维素是由 β-D-吡喃葡萄糖基单位通过 1,4-糖苷键连接而成的高分子直链不溶性的均一高聚物。其结晶区是由大量氢键连接而成，结晶区间由无定形区隔开。纤维素不溶于水，对稀酸和稀碱特别稳定，几乎不还原费林试剂。

纤维素和改性纤维素是一种膳食纤维，人体没有分解纤维素的消化酶，当它们通过人的消化系统时不提供营养与热量，但是膳食纤维确实对肠道健康具有重要意义。

纤维素应用于造纸、纺织品、化学合成物、炸药、胶卷、医药和食品包装、发酵（酒精）、饲料生产（酵母蛋白和脂肪）、吸附剂和澄清剂等中。它的长链中常有许多游离的醇羟基，具有羟基的各种特征反应，如成酯和成醚反应等。

② 半纤维素　半纤维素是含 D-木糖的一类杂聚多糖，它一般以水解能产生大量戊糖、葡萄糖醛酸和一些脱氧糖而著称。它存在于所有陆地植物中，而且经常在植物木质化的那部分。

半纤维素在焙烤食品中的作用很大，它能提高面粉结合水的能力，在面包面团中，它可改进混合物的质量，降低混合物能量，有助于蛋白质的进入、增加面包体积、延缓面包老化。半纤维素也是膳食纤维的一个重要来源，它能促进肠蠕动、加速排便、防止结肠癌。但是，多糖胶和纤维素在小肠内会减少某些维生素和必需微量矿物质的吸收。

③ 纤维素衍生物　纤维素衍生物常用的有甲基纤维素、羧甲基纤维素和微晶纤维素等。甲基纤维素除具有一般亲水性多糖胶的性质外，还是一种优良的乳化剂，在一般的食用多糖中有着优良的成膜性；羧甲基纤维素在食品工业中应用广泛，可用于速煮面、罐头、冰棍、雪糕、冰激凌、糕点、饼干、果冻、膨化食品中；食品工业中使用的微晶纤维素是一种纯化的不溶性纤维素，主要用于风味载体以及作为干酪的抗结块剂，也是低脂冰激凌和其他冷冻甜食产品的常用配料。

五、食品加工与贮藏中糖类的变化

1. 美拉德反应

美拉德反应是食品热加工时发生的主要反应之一，具体内容已在单糖性质中进行介绍，它可导致羰基化合物发生改变，从而引起食品色泽及风味发生变化。

（1）色泽　随着美拉德反应的进行，反应体系的紫外吸收值逐步增大，并且产生了荧光物质，所生成的类黑精化合物具有很好的抗氧化性，并且类黑精化合物所产生的色泽还是一些焙烤食品（如面包）特有的色泽。但对于某些食品来讲，美拉德反应产生的色泽是必须避免的，例如一些蛋白质原料制备时，产品若具有过深的色泽则会影响产品质量。

（2）营养与毒理学方面　还原糖与赖氨酸结合后的重排产物，由于不能被人体吸收，降低了食品的营养价值，使赖氨酸的生物效价有所损失，这对于赖氨酸是限制氨基酸的食品来讲尤为重要。同时，类黑精还能与蛋白质、重金属发生交联反应或相结合，影响消化系统对它们的吸收利用性。此外，美拉德反应中生成的一些物质可能具有诱变性，因此美拉德反应存在相应的安全性问题。不过，在一般食品中由于美拉德反应的进行程度低，所以并不认为存在安全性危害。

（3）风味 美拉德反应，尤其是 Strecker 降解反应是食品产生风味物质的重要途径之一，甚至是一些食品如面包、咖啡等产生风味物质的必需途径。通常，食品加热、杀菌、焙烤加工所产生的风味物质也与美拉德反应紧密相关，所以它对食品的风味具有积极的意义。但有时所产生的风味物质可能有负作用，因为过分的美拉德反应可能会产生焦煳味，或是产生人们不希望的某些异味，这一点在超高温杀菌乳中体现比较明显。

2. 焦糖化反应

焦糖化反应也是非酶褐变反应类型之一，它是糖直接加热、温度超过其熔点时，就会产生的反应。具体内容已在单糖性质中进行介绍。

3. 碳-碳键不发生断裂的反应

除美拉德反应、焦糖化反应外，碳水化合物在食品热加工过程中还能发生竞争性连锁反应。反应初期，主要是正位异构化反应、醛糖-酮糖异构化反应、分子间和分子内糖苷键的转移以及脱水反应等，这些反应不会引起碳水化合物分子的碳-碳键断裂。另一类反应是碳水化合物分子的碳-碳键断裂，形成挥发性化合物。

（1）正位异构化反应（α-β 平衡） 无论是纯的 α-D-葡萄糖或者是纯的 β-D-葡萄糖加热熔融，都会生成 α 和 β 的平衡混合物，这是因为加热时发生了正位异构化反应。

（2）醛糖-酮糖异构化 这个反应与醛糖（酮糖）在碱溶液中的异构化反应相类似，例如 D-葡萄糖于 150℃下加热可生成 D-果糖，但未发现 D-甘露糖因加热熔融而发生异构化反应。

（3）分子间、分子内的脱水反应 研究发现，各种单糖、低聚糖和多糖加热时可形成挥发性产物，按摩尔比计算，挥发性产物中最多的是水。游离的单糖加热超过其熔点温度时，会发生分子间脱水缩合，进而聚合成低聚糖。二糖类如麦芽糖发生热聚合，特点是分子间的脱水缩合反应。

糖在熔化后继续加热，也可以进行分子内的脱水，并形成二羰基化合物。呋喃环的形成是糖分子内脱水生成醚键的一个实例。纤维素、直链淀粉和支链淀粉等在加热时引起糖残基分子内的脱水，也可以生成脱水糖。

（4）分子间糖基的转移和水解 二糖及其他的低聚糖、多糖在加热过程中，由于糖苷键间进行配基交换，可形成另一种结合形式的糖苷键，例如玉米淀粉在焙烤时直链淀粉和支链淀粉都变成糊精，可发生分子间糖基的转移，形成 1,6-键和新的支链。二糖、低聚糖或糖苷在温度 200～300℃加热能较快地进行分子间糖基的转移，但纤维素由于其具有非常牢固的结晶结构而不能发生这种反应。

（5）脱水糖的生成 碳水化合物在减压或惰性气体中加热时，所得到的焦油状物质中含有由糖类脱水产生的脱水糖，它们大部分是因分子内糖基的转移而生成。脱水糖的相对生成量，与底物化学结构、反应压力、温度以及时间有关。一般是随着加热温度升高和时间延长，脱水糖产物增多，而增加压力则会使产物的数量减少。木聚糖不能生成脱水糖，但可生成六元环内酯，此外，糖醛酸和果胶物质也不能生成脱水糖。

4. 碳水化合物的裂解反应

碳-碳键非断裂反应生成的产物大多是热不稳定的，可进一步发生分解、缩合而形成各种挥发性物质和气体。碳水化合物发生碳-碳键的断裂反应称为热裂解。含有 D-葡萄糖和 D-葡萄糖基的糖类几乎都能产生相同的挥发性物质，表明单糖、低聚糖和多糖裂解时生成的产物没有很大的差别。加热温度超过 $100℃$ 时生成的挥发性物质、气体和非挥发性酸很多，有 CO、CO_2、H_2O 和 H_2，以及甲醛、丁烯醛、2-戊烯醇、丙酮、乙酰丙酮、甲酸、乙酸、乙酰丙酸、甲醇、乙醇、呋喃、2-乙基呋喃、苯酚及丁二酸等。

拓展阅读

碳水化合物与人体健康

随着人类基因组测序工作的完成，生命科学进入了功能基因组学和蛋白质组学的新时代。科学家发现，蛋白质有些功能与糖链的缀合密切相关，因此了解糖、研究糖成了生命科学研究的又一个前沿和热点。目前，国内外对多糖的基础研究及应用的一些热点主要包含以下几个方面。

1. 多糖的基础研究——糖生物学的研究

（1）糖组学的研究 随着多种模式生物和人类基因组测序工作的完成，后基因组时代随之来临。人们已经认同糖类是重要的生物信息分子，而且是基因信息的延续，在基因组学和蛋白质组学发展的同时，糖组学也受到重视。糖缀合物糖链大多在细胞表面和细胞分泌的蛋白质上，它们不仅可通过糖基化影响蛋白质功能，更重要的是还与细胞通信、信号传递密切相关。

（2）糖生物学在酶学领域的研究 糖生物学与酶学的关系极为密切，研究表明：一方面，糖是酶作用不可缺少的成分；另一方面，酶是进行糖生物学研究不可缺少的工具。糖生物学和糖工程中所有重大课题都离不开糖链的生物合成，而糖链的生物合成必须有糖基转移酶的参与。因此，有关糖基转移酶的研究备受人们的重视，成为酶工程领域的又一个热点课题。

（3）糖生物学在医学领域的研究

① 糖链与微生物感染的关系 研究表明，病原细菌在哺乳动物组织细胞靶位上的黏附是感染的关键步骤。大多数微生物在细胞表面的黏附是由糖链介导的，另外，多种糖缀合物及糖链广泛存在于微生物中，这些糖链常在微生物与动植物的相互作用中起至关重要的作用，病原微生物细胞外膜上的糖链也往往是感染的毒力因子，如幽门螺杆菌感染通常与胃炎有关，它主要定植于胃黏膜层，但也能直接与表达 Leb 糖链的胃上皮细胞相互作用。

② 糖链在免疫系统中的作用 有关研究表明，几乎所有与免疫相关的关键分子都是糖蛋白。免疫反应分为细胞免疫和体液免疫。细胞免疫是指在细胞质中经蛋白酶加工并转运到膜上的主要组织相容性 I 类分子（MHC class I molecule）、由细胞内吞产生的 MHC II 分子及 CD1 相关抗原被 T 细胞上的 T-细胞抗原受体（TCR）识别；体液免疫是细胞外由抗体或甘露糖结合凝集素（MBL）识别完整的抗原分子所介导的免疫。

③ 糖链代谢疾病 许多细胞生理功能所必需的蛋白质是糖基化修饰的，糖基化的不同又常导致蛋白质功能的改变。许多疾病就与细胞表面糖基化的改变有关，如由糖基化先天缺损（CDG）所引起的临床综合征最初于 1980 年发现。

2. 多糖的应用研究

当机体自身免疫系统或细胞脱轨出现自身免疫疾病或癌症时,细胞表面的糖分子会改变结构和组成,出现异常糖基化与异常细胞代谢,在机体衰老过程中,糖链合成受累,糖链减短,密度变稀,可见多糖与许多疾病病理过程以及衰老过程密切相关。

目前多糖链可从以下几方面获得:①糖工程学,进行糖链的人工合成;②糖基化工程学,进行基因工程和蛋白质工程产物的糖基化,选择特异性的细胞株或真核细胞表达体系,也可在重组糖蛋白时,改变糖基化位点,或用糖基化抑制及糖基化位点突变获得所需多糖链;③天然多糖的纯化,从菌类到所有动植物均存在多糖成分,将其提取纯化或加以化学修饰改造是目前较为普遍的途径。

多糖与相关药物的研究分两个大方向:一是作为信息分子进入机体发挥补充调节或抑制的作用,这种特异性治疗随着糖功能基团的发现将不断涌现;二是作为基质成分,非特异性治疗调节各种生理功能或纠正病理过程。目前国内外大量的多糖类药物主要为后者。

课后练习题

一、填空题

1. 甜味是糖的重要物理性质,甜味的强弱用甜度来表示,但甜度目前还不能用物理或化学方法定量测定,只能采用_____法,因此所获得的数值只是一个相对值,通常以_____为基准物。

2. 比甜度是以蔗糖(非还原糖)为基准物,一般以 10％ 或_____ 的蔗糖水溶液在温度_____ 时的甜度定为 1.0。

3. 多糖根据组成不同可以分为均多糖和_____ 两类。

4. 凝胶具有二重性,既有_____的某些特性,又有_____的某些属性。

5. 与多糖的_____ 基团通过氢键相结合的水分子称为水合水或结合水,这种水合水不会结冰,也称为塑化水,它可使多糖分子溶剂化。

二、选择题

1. 下列(   )基团是糖产生甜味的基团。

A. —CH_2OH B. —CHOH—CHOH—   C. —CHO   D. —OH

2. 下列单糖(   )的比甜度最高。

A. 蔗糖   B. α-D-葡萄糖

C. β-D-呋喃果糖   D. α-D-半乳糖

3. 下列(   )不是杂多糖。

A. 纤维素   B. 半纤维素   C. 果胶质   D. 黏多糖

4. 直链淀粉分子中的糖苷键是(   )。

A. α-1,4-糖苷键   B. β-1,4-糖苷键

C. β-1,6-糖苷键   D. α-1,6-糖苷键

5. 淀粉最易老化的含水量是(   )。

A. 20%～30%　　　B. 30%～60%　　　C. 60%～80%　　　D. 80%以上

三、问答题

1. 简述影响糖甜度的因素。

2. 从糖的相关物理特性来解释为什么有些饮料及水果冰一下之后甜味会更明显?

3. 影响淀粉老化的因素有哪些?

4. 影响淀粉糊化的因素有哪些?

5. 简述果胶的凝胶形成机理。

四、综合题

硬糖是经高温熬煮而成的糖果。其干固物含量很高,在97%以上。糖体坚硬而脆,故称为硬糖,属于无定形非晶体结构。其相对密度在1.4～1.5,还原糖含量范围10%～18%;入口溶化慢,耐咀嚼,糖体有透明的、半透明的和不透明的,也有拉制成丝光状的。

请根据所学知识,分析回答以下问题:

1. 硬糖常用哪些糖进行熬煮?

2. 请简述硬糖的生产机理。

项目 三
食品中的蛋白质

案例引入

三聚氰胺事件：2008 年发生的奶制品污染事故，起因是很多食用某品牌奶粉的婴儿被发现患有肾结石，随后在奶粉中发现化工原料三聚氰胺。国家食品药品监督管理部门随后公布的对国内的乳制品厂家生产的婴幼儿奶粉进行的三聚氰胺检测报告，包括多家名牌奶粉厂家在内的多个厂家的奶粉都检出含有三聚氰胺。该事件引起各国的高度关注和对乳制品安全的担忧，结果同时导致多个国家禁止了中国乳制品进口。

一、概述

蛋白质是生命的物质基础，是构成生物体细胞的基本成分之一，是生命活动的主要承担者，没有蛋白质就没有生命。蛋白质具有重要的生物学功能，如可作为生物催化剂（酶）；具有代谢调节作用；有免疫保护作用；帮助物质的转运和存储；运动与支持作用；参与细胞间信息传递；氧化供能等。

蛋白质是由许多不同的氨基酸通过肽键缩合而成的高分子含氮化合物。它的分子量在几万到几千万之间，组成蛋白质的元素主要有 C、H、O、N、S 和 P，有些蛋白质还含有微量金属元素 Fe、Cu、Zn、Mn 等，个别蛋白质还含有 I。因为蛋白质占生物组织中所有含氮物质的绝大部分，因此，可以将生物组织的含氮量近似地看作蛋白质的含氮量，即可以根据生物样品中的含氮量来计算蛋白质的大概含量。

一般蛋白质含氮量平均在 16%（凯氏定氮法的理论基础），取其倒数 100/16＝6.25，即为蛋白质换算系数，其含义是样品中每含有 1g 氮就相当于 6.25g 蛋白质，即：

$$蛋白质含量＝氮的含量×(100/16)＝氮的含量×6.25$$

二、氨基酸和肽

1. 氨基酸

(1) 氨基酸分类 蛋白质是高分子化合物，可以受酸、碱或蛋白酶作用彻底水解，最终产生各种氨基酸，氨基酸是蛋白质水解的最终产物，是组成蛋白质的基本单位。自然界中的氨基酸有 300 余种，但组成人体蛋白质的常见（基本）氨基酸仅有 20 种，这 20 种氨基酸按不同比例组合成蛋白质，并在体内不断进行代谢与更新。从蛋白质水解物中分离出来的常见（基本）20 种氨基酸，除脯氨酸外，这些天然氨基酸在结构上的共同特点为：每个氨基酸的 α-碳上连接一个羧基（—COOH）、一个氨基（—NH$_2$）和一个氢原子，结构的差异表现在一个侧链上的 R 基团不同。

组成蛋白质的 20 种常见氨基酸都是 α-氨基酸（脯氨酸为 α-亚氨基酸）。除脯氨酸外，其余氨基酸可以用图 1-25 所示的结构通式表示。

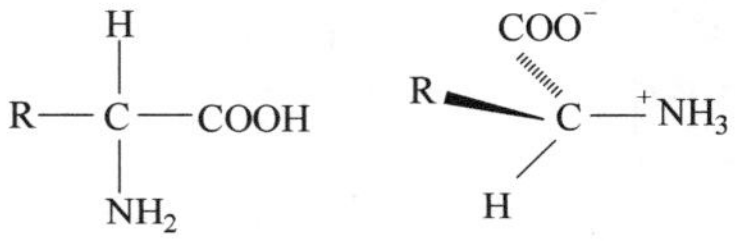

（非解离形式）　　（两性离子形式）

图 1-25　氨基酸结构通式

由通式可见各氨基酸结构上的差异仅表现在 R 侧链上。根据 R 侧链极性和带电荷的不同，氨基酸可分为四类：①非极性氨基酸（8 种），其侧链为烃基、吲哚环或甲硫基等非极性疏水基团，它们在水中的溶解度比较小；②不带电荷的极性氨基酸（7 种），其侧链上有羟基、巯基或酰胺基等极性基团，这些基团有亲水性，能与适宜的水分子形成氢键；③碱性氨基酸（3 种），侧链上有氨基、胍基或咪唑基，在水溶液中能结合 H$^+$ 而带正电荷；④酸性氨基酸（2 种），侧链上有羧基，在水溶液中能释放 H$^+$ 而带负电荷。具体见表 1-9。

表 1-9　20 种常见氨基酸

名称	英文缩写	结构式	等电点
非极性氨基酸			
丙氨酸	Ala	$CH_3—CH—COO^-$ $\overset{|}{{}^+NH_3}$	6.02
缬氨酸[①]	Val	$(CH_3)_2CH—CHCOO^-$ $\overset{|}{{}^+NH_3}$	5.97
亮氨酸[①]	Leu	$(CH_3)_2CHCH_2—CHCOO^-$ $\overset{|}{{}^+NH_3}$	5.98
异亮氨酸[①]	Ile	$CH_3CH_2CH—CHCOO^-$ $\overset{|}{CH_3}\ {}^+NH_3$	6.02
苯丙氨酸[①]	Phe	〇—$CH_2—CHCOO^-$ $\overset{|}{{}^+NH_3}$	5.48

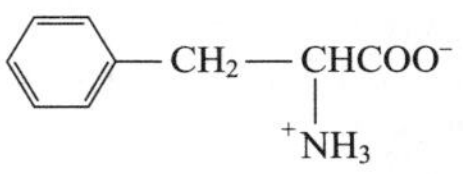

续表

名称	英文缩写	结构式	等电点
色氨酸[①]	Trp	（吲哚）—CH₂CH—COO⁻，⁺NH₃	5.89
蛋（甲硫）氨酸[①]	Met	$CH_3SCH_2CH_2$—CHCOO⁻，⁺NH₃	5.75
脯氨酸	Pro	（吡咯烷）—COO⁻，H⁺H	6.30
不带电荷的极性氨基酸			
甘氨酸	Gly	CH_2—COO⁻，⁺NH₃	5.97
丝氨酸	Ser	$HOCH_2$—CHCOO⁻，⁺NH₃	5.68
苏氨酸[①]	Thr	CH_3CH—CHCOO⁻，OH ⁺NH₃	6.53
半胱氨酸	Cys	$HSCH_2$—CHCOO⁻，⁺NH₃	5.02
酪氨酸	Tyr	HO—（苯基）—CH_2—CHCOO⁻，⁺NH₃	5.66
天冬酰胺	Asn	H_2N—C(=O)—CH_2CHCOO⁻，⁺NH₃	5.41
谷氨酰胺	Gln	H_2N—C(=O)—CH_2CH_2CHCOO⁻，⁺NH₃	5.65
碱性氨基酸			
组氨酸	His	（咪唑）—CH_2CH—COO⁻，⁺NH₃	7.59
赖氨酸[①]	Lys	⁺$NH_3CH_2CH_2CH_2CH_2$CHCOO⁻，⁺NH₃	9.74

续表

名称	英文缩写	结构式	等电点
精氨酸	Arg	$\overset{+NH_2}{\underset{+NH_3}{H_2N-C-NHCH_2CH_2CH_2CHCOO^-}}$	10.76
酸性氨基酸			
天冬氨酸	Asp	$\underset{+NH_3}{HOOCCH_2CHCOO^-}$	2.97
谷氨酸	Glu	$\underset{+NH_3}{HOOCCH_2CH_2CHCOO^-}$	3.22

① 为必需氨基酸。

在构成蛋白质的 20 种基本氨基酸中，有八种氨基酸是人体不能合成而需要从食物中补充的，称为必需氨基酸。必需氨基酸有：赖氨酸（Lys）、缬氨酸（Val）、蛋氨酸（Met）、色氨酸（Trp）、亮氨酸（Leu）、异亮氨酸（Ile）、苏氨酸（Thr）、苯丙氨酸（Phe）。婴儿时期还需精氨酸（Arg）、组氨酸（His），早产儿还需半胱氨酸（Cys）。

（2）氨基酸的物理性质 常见氨基酸均为无色结晶，其性状因构型而异。

① 溶解度 各种氨基酸在水中的溶解度差别很大，一般都能溶解于稀酸或稀碱中，但不能溶解于有机溶剂。通常酒精能把氨基酸从其溶液中沉淀析出。

② 熔点 氨基酸的熔点极高，一般在 200℃ 以上。

③ 旋光性 除甘氨酸外，氨基酸都具有旋光性，能使偏振光平面向左或向右旋转，左旋者通常用（—）表示，右旋者用（＋）表示。

④ 味感 氨基酸味感与立体构型有关，有的无味、有的为甜味、有的为苦味。D-氨基酸多带甜味，D-色氨酸甜味最强。谷氨酸的单钠盐有鲜味，是味精的主要成分。

⑤ 紫外吸收 构成蛋白质的 20 种基本氨基酸在可见光区都没有光吸收，但在远紫外区（<220nm）均有光吸收。在近紫外区（220~300nm）只有酪氨酸、苯丙氨酸和色氨酸有吸收光的能力，这是因为它们分子中含有苯环，是苯环的共轭双键造成的，如图 1-26 所示。

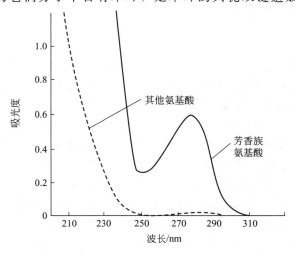

图 1-26 氨基酸的紫外吸收

大多数蛋白质含有这些氨基酸残基，测定蛋白质溶液于 280nm 处的光吸收值是分析溶液蛋白质含量的快捷方法。

（3）氨基酸的化学性质　氨基酸分子中既含有羧基又含有氨基，所以既有酸的性质又有碱的性质，是两性电解质。其解离程度取决于所处溶液的酸碱度。氨基酸在结晶形态或在水溶液中，并不是以游离的羧基或氨基形式存在，而是离解成两性离子。在两性离子中，氨基是以质子化（—NH_3^+）形式存在，羧基是以离解状态（—COO^-）存在。

① 氨基酸的等电点（pI）　当调节氨基酸溶液至一定的 pH 值时，氨基酸解离成阳离子和阴离子的趋势及程度相等，溶液呈电中性，此时溶液的 pH 值称为该氨基酸的等电点，以 pI 表示。在等电点时，氨基酸在电场中既不向阳极移动也不向阴极移动，即氨基酸处于两性离子状态，氨基酸所带净电荷为"零"，电场上不移动，导电性最小，溶解度最小，最易沉淀，黏度最小。当溶液 pH 值小于氨基酸的等电点时，氨基酸带正电；当溶液 pH 值大于氨基酸的等电点时，氨基酸带负电，如图 1-27 所示。各种氨基酸的等电点不同，调节溶液 pH 可以沉淀分离不同氨基酸的混合物。此外，在同一 pH 溶液中，不同氨基酸所带净电荷不同，致使它们在同一电场中的移动方向和速度也不同，利用此类方法（电泳法），可用于分离、纯化和鉴定蛋白质制剂、氨基酸制剂，在药物使用上可通过改变 pI 方法延长疗效。

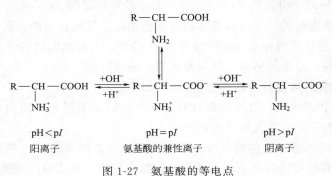

图 1-27　氨基酸的等电点

② 脱氨基、脱羧基反应　氨基酸经强氧化剂或酶作用，脱氨基反应生成相应的酮酸；氨基酸在高温或细菌作用下，脱去羧基生成胺。肉类产品、海产品等蛋白质含量丰富的食品，氨基酸的脱羧基反应是导致这类食物变质的原因之一，生成的胺类物质赋予食品不良的气味和毒性。

③ 氨基的反应

a. 与亚硝酸的反应　α-NH_2 可以定量地与亚硝酸反应，产生氮气和羟基酸。此法可用于氨基酸定量。与 α-NH_2 不同，其他氨基与亚硝酸反应很慢或不反应，如脯氨酸的 α-亚氨基不与亚硝酸反应，组氨酸、色氨酸中被环结合的氨基也不反应。

b. 与醛类的反应　α-NH_2 可与醛类化合物反应生成 Schiff 碱类，Schiff 碱类是美拉德褐变反应的中间产物。美拉德褐变发生的条件是少量氨基化合物、还原糖和少量水存在。随着反应的进行，pH 值下降，还原能力上升（还原酮产生）。褐变初期，紫外线吸收增强，伴随有荧光物质产生，此时添加亚硫酸盐，可阻止褐变；但在褐变后期加入不能使之褪色。褐变后期，溶液变为红棕色或深褐色，并伴有不溶解的胶体状类黑精物质出现。此类反应破坏氨基酸，特别是必需氨基酸中 L-赖氨酸所受的影响最大，赖氨酸含有 ε-氨基，即使存在于蛋白质分子中也能参与美拉德反应，导致营养损失。此外，该反应在一定条件下还可以产生某些致癌、致突变产物（杂环胺），影响食品的安全性。

　　c. 酰基化反应　α-NH$_2$ 与苄氧基甲酰氯在弱碱性条件下反应，生成氨基衍生物，可用于肽的合成。

　　d. 烃基化反应　α-NH$_2$ 可与二硝基氟苯反应生成稳定的黄色化合物，可用于氨基酸或蛋白质末端氨基酸的分析。

　　④ 羧基的反应　氨基酸在干燥的 HCl 存在条件下，可与无水甲醇或乙醇作用生成甲酯或乙酯。

　　⑤ 与茚三酮反应　茚三酮在弱酸性溶液中与 α-氨基酸共热，发生氧化脱氨反应，生成 NH$_3$ 与酮酸，水合茚三酮变为还原型茚三酮。加热过程中酮酸裂解，放出 CO$_2$，自身变为少一个碳的醛。NH$_3$ 与水合茚三酮及还原型茚三酮脱水缩合，生成蓝紫色化合物。利用这个反应，可对氨基酸进行定量测定。

　　⑥ 与金属离子的螯合作用　氨基酸可以和金属离子 Cu^{2+}、Fe^{2+}、Co^{2+}、Mn^{2+} 等作用，生成螯合物。

你知道吗？

氨基酸是酸性化合物吗？

扫二维码可见答案

2. 肽

　　肽是两个或两个以上的氨基酸通过肽键缩合而成的化合物。由两个氨基酸以肽键相连的化合物称为二肽，三分子氨基酸以肽键相连的化合物则称为三肽，以此类推，由十个以内氨基酸相连而成的肽称为寡肽，由更多的氨基酸相连形成的肽称多肽。肽链中的氨基酸分子因为脱水缩合而基团不全，被称为氨基酸残基。多肽链是指许多氨基酸之间以肽键连接而成的一种结构。多肽链有两端，即 N 末端（多肽链中有自由氨基的一端）和 C 末端（多肽链中有自由羧基的一端）。肽链从组成来说，是以氨基酸残基作为重复单位；从结构角度看，是以肽平面作为重复单位的。

　　肽键是由一个氨基酸的羧基与另一个氨基酸的氨基脱水缩合形成一个酰胺键，这个化学键称为肽键，如图 1-28 和图 1-29 所示。

　　肽键不同于 C—N 单键、C＝N 双键，肽键比一般 C—N 键短，肽键具有部分双键性质，且不能自由旋转。参与肽键构成的 4 个原子及相邻的 α-碳原子组成肽平面，相邻的 α-碳原子呈反式构型。

三、蛋白质的结构和理化性质

　　蛋白质是由一条或多条多肽链以特殊方式结合而成的生物大分子。蛋白质有时也被称为

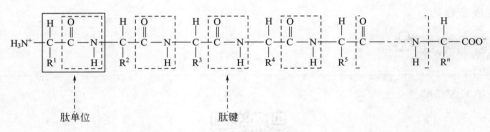

图 1-28　肽键的形成

肽单位　　　　　　　　肽键

图 1-29　肽键与肽单位

多肽，通常将分子量在 6000 以上的多肽称为蛋白质。蛋白质分子量变化范围很大，从大约 6000～1000000 甚至更大。蛋白质的分子结构包括一级结构、二级结构、三级结构和四级结构，如图 1-30 所示。

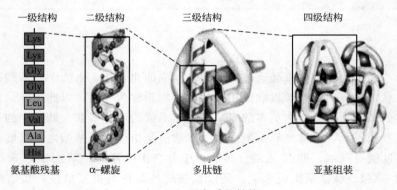

图 1-30　蛋白质的结构

1. 蛋白质的结构

（1）蛋白质的一级结构　一级结构是蛋白质最基本的结构，也决定了蛋白质的空间结构，是蛋白质空间构象和特异生物学功能的基础，其中最重要的是多肽链的氨基酸顺序。1969 年，国际纯粹与应用化学联合会（IUPAC）规定：蛋白质的一级结构指蛋白质多肽链中氨基酸的排列顺序，包括二硫键的位置和数目。排列方向是从 N 端到 C 端；或氨基末端到羧基末端。主要的化学键是肽键，有些蛋白质还包括二硫键。氨基酸的种类、数量、排列次序决定蛋白质的空间结构，蛋白质结构的多样性决定功能的多样性。同一种蛋白质，组成它的氨基酸的种类、数目和顺序都是一定的。如图 1-31 所示是牛胰岛素的一级结构。

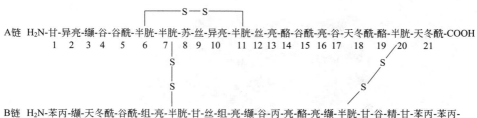

图 1-31　牛胰岛素的一级结构

（2）蛋白质的二级结构　蛋白质的二级结构是指多肽链中彼此靠近的氨基酸残基之间通过氢键相互作用而形成的空间关系，它只涉及肽链主链的构象及链内或链间形成的氢键，并不涉及氨基酸侧链 R 基团的构象，主要的化学键是氢键。蛋白质二级结构的主要形式有：α-螺旋、β-折叠等。

① α-螺旋　它是蛋白质中最常见的二级结构，肽链主链绕假想的中心轴盘绕成螺旋状，一般都是右手螺旋结构，螺旋是靠链内氢键维持的。主链原子构成螺旋的主体，侧链在其外部。如图 1-32 所示。

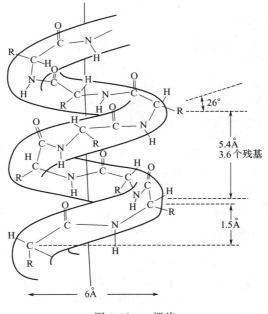

图 1-32　α-螺旋

② β-折叠　也叫 β-结构或 β-构象，它是蛋白质中第二种最常见的二级结构。β-折叠是由两条或多条几乎完全伸展的多肽链平行排列，通过链间的氢键进行交联而形成的，或由一条肽链内的不同肽段间靠氢键而形成的。肽链的主链呈锯齿状折叠构象。肽链按层排列，依靠相邻肽链上的羰基和氨基形成的氢键维持结构的稳定性。肽键的平面性使多肽折叠成片，氨

基酸侧链伸展在折叠片的上面和下面。如图 1-33 所示。

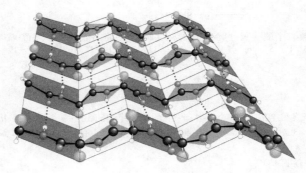

图 1-33　β-折叠

β-折叠的特点是几乎所有肽键都参与链间氢键的形成，氢键与链的长轴接近垂直。β-折叠有两种类型，一种为平行式，即所有肽链的 N-端都在同一边；另一种为反平行式，即相邻两条肽链的方向相反。

（3）蛋白质的三级结构　蛋白质的三级结构是整条多肽链在各种二级结构的基础上，通过侧链基团的相互作用，借助次级键维系，进一步盘绕折叠形成具有一定规律的三维空间结构。它包括主链和侧链的所有原子的空间排布，一般非极性侧链埋在分子内部，形成疏水核，极性侧链暴露在分子表面。蛋白质的三级结构是由一级结构决定的。其主要的化学键有：疏水键、离子键、氢键和范德华力等，维持蛋白质分子构象的各种化学键如图 1-34 所示。

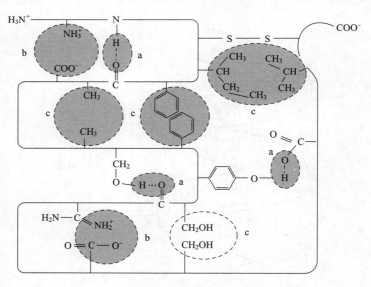

图 1-34　维持蛋白质分子构象的各种化学键
a—氢键；b—离子键；c—疏水键

蛋白质三级结构具有如下特征：含多种二级结构单元；有明显的折叠层次；是紧密的球状或椭球状实体；表面有一空穴（活性部位）；疏水侧链埋藏在分子内部，亲水侧链暴露在分子表面。

以抹香鲸肌红蛋白为例说明蛋白质的三级结构，如图 1-35 所示，1963 年 Kendrew 等通过鲸肌红蛋白的 X 射线衍射分析，测得了它的空间结构。

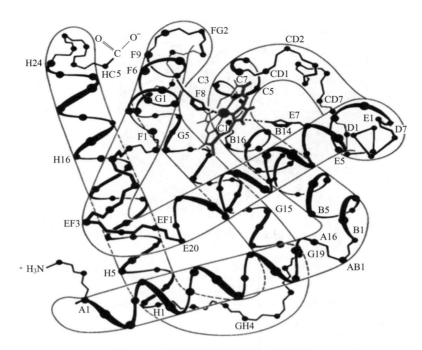

图 1-35　抹香鲸肌红蛋白的三级结构

（4）蛋白质的四级结构　　四级结构是由两个或两个以上具有三级结构的多肽链按一定方式聚合而成的特定构象。其中每条各具独立三级结构的多肽链称为亚基（subunit），亚基单独存在不具有生物活性。蛋白质的四级结构涉及亚基的种类、数量以及各个亚基在寡聚蛋白质（许多蛋白质是由两个或两个以上独立的三级结构通过非共价键结合成的多聚体）中的空间排布和亚基间的相互作用。亲水性侧链基团在分子表面，疏水性基团在分子内部。在蛋白质四级结构中，亚基之间的结合力主要是疏水作用力，其次是氢键、离子键、范德华力等。即亚基之间主要是通过次级键彼此缔合在一起。

蛋白质的四级结构具有以下特点：①在具有四级结构的蛋白质中，亚基单独存在无活性；②不是所有的蛋白质都具有四级结构，有些蛋白质只有三级结构，但也具有生物活性；③亚基间以次级键相连（盐键为主）。

现以血红蛋白为例，说明蛋白质的四级结构。血红蛋白是由四个亚基组成，包括 2 个 α-亚基、2 个 β-亚基，每个亚基由一条多肽链与一个血红素辅基组成，4 个亚基以正四面体的方式排列，彼此之间以非共价键相连（见图 1-36）。

（5）维持和稳定蛋白质结构的作用力　　蛋白质是一大类具有特定结构的生物大分子，维持其特定结构必然需要分子内存在特定的一些相互作用。在蛋白质分子中，维持其结构稳定的相互作用主要包括共价键和次级键两类（见图 1-37）。其中肽键和二硫键属于共价键，二硫键对稳定蛋白质构象很重要，二硫键越多，蛋白质分子构象越稳定。氢键、范德华力、疏水相互作用力和盐键属于次级键。氢键、范德华力虽然键能小，但数量多。疏水相互作用力和盐键对维持蛋白质三、四级结构特别重要。

2. 蛋白质的理化性质

（1）蛋白质的两性电离　　蛋白质分子的两端有游离的氨基和羧基，在一定的溶液 pH 条

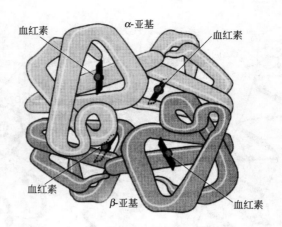

图 1-36　血红蛋白四级结构

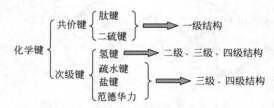

图 1-37　蛋白质分子中的共价键与次级键

件下都可解离成带负电荷或正电荷的基团，所以蛋白质具有两性性质。

当蛋白质溶液处于某一 pH 时，蛋白质解离成正、负离子的趋势相等而成为两性离子，即净电荷为零，此时溶液的 pH 称为蛋白质的等电点，简写为 pI。蛋白质在其等电点时的溶解度最小。由于不同蛋白质所含的氨基酸的种类、数目不同，所以不同的蛋白质具有不同的等电点。当蛋白质所处环境的 pH 大于 pI 时，蛋白质分子带负电荷；pH 小于 pI 时，蛋白质带正电荷。蛋白质的两性电离情况如图 1-38 所示。

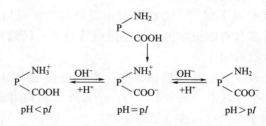

图 1-38　蛋白质的两性电离

（2）蛋白质的胶体性质　蛋白质属于生物大分子，分子量在 $6\times10^3\sim10^6$ 之间，其水溶液颗粒大小已达胶粒（1～100nm）范围之内，可以形成水化膜，故蛋白质溶液具有胶体溶液的典型性质，如有丁达尔现象、布朗运动、电泳现象等。蛋白质水溶液是一种比较稳定的亲水胶体，维持蛋白质胶体稳定的因素是颗粒表面电荷和水化膜，中和颗粒表面电荷或破坏水化膜都会使胶体变得不稳定。

由于胶体溶液中的蛋白质不能通过半透膜，因此可以应用透析法将非蛋白小分子杂质除去。

（3）蛋白质的电泳现象　蛋白质在高于或低于其 pI 的溶液中为带电的颗粒，在电场中既能向正极移动也能向负极移动。这种通过蛋白质在电场中泳动而达到分离各种蛋白质的技术，称为电泳。蛋白质在等电点条件下，不发生电泳现象。利用蛋白质的电泳现象，可以将不同带电性质和不同大小、形状的蛋白质分子进行分离纯化。

（4）蛋白质的变性与复性　天然蛋白质因受物理、化学因素的影响，维系蛋白质空间结构的次级键断裂，天然构象被破坏，从而导致生物活性的丧失以及物理、化学性质的异常变化，但一级结构未遭破坏，这种现象称为蛋白质的变性。

蛋白质变性的本质是破坏非共价键和二硫键，分子中各种次级键断裂，使其空间构象从紧密有序的状态变成松散无序的状态。变性后的蛋白质空间结构改变，生物化学性质改变，组分和分子量不变，蛋白质的一级结构不变。

引起蛋白质变性的主要因素有：①物理因素，如加热、高压、紫外线照射、X射线、超声波、剧烈振荡和搅拌等。②化学因素，如强酸、强碱、有机溶剂、生物碱、尿素、胍、重金属、脲、去污剂［十二烷基硫酸钠（SDS）］、三氯乙酸、浓乙醇等。

蛋白质的复性是指当引起变性的因素比较温和，仅造成蛋白质构象有些松散，但当除去变性因素后，可根据热力学原理缓慢地重新自发折叠恢复原来的构象，并恢复所有生物活性，这种现象称作蛋白质的复性。

（5）蛋白质的沉淀作用　蛋白质胶体溶液的稳定性是有条件的、相对的，如果改变环境条件，破坏其水化膜和表面电荷，则蛋白质的溶解性将完全或部分丧失而引起聚集沉淀。影响沉淀的因素有以下几点。

① **盐析**　在蛋白质水溶液中，加入大量高浓度的强电解质盐如硫酸铵、氯化钠、硫酸钠等，可破坏蛋白质分子表面的水化膜，中和它们的电荷，因而使蛋白质沉淀析出，这种现象称为盐析。各种蛋白质的亲水性及带电性均有差别，因此不同蛋白质所需中性盐浓度也不同，只要调节中性盐浓度，就可使混合蛋白质溶液中的几种蛋白质分批沉淀析出，这种方法称为分段盐析。盐析法是最常用的蛋白质沉淀方法之一，该方法不会使蛋白质产生变性。

② **有机溶剂沉淀**　在蛋白质溶液中，加入能与水互溶的有机溶剂如乙醇、丙酮等，这些有机溶剂破坏了蛋白质颗粒的水化膜，蛋白质产生沉淀。需要注意的是，有机溶剂沉淀蛋白质通常在低温条件下进行，否则有机溶剂与水互溶产生的溶解热会使蛋白质产生变性。

③ **弱酸或弱碱沉淀法（等电点沉淀）**　用弱酸或弱碱调节蛋白质溶液的pH处于等电点处，使蛋白质沉淀。其作用机理是破坏蛋白质表面净电荷。

④ **加热变性沉淀法**　几乎所有的蛋白质都可因加热变性而凝固，少量盐促进蛋白质加热凝固。当蛋白质处于等电点时，加热凝固最完全和最迅速。如：煮鸡蛋；超氧化物歧化酶的提取等。

⑤ **强酸或强碱沉淀**　在强酸或强碱条件下，蛋白质分子内部可离解基团如氨基、羧基等发生解离，导致强烈的分子内静电相互作用，使蛋白质发生伸展、变性而沉淀。

⑥ **重金属盐沉淀**　蛋白质在pH稍大于pI时，加入重金属盐（氯化汞、硝酸银、醋酸铅、硫酸铜等），蛋白质颗粒带负电的羧基易与重金属离子（Hg^{2+}、Cu^{2+}、Pb^{2+}、Ag^+等）结合成不溶性盐而沉淀。临床上，用生蛋清、牛乳、豆浆等作为重金属中毒的解毒剂，就是该原理的应用。

⑦ **生物碱沉淀**　鞣酸、苦味酸、磷钨酸等生物碱试剂，在低于蛋白质等电点的pH条件下，可与蛋白质作用导致蛋白质变性，且生成不溶性盐而沉淀。

如果蛋白质的沉淀是在较温和条件下通过改变溶液的pH或电荷状况发生的，沉淀过程中蛋白质的结构和性质都没有发生变化，并在适当的条件下，凝聚的蛋白质可以重新溶解形成溶液，这种沉淀过程是可逆的，形成的沉淀称为非变性沉淀。可逆沉淀是分离和纯化蛋白质的基本方法，如等电点沉淀法、盐析法和有机溶剂沉淀法等。

如果蛋白质的沉淀是在强烈条件下发生，不仅破坏了蛋白质胶体溶液的稳定性，而且也破坏了蛋白质的结构和性质，产生的蛋白质沉淀不可能再重新溶解于水。这种沉淀过程是不可逆的，形成的沉淀称为变性沉淀。如加热沉淀、强酸或强碱沉淀、重金属盐沉淀和生物碱沉淀等。

(6) 蛋白质的颜色反应

① 茚三酮反应　蛋白质经水解后产生的氨基酸也可发生茚三酮反应，生成蓝色或紫红色化合物。

② 双缩脲反应　蛋白质和多肽分子中的肽键在稀碱溶液中与硫酸铜共热，呈现紫色或红色，此反应称为双缩脲反应。双缩脲反应可用来检测蛋白质水解程度。含有两个或两个以上肽键的化合物，能发生同样的反应，且肽键越多颜色越深。该反应主要用于蛋白质水解程度的测定。

四、蛋白质结构与功能的关系

蛋白质一级结构与功能的关系主要是研究多肽链中不同部位的氨基酸残基与生物功能的关系。蛋白质特定的功能都是由其特定的构象决定，蛋白质特定的构象又是由其一级结构决定的。

1. 蛋白质的一级结构与功能的关系

蛋白质的一级结构与其功能关系密切，蛋白质一级结构的改变会引起功能的改变或完全丧失。基因突变导致蛋白质的一级结构改变而产生的遗传病，称之为分子病。如镰刀形贫血病患者，其血红细胞合成了一种不正常的血红蛋白（Hb-S），它与正常的血红蛋白（Hb-A）的差别仅仅在于 β 链的 N 末端第 6 位残基发生了变化。Hb-A 第 6 位残基是极性谷氨酸残基，在 Hb-S 中换成了非极性的缬氨酸残基，使血红蛋白细胞收缩成镰刀形，输氧能力下降，易发生溶血。这充分说明蛋白质分子结构与功能关系的高度统一性。而血红蛋白存在于动物血液的红细胞中，具有运输 O_2 和 CO_2 的功能；血红蛋白还能和 H^+ 结合，从而可以维持体内正常的酸碱环境。

2. 蛋白质的空间结构与功能的关系

蛋白质一级结构是空间构象的基础，一级结构不变，只是空间结构改变也会影响蛋白质的功能，甚至使蛋白质生物活性完全丧失。如加热、强酸、强碱、有机溶剂等会破坏蛋白质分子的二级、三级、四级结构，使蛋白质的生物活性丧失。有些变化对人类有益，例如，加热鸡蛋可以破坏其中抗生物素蛋白的空间结构，从而使其失去活性；而有些变化则对人类有害，如强酸、强碱可以通过破坏皮肤表面蛋白结构从而伤害皮肤。我们可以利用其中对人类有益的方面，而避开对人类有害的方面。血红蛋白四个亚基中有一个亚基与氧原子结合后，会引起其他亚基空间结构改变，更易与氧原子结合，增强血红蛋白的运氧能力。

五、蛋白质的分类

1. 按组成成分分类

蛋白质按组成成分可分为单纯蛋白质和结合蛋白质。

　　(1) 单纯蛋白质　又称为简单蛋白质，这类蛋白质只含由 α-氨基酸组成的肽链，不含有非蛋白质部分。这类蛋白质水解后的最终产物只有氨基酸。单纯蛋白质按其来源以及溶解性等理化性质的不同又可分为：清蛋白、球蛋白、谷蛋白、醇溶谷蛋白、精蛋白、组蛋白以及硬蛋白等七类。

　　① 清蛋白和球蛋白　广泛存在于动物组织中。清蛋白易溶于水，加热即凝固。球蛋白微溶于水而易溶于稀酸中。

　　② 谷蛋白和醇溶谷蛋白　属于植物蛋白，不溶于水，易溶于稀酸、稀碱，后者可溶于70%～80%乙醇中。

　　③ 精蛋白和组蛋白　它们为碱性蛋白质，存在于细胞核中。

　　④ 硬蛋白　存在于各种软骨、腱、毛、发、丝等组织中，分为角蛋白、胶原蛋白、弹性蛋白和丝蛋白。

　　(2) 结合蛋白质　结合蛋白质是指由单纯蛋白质和非蛋白质成分结合而成的蛋白质。按其非蛋白质成分又可分为：核蛋白、脂蛋白、磷蛋白、糖蛋白、色蛋白、金属蛋白等。

　　① 色蛋白　由简单蛋白质与色素物质结合而成。如血红蛋白、叶绿蛋白和细胞色素等。

　　② 糖蛋白　由简单蛋白质与糖类物质组成。如细胞膜中的糖蛋白等。

　　③ 脂蛋白　由简单蛋白质与脂类结合而成。如血清 α-脂蛋白、β-脂蛋白等。

　　④ 核蛋白　由简单蛋白质与核酸结合而成。如细胞核中的核糖核蛋白等。

　　⑤ 磷蛋白　由简单蛋白质和磷酸组成。如胃蛋白酶、酪蛋白、角蛋白、弹性蛋白、丝心蛋白等。

2. 按分子的形状或空间构象分类

　　蛋白质按分子的形状或空间构象可分为纤维状蛋白和球状蛋白。

　　纤维状蛋白分子很不对称，形状类似纤维或细棒。它又可分为可溶性纤维状蛋白质和不溶性纤维状蛋白质（典型的有胶原蛋白、弹性蛋白、角蛋白、丝蛋白等）。

　　球状蛋白质分子的形状接近球形或椭圆形，溶解性较好，能形成结晶，空间构象比纤维状蛋白质复杂，生物体内的蛋白质大多数属于这一类。典型的有胞质酶类等。

3. 按蛋白质的大小与分子量分类

　　生物大分子是由某些基本单位按一定顺序和方式连接所形成的多聚体，分子量一般大于10000，包括蛋白质、核酸、脂类及糖等。蛋白质分子量的变化范围很大，从大约 6000～1000000 或更大。有些蛋白质是由一条多肽链折叠而成，称为单体酶。某些蛋白质是由两个或更多个蛋白质亚基（多肽链）通过非共价结合而成，称寡聚蛋白质。有些寡聚蛋白质的分子量可高达数百万甚至数千万。

4. 按蛋白质的营养价值分类

　　蛋白质按其营养价值可分为完全蛋白质、半完全蛋白质及不完全蛋白质。完全蛋白质是指含有人体全部必需氨基酸，且数量充足、比例适当，不仅能维持人体健康，还可以促进生长发育，如乳中的酪蛋白，蛋中的卵白蛋白、卵磷蛋白，肉中的白蛋白、肌蛋白，大豆中的大豆蛋白，小麦中的麦谷蛋白等。半完全蛋白质是指含有人体全部必需氨基酸，但有些氨基酸数量不足、比例不适当，虽然可以维持生命，但不能促进生长发育，如小麦中的麦胶蛋白，赖氨酸含量就很少。不完全蛋白质是指不含有人体全部必需氨基酸，既不能维持生命也不能促进生长发育，如玉米胶蛋白、胶原蛋白等。

六、蛋白质的功能性质

蛋白质的功能性质是指在食品加工、贮藏、制备和消费期间影响蛋白质在食品体系中的性能的那些蛋白质的物理和化学性质。蛋白质对食品的感官品质具有重要影响。食品所具有的感官品质是通过各种功能配料间复杂的相互作用而获得的，如一块蛋糕的感官品质来源于所采用的配料的热胶凝、起泡和乳化性质。

1. 水合作用

研究表明，大部分食品都是水合体系。蛋白质的水合是通过蛋白质分子表面上各种极性基团与水分子的相互作用而实现的，主要用溶解度、吸水能力和持水性表示。蛋白质的水合作用受氨基酸组成、蛋白质浓度、离子强度、pH 值、温度等影响。不同蛋白质的水合能力不同，极性氨基酸、离子化的氨基酸、蛋白质的盐等水合能力较好；等电点时蛋白质的水合能力最小；温度升高常导致蛋白质水合能力下降。

蛋白质的许多功能性质，如分散性、湿润性、溶解性、持水能力、胶凝作用、增稠、黏度、凝结、乳化、起泡等，都取决于水和蛋白质的相互作用。

2. 胶凝作用

蛋白质分子表面存在很多亲水基团，溶于水可形成较稳定的亲水胶体。絮凝是指蛋白质未发生变性时的无规则聚集反应，这常常是因为链间的静电排斥降低而发生的一种现象。凝结是变性蛋白质的无规聚集反应和蛋白质-蛋白质的相互作用大于蛋白质-溶剂的相互作用引起的聚集反应。

凝胶是由聚合物经共价或非共价键交联而形成的一种网状结构，能截留水和其他低分子量的物质，是介于固体和液体之间的中间相。蛋白质的胶凝作用是蛋白质从"溶胶状态"转变成"似凝胶状态"，在适当条件下加热蛋白质溶液，溶胶状态的蛋白质通过变性转变成预凝胶状态（呈黏稠的液体状态），当预凝胶被冷却至室温或冷藏温度时，热动能的降低利于各种分子暴露的功能基团之间形成稳定的非共价键，产生胶凝作用，例如豆腐、熟鸡蛋、酸奶等。溶胶是靠蛋白质分子表面亲水基团与水作用形成稳定分散于水中的亲水胶体。

凝胶的类型有：加热后再冷却而形成的凝胶多为热可逆凝胶，如明胶凝胶；在加热下所形成的凝胶，很多不透明而且是不可逆凝胶，如蛋清蛋白在加热中形成的凝胶；由钙盐等二价离子盐形成的凝胶，如豆腐；不加热而经部分水解或 pH 调整到等电点而形成的凝胶，如用凝乳酶制作干酪、乳酸发酵制作酸奶和皮蛋生产中碱对蛋清蛋白的部分水解等。

3. 面团的形成

面团形成性是指一些植物（如小麦、黑麦、燕麦、大麦等）的面粉在室温下与水混合并揉搓后可形成黏稠、有弹性的面团，将这种性质叫做面团的形成性。这是小麦面粉转化为面包面团，并经发酵烘烤形成面包的基础。小麦的主要贮藏蛋白是面筋蛋白（占蛋白质总量的80％），面筋蛋白主要含有麦醇溶蛋白和麦谷蛋白。麦谷蛋白分子量大，链内、链间含有二硫键，决定面团的弹性、黏合性和抗张强度；麦醇溶蛋白含有链内二硫键，可促进面团的流动性、伸展性和膨胀性。面筋蛋白中含有的氢键使水吸收能力增强,有黏性;疏水相互作用使蛋白质分子相互聚集、有黏弹性,且与脂肪有效结合;二硫键使面团坚韧等,有助于小麦面团独特的黏弹性的形成。小麦面粉中其他成分如淀粉、糖、脂类、可溶性蛋白等,都有利于面筋蛋白形成面团网络结构和构成面包质地。

4. 起泡性质

蛋白质具有在气液界面形成坚韧的薄膜使大量气泡并入和稳定的能力。许多加工食品是泡沫型食品,如蛋糕、冰激凌、蛋奶酥、啤酒、面包等。

5. 乳化性质

蛋白质的乳化性质是指蛋白质可促进两种以上互不相溶的液体形成稳定乳浊液的性质。可溶性蛋白可以向油-水界面扩散并在界面吸附,是天然的两亲性物质,因此是一种良好的天然乳化剂。目前,蛋白质的这种乳化性质已应用于很多食品中,如牛乳、冰激凌、干酪、人造黄油、蛋黄酱、蛋糕、豆奶等。

6. 与风味物质等结合

食品常存在着一些产生异味的物质,如醛、酮、酸、酚及脂肪氧化的分解产物等,它们可与食品中的蛋白质或其他成分结合,在加工或食用时释放出来,从而影响食品的感官品质。但是,有时蛋白质与风味物质的结合也可产生好的风味,如可以使组织化植物蛋白产生肉香味。

七、食品加工和贮藏中蛋白质的变化

1. 热加工对蛋白质的影响

温度引起蛋白质的变化,随加热温度和时间、加热时的加水量、有无糖共存等情况不同而不同。

蛋白质的热变性在食品加工和烹调中时常发生。如蛋清加热时凝固、瘦肉烹调时收缩变硬,都是因加热而引起的蛋白质变性现象。蛋白质热变性,是因为在较高温度下,保持蛋白质空间构象的氢键和其他次级键断裂,破坏了肽键的特定空间排列,原来在分子内部的一些非极性基团,暴露到分子表面,因而降低了蛋白质的溶解度,促进了蛋白质分子之间相互结合而凝聚,继而形成不可逆的凝胶而凝固。在有些蛋白质中还出现二硫键断裂或二硫键之间的交换反应,特别是在碱性条件下易发生此类反应。一般情况下热变性仅涉及共价键的变化。

大多数蛋白质在60~90℃处理1h或更短时间会变性,蛋白质部分变性后往往失去溶解性,并且能改进它们的消化率和必需氨基酸的生物有效性。这是因为加热使得蛋白质原来折叠部分的肽链松散、易受消化酶作用,从而提高消化率。加热还能破坏植物性食物中的抗营养因子(豆类、油料作物种子含有胰蛋白酶和胰凝乳蛋白酶抑制剂及凝血素等)和有毒性的蛋白质,从而提高蛋白质效价。其次,适度热处理会使部分酶失活,如蛋白酶、脂肪氧化酶、淀粉酶、多酚氧化酶失活,有效防止食品在保藏期内产生不良风味、发生酸败以及质构变化和变色等,也可防止维生素损失。如微生物污染所产生的肉毒杆菌毒素在100℃可钝化。

如果是剧烈加热和过度加热（＞100℃），则易导致蛋白质失活，生物有效性下降，营养价值和消化率降低；易引起营养成分损失，含硫氨基酸（半胱氨酸、胱氨酸等）脱硫而被破坏，碱性氨基酸（赖氨酸、精氨酸）脱氨基（—NH_2）而改变蛋白质的功能特性；还易形成有毒有害物质，甚至致癌物。如在 $180\sim200℃$，色氨酸残基和谷氨酸残基形成热解产物，可致癌或致突变。

所以总体而言，加热的有益作用有：①改善其营养价值，变性蛋白质利于人体消化吸收；②蛋白质的热凝固利于食品造型和强度控制；③蛋白质经适当热处理后引起的美拉德反应，可赋予食品色、香、味等；④抑制有害酶活性，提高食品品质。

加热处理的不利方面有：①引起含硫蛋白质分解。如热加工处理会导致含硫蛋白质分解而产生硫化氢等硫化物，从而使罐头内壁产生黑斑。②导致蛋白质效价降低。蛋白质在热加工过程中发生的氧化反应可能导致蛋白质营养价值下降，还会影响食品的风味。③产生有毒物质。热处理有可能导致部分氨基酸分解而产生有毒物质。如鱼、肉等烧焦后产生的物质可致癌。

2. 低温处理下的变化

食品的低温贮藏可延缓或阻止微生物的生长并抑制酶的活性及化学变化，以达到较长时间贮藏的目的。经冷却处理，蛋白质较稳定，微生物生长也受到抑制。大部分蛋白质在低温下都不会失活。冷冻引起的浓缩效应也可能导致蛋白质分子内、分子间二硫键交换反应增加，从而导致蛋白质变性。如把豆腐冻结保藏，则得到与生豆腐完全不同组成的另一种黏性结构的冻豆腐，这主要是由于冻结时随冰晶的生成而形成多孔性结构。豆腐在$-5\sim-1℃$下贮藏三周就会使得蛋白质变性而产生黏弹性。另外，若把牛乳冻结，解冻时乳质发生分离，而不能恢复到原先的胶质状态。鱼肉蛋白质也随冻结程度的增加而变性。冻结贮藏后，球蛋白在食盐水中、白蛋白在水中，都变得难以溶解。

3. 羰氨反应（美拉德反应）

在各种加工引起的蛋白质化学变化中，美拉德反应（非酶褐变）对食品的感官质量和营养价值具有很大的影响。关于美拉德反应在前文已有详细介绍。

4. 脱水处理下的变化

蛋白质在除去大量水分的过程中，蛋白质与蛋白质间相互作用增强，引起蛋白质分子大量聚集。在高温下除去水分可导致蛋白质溶解度和表面活性急剧降低。

5. 碱处理下的变化

食品加工中应用碱处理，则会降低蛋白质的功能性与营养价值，尤其在加热过程中更严重。碱处理会使蛋白质中某些氨基酸参与反应，致使某些必需氨基酸损失，导致蛋白质营养价值降低。

6. 干燥的变化

对于蛋白质含量较多的食品，在干制后，会引起蛋白质脱水变性。蛋白质干燥过程中的变性机理包括：热作用下，维持蛋白质空间结构稳定的氢键、二硫键被破坏，蛋白质空间结构被改变而变性；脱水使组织中盐浓度增强，蛋白质因盐析而变性等。

7. 辐照处理下的变化

食品经辐照处理时，其中的水分子首先游离成自由基和水合电子，它们再与蛋白质反应而使蛋白质变性，蛋白质中的含硫氨基酸和芳香氨基酸残基最易分解，并引起低水分食品中多肽链断裂。

你知道吗？

你知道为什么鸡蛋煮熟之后其营养价值会更高？

扫二维码可见答案

拓展阅读

蛋白质的营养价值

蛋白质的营养价值因品种不同而有差别，如必需氨基酸的含量、蛋白质消化率等，人体对蛋白质的日需要量取决于膳食中蛋白质的品种和含量。

蛋白质的质量主要取决于必需氨基酸组成和消化率。高质量蛋白质含所有必需氨基酸，且高于 FAO/WHO 的参考水平，它的消化率可与蛋清或乳蛋白相比较，甚至高于它们。动物蛋白质的质量好于植物蛋白质。

谷类蛋白质的第一限制氨基酸是赖氨酸，豆类蛋白质的第一限制氨基酸是蛋氨酸；油料种子同时缺乏蛋氨酸和赖氨酸。成年人单独食用谷类和豆类蛋白质难以维持身体健康，12 岁以下儿童膳食中仅食上述一类蛋白质不能维持正常的生长速度。

利用蛋白质互补可提高食品的营养价值，如将谷类蛋白质和豆类蛋白质混合就能提供完全和平衡的必需氨基酸。含有适量谷类和豆类的饮食或营养上完全的饮食能支持人的生长和生活。若蛋白质或蛋白质的混合物含有所有必需氨基酸且含量使人体具有最佳的生长速度或最佳的保持健康能力，此蛋白质即是理想蛋白质，如乳清蛋白质。过量摄入任何一种氨基酸会引起"氨基酸对抗作用"或毒性。由于氨基酸之间对肠黏膜吸收部位的竞争，一种氨基酸的过量摄入往往造成对其他必需氨基酸需求的增加。过量摄入其他氨基酸也能抑制生长和诱导病变。

蛋白质的消化率是人体从食品蛋白质吸收的氮占摄入氮的比例。虽然必需氨基酸的含量是蛋白质质量的主要指标，但蛋白质的真实质量也取决于这些氨基酸在体内利用的程度。

课后练习题

一、填空题

1. 多数蛋白质中的氮含量较恒定，平均为_____％，测得 1g 样品含氮量为 10mg，则蛋白质含量为_____。

2. 蛋白质的二级结构有两种最基本的类型，它们是_____和_____。

3. 球状蛋白质中有_____侧链的氨基酸残基常位于分子表面而与水结合，而有_____侧链的氨基酸位于分子的内部。

4. 氨基酸与茚三酮反应生成_____色化合物，而_____与茚三酮反应生成黄色化合物。

5. 维持蛋白质一级结构的化学键有_____和_____；维持二级结构靠_____键；维持三级结构和四级结构靠_____键，其中包括_____、_____、_____和_____。

6. 稳定蛋白质胶体的因素是_____和_____。

7. 今有甲、乙、丙三种蛋白质，它们的等电点分别为 8.0、4.5 和 10.0，当处在 pH 8.0 缓冲液中时，它们在电场中电泳的情况为：甲_____，乙_____，丙_____。

8. 当氨基酸溶液的 pH＝pI 时，氨基酸以_____形式存在，当 pH＞pI 时，氨基酸以_____离子形式存在。

二、选择题

1. 氨基酸在等电点时具有的特点是（　　）。

A. 不带正电荷　　　　B. 不带负电荷　　　　C. 在电场中不泳动　　　　D. 溶解度最大

2. 下列有关蛋白质的叙述，（　　）是正确的。

A. 蛋白质分子的净电荷为零时的 pH 值是它的等电点

B. 大多数蛋白质在含有中性盐的溶液中会沉淀析出

C. 由于蛋白质在等电点时溶解度最大，所以沉淀蛋白质时应远离等电点

D. 以上各项均不正确

3. 下列关于蛋白质结构的叙述，（　　）是错误的。

A. 氨基酸的疏水侧链很少埋在分子的中心部位

B. 带电荷的氨基酸侧链常在分子的外侧，面向水相

C. 蛋白质的一级结构在决定高级结构方面是重要因素之一

D. 蛋白质的空间结构主要靠次级键维持

4. 维持蛋白质二级结构稳定的主要作用力是（　　）。

A. 盐键　　　　　　B. 疏水键　　　　　　C. 氢键　　　　　　D. 二硫键

5. 维持蛋白质三级结构稳定的因素是（　　）。

A. 肽键　　　　　　B. 二硫键　　　　　　C. 离子键

D. 氢键　　　　　　E. 次级键

6. 下列（　　）与蛋白质的变性无关。

A. 肽键断裂　　　　B. 氢键被破坏　　　　C. 离子键被破坏　　　　D. 疏水键被破坏

7. 蛋白质的一级结构是指（　　）。

A. 蛋白质氨基酸的种类和数目　　　　B. 蛋白质中氨基酸的排列顺序

C. 蛋白质分子中多肽链的折叠和盘绕　D. 包括 A、B 和 C

8. 关于蛋白质分子三级结构的描述，其中错误的是（　　）。

A. 具有三级结构的多肽链都具有生物学活性

B. 天然蛋白质分子均有这种结构

C. 三级结构的稳定性主要靠次级键维系

D. 亲水基团多聚集在三级结构的表面

三、问答题

1. 什么是蛋白质的变性作用和复性作用？蛋白质变性后哪些性质会发生改变？

2. 什么是必需氨基酸？必需氨基酸有哪些？

3. 简述氨基酸的氨基反应与应用。

4. 为什么牛乳中加入果汁会出现沉淀？怎么防止沉淀产生？

5. 为什么动物发生重金属中毒后可以利用蛋清或牛乳来解毒？

四、综合题

面包是我们日常生活中常见的食品，一般以小麦粉为主要原料，以酵母、鸡蛋、牛乳、油脂、糖、盐等为辅料，加水调制成面团，再经过发酵、焙烤、冷却等过程加工而成。以下是常见的面包制作流程：

搅拌→发酵→分割→滚圆→中间醒发→整形→醒发→烘烤→冷却→包装

请根据所学知识，回答以下问题：

1. 在面包制作过程中，面团的形成机理是什么？

2. 面团经过烘烤后，产生金黄的色泽和浓郁的香味，这主要是因为发生了什么反应？

项目 四

食品中的脂类

案例引入

　　油脂是人类重要的营养物质。目前食用油品种越来越多，有玉米油、花生油、葵花籽油、大豆油、菜籽油、芝麻油、猪油、牛油，还有橄榄油、山茶籽油、亚麻油、椰子油等。不同品种的食用油用途不同，其营养价值也各不相同。有的食用油中不饱和脂肪酸含量较高，长期食用有利于防止血管硬化、高血压和肥胖病。油脂与人体健康密切相关。

一、概述

1. 脂类定义

　　脂类是指生物体内能溶于有机溶剂而不溶或微溶于水的一大类有机化合物。分布于天然动植物体内的脂类物质主要为三酰甘油，占 95% 以上，俗称油脂或脂肪。习惯上将在室温下呈固态的三酰甘油称为脂，呈液态的称为油。油和脂在化学上没有本质区别，只是物理状态上有差异。脂类还包括少量的非酰基甘油化合物，如磷脂、糖脂等。

2. 脂类的分类

　　按物理状态分为脂肪（常温下为固态）和油（常温下为液态）。按来源分为乳脂类、植物脂类、动物脂类、微生物脂类。按结构中不饱和程度分为干性油（不饱和程度高，碘值＞130）、半干性油（碘值在 100～130）及亚不干性油（不饱和程度低，碘值＜100）。按构成的脂肪酸分为单纯酰基油、混合酰基油。按其结构和组成分为简单脂质、复合脂质和衍生脂质，具体见表 1-10。

表 1-10 脂类的分类

主类	亚类	组成
简单脂质	酰基甘油	甘油＋脂肪酸
	蜡	长链脂肪醇＋长链脂肪酸
复合脂质	磷酸酰基甘油	甘油＋脂肪酸＋磷酸盐＋含氮基团
	鞘磷脂类	鞘氨醇＋脂肪酸＋磷酸盐＋胆碱
	脑苷脂类	鞘氨醇＋脂肪酸＋碳水化合物
	神经节苷脂类	鞘氨醇＋脂肪酸＋碳水化合物
衍生脂质	类胡萝卜素、类固醇、脂溶性维生素等	

3.脂类的功能

（1）脂类在食品中的功能 脂类是热量最高的营养素（39.58kJ/g）；能提供人体必需脂肪酸；是脂溶性维生素的载体；能提供滑润的口感、光润的外观，塑性脂肪还具有造型功能；赋予油炸食品香酥的风味，是传热介质。

（2）脂类在生物体中的功能 脂类是组成生物细胞不可缺少的物质，是能量储存最紧凑的形式，有润滑、保护、保温等功能。

二、脂肪的结构与组成

1.脂肪的结构

天然脂肪是甘油与脂肪酸生成的一酯、二酯和三酯，分别称为一酰甘油、二酰甘油、三酰甘油。其中以三酰甘油含量最丰富。当 R^1、R^2、R^3 相同时，称为单纯甘油酯；当 R^i 不完全相同时，称为混合甘油酯。

甘油   脂肪酸   三酰甘油

2.脂肪分类及命名

（1）脂肪分类

① 按脂肪来源分类 分为动物脂肪和植物油。动物脂肪主要存在于动物的皮下和脏器周围，可为动物提供能量储备，保护动物内脏；植物油则主要存在于油料作物的种子中，为这些作物的萌芽提供能量。

② 按脂肪酸碳链分类 分为长链脂肪酸（碳原子数＞14）、中链脂肪酸（碳原子数为6～12）和短链脂肪酸（碳原子数＜5）。

③ 按饱和程度分类 脂肪酸是脂肪的主要构成与功能成分，其烃链不含双键的为饱和

脂肪酸，含一个双键的为单不饱和脂肪酸，含两个及两个以上双键的为多不饱和脂肪酸。脂肪含不饱和脂肪酸的比例称为不饱和程度。不饱和程度越高，其熔点越低。因此在常温下，不饱和程度高的植物油呈液态，而不饱和程度低的动物脂肪呈固态。天然油脂中的饱和脂肪酸主要为长直链、偶数碳原子的脂肪酸。短链脂肪酸在乳脂中有一定量的存在。不饱和脂肪酸中大多含一个或多个烯丙基结构，脂肪酸的顺、反异构体的物理和化学特性都有差别，天然脂肪酸大部分是顺式结构。

$$\begin{matrix} R^1 \\ H \end{matrix} C=C \begin{matrix} R^2 \\ H \end{matrix} \qquad \begin{matrix} H \\ R^2 \end{matrix} C=C \begin{matrix} R^1 \\ H \end{matrix}$$

顺式　　　　　　　反式

（2）脂肪酸命名

① 俗名或普通名　许多脂肪酸最初是从天然产物中得到的，故常常根据其来源命名。例如月桂酸（12：0）、肉豆蔻酸（14：0）、棕榈酸（16：0）等。

② 系统命名法　选择含羧基和双键的最长碳链为主链，从羧基端开始编号，并标出不饱和键的位置。

如 DHA 系统名称为：4顺，7顺，10顺，13顺，16顺，19顺-二十二碳六烯酸。

$$CH_3CH_2C \overset{19}{=} CCH_2C \overset{16}{=} CCH_2C \overset{13}{=} CCH_2C \overset{10}{=} CCH_2C \overset{7}{=} CCH_2C \overset{4}{=} C(CH_2)_2COOH$$

（各双键碳上连 H）

③ 数字缩写命名法　数字缩写形式为"碳原子数：双键数（双键位）"。

例：9,12-十八碳二烯酸

$CH_3(CH_2)_4CH = CHCH_2CH = CH(CH_2)_7COOH$ 可缩写为 18：2 或 18：2（9，12）。

双键位的标注有两种表示法，其一是从羧基端开始计数，如9,12-十八碳二烯酸的两个双键分别位于第9、第10碳原子和第12、第13碳原子之间，可记为 18：2(9,12)；其二是从甲基端开始编号，记作 n-数字或 ω 数字，该数字为编号最小的双键的碳原子位次，如9，12-十八碳二烯酸，从甲基端开始数第一个双键位于第6、第7碳原子之间，可记为 18：2$(n\text{-}6)$ 或 18：2ω6。但此法仅用于顺式双键结构和五碳双烯结构，即具有非共轭双键结构，其他结构的脂肪酸不能用 n 法或 ω 法表示。因此第一个双键定位后，其余双键的位置也随之而定，只需标出第一个双键碳原子的位置即可。有时还需标出双键的顺反结构及位置，c 表示顺式，t 表示反式，位置从羧基端编号，如 $5t$，$9c$-18：2。

④ 英文缩写　用一英文缩写符号代表一个酸的名字，例如月桂酸为 La、肉豆蔻酸为 M、棕榈酸为 P 等。一些常见脂肪酸的命名见表1-11。

（3）脂肪的命名　三酰甘油的命名主要使用立体有择位次编排命名法，即甘油的碳原子自上而下为1～3，C2 上的羟基写在左边，三酰甘油的命名以下式为例：

$$\begin{matrix} CH_2-OH & Sn\text{-}1 \\ | & \\ HO-C-H & Sn\text{-}2 \\ | & \\ CH_2-OH & Sn\text{-}3 \end{matrix} \qquad \begin{matrix} CH_2OOC(CH_2)_{14}CH_3 \\ | \\ CH_3(CH_2)_7CH = CH(CH_2)_7COOCH \\ | \\ CH_2OOC(CH_2)_{16}CH_3 \end{matrix}$$

甘油　　　　　　　　　　　三酰甘油

① 中文命名　Sn-甘油-1-棕榈酸酯-2-油酸酯-3-硬脂酸酯或 1-棕榈酰-2-油酰-3-硬脂酰-Sn-甘油。

② 数字命名　Sn-16：0-18：1-18：0。

表 1-11 一些常见脂肪酸的名称和代号

数字缩写	系统名称	俗名或普通名	英文缩写
4：0	丁酸	酪酸	B
6：0	己酸	己酸	H
8：0	辛酸	辛酸	Oc
10：0	癸酸	癸酸	D
12：0	十二酸	月桂酸	La
14：0	十四酸	肉豆蔻酸	M
16：0	十六酸	棕榈酸	P
16：1	9-十六碳烯酸	棕榈油酸	Po
18：0	十八酸	硬脂酸	St
18：1(n-9)	9-十八碳烯酸	油酸	O
18：2(n-6)	9,12-十八碳二烯酸	亚油酸	L
18：3(n-3)	9,12,15-十八碳三烯酸	α-亚麻酸	α-Ln
18：3(n-6)	6,9,12-十八碳三烯酸	γ-亚麻酸	γ-Ln
20：0	二十酸	花生酸	Ad
20：4(n-6)	5,8,11,14-二十碳四烯酸	花生四烯酸	An
20：5(n-3)	5,8,11,14,17-二十碳五烯酸	EPA	EPA
22：1(n-9)	13-二十二碳烯酸	芥酸	E
22：6(n-6)	4,7,10,13,16,19-二十二碳六烯酸	DHA	DHA

③ 英文缩写命名 Sn-POSt。

三、油脂的物理性质

纯净的油脂在熔融状态下是无色、无味的液体，凝固时为白色蜡状固体。天然油脂大部分呈浅黄至棕黄色，并有一定的气味。其颜色主要是所含的类胡萝卜素所致，而各种气味一般是由非脂成分引起的，如椰子油的香气来源于其中的壬基甲酮，菜籽油、芥籽油因含有硫代葡萄糖苷会产生辛辣味和臭味，氧化酸败也会使油产生臭味。

你知道吗？

你知道脂肪有哪些生理功能吗？

扫二维码可见答案

1. 光学性质

（1）折射率 折射率是油脂与脂肪酸的一个重要特征数值，对油脂种类的鉴别、加工过程的控制检测具有重要意义。其规律为：①脂肪酸的折射率随分子量增大而增大；②分子中双键的数量越多，折射率越大；③具有共轭双键的脂肪酸折射率最大；④脂肪酸的折射率比由它构成的三酰甘油酯的折射率小；⑤单酰甘油酯比相应的三酰甘油酯折射率大。

（2）吸收光谱 应用吸收光谱能对很多物质进行鉴别和定量测定，吸收光谱法同样也可用于油脂的分析测定。可见光可用于分析油脂中的色素。天然纯净的脂肪酸、三酰甘油等分子中没有长的共轭双键区段，不能吸收可见光，它们应该是无色的。但一般的油脂在加工过程中都溶解了一定量的色素物质，故都带有一定色泽。把油脂的吸收光谱与已知的纯净化合物的光谱进行比较，即可知该油脂中所含的色素种类，如胡萝卜素的最大吸收波长为450nm、叶绿素为660nm、棉酚为366nm，这些色素多见于植物油中，其中棉酚为棉籽油所特有。

利用紫外光可以测定不饱和脂肪酸的含量。一般饱和脂肪酸对200nm以下波长的光没有吸收峰，不饱和脂肪酸随不饱和度的增加吸收率有所增加。红外光谱可提供关于油脂的多晶态、晶体结构、构造和键长等信息，还可识别脂肪酸的反式异构体。

2. 晶体结构与固态脂特点

（1）晶体结构 通过X射线衍射测定，当脂肪固化时，三酰甘油分子趋向于占据固定位置，形成一个重复的、高度有序的三维晶体结构，称为空间晶格。如果把空间晶格点相连，就形成许多相互平行的晶胞，其中每一个晶胞都含有所有的晶格要素。一个完整的晶体被认为是由晶胞在空间并排堆积而成。在图1-39所给出的简单空间晶格的例子中，在18个晶胞的每一个晶胞中，每个角具有1个原子或1个分子。

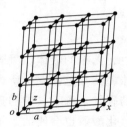

图1-39　晶体晶格

（2）同质多晶 同质多晶指的是具有相同的化学组成，但具有不同的结晶晶型，在熔化时得到相同的液相的物质。某化合物结晶时，产生的同质多晶型物质与纯度、温度、冷却速率、晶核的存在以及溶剂的类型等因素有关。

对于长链化合物，同质多晶与烃链的不同堆积排列或不同的倾斜角度有关，这种堆积方式可以用晶胞内沿着链轴的最小的空间重复单元——亚晶胞来描述。已经知道烃类亚晶胞有7种堆积类型，最常见的类型为如图1-40所示的3种。三斜堆积（T//）常称为β型，其中两个亚甲基单位连在一起组成乙烯的重复单位，每个亚晶胞中有一个乙烯，所有的曲折平面

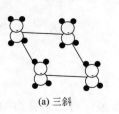  

(a) 三斜　　　　　　　(b) 普通正交　　　　　(c) 六方形

图1-40　烷烃亚晶胞晶格的一般类型

都是相互平行的。在正烷烃、脂肪酸以及三酰甘油中均存在亚晶胞堆积，同质多晶型物中 β 型最为稳定。常见的正交堆积（O⊥）也被称为 β′ 型，每个亚晶胞中有两个乙烯单位，交替平面与它们相邻平面互相垂直。正石蜡、脂肪酸以及其脂肪酸酯都呈现正交堆积。β′ 型具有中等程度稳定性。六方形堆积（H）一般称为 α 型，当烃类快速冷却到刚刚低于熔点以下时往往会形成六方形堆积。分子链随时定向，并绕着它们的长垂直轴而旋转。在烃类、醇类和乙酯类中观察到六方形堆积，同质多晶型物中 α 型是最不稳定的。

一般三酰甘油的分子链相当长，具有许多烃类的特点，它们具有 3 种主要的同质多晶型物：α、β′ 及 β。

（3）天然三酰甘油的晶体　天然油脂一般都是由不同脂肪酸组成的三酰甘油，其同质多晶性质很大程度上受到酰基甘油中脂肪酸组成及其位置分布的影响。由于碳链长度不一样，大多存在 3～4 种不同晶型。天然油脂中倾向于结晶成 β 型的脂类有豆油、花生油、玉米油、橄榄油、椰子油、红花油、可可脂和猪油；棉籽油、棕榈油、菜籽油、牛乳脂肪、牛脂以及改性猪油倾向于形成 β′ 晶型，该晶体可以持续很长时间。在制备起酥油、人造奶油以及焙烤产品时，期望得到 β′ 型晶体，因为它能使固化的油脂软硬适宜，有助于大量的空气以小的气泡形式被搅入，从而形成具有良好塑性和奶油化性质的产品。

（4）天然脂肪中脂肪酸位置分布对晶体特点的影响　脂肪酸在三酰甘油中的分布，简言之就是脂肪酸与甘油的三个羟基酯化的情况。研究表明，植物脂肪与动物脂肪在脂肪酸分布模式上存在一定的差别。

在不同的动物之间与同一动物不同部位之间三酰甘油的脂肪酸分布模式是不相同的。一般来说，在动物脂肪中，Sn-2 位的饱和酸含量高于植物脂肪，并且 Sn-1 位与 Sn-2 位的组成也有较大的差别。水产动物脂肪中，不饱和脂肪酸的含量占绝大部分，种类也很多，饱和脂肪酸仅含少量。一般植物种子油优先把不饱和脂肪酸排列在 Sn-2 位，尤其亚油酸多集中在这个位置上，而饱和脂肪酸主要在 Sn-1 位和 Sn-3 位。

（5）油脂熔融与塑性　天然的油脂没有确定的熔点，仅有一定的熔点范围。这是因为：第一，天然油脂是混合三酰甘油，各种三酰甘油的熔点不同；第二，三酰甘油是同质多晶型物质，从 α 晶型开始熔化到 β 晶型熔化终了需要一个温度阶段。

如图 1-41 所示，是简单三酰甘油的稳定的 β 型和介稳的 α 型的热熔曲线示意图。固态油脂吸收适当的热量后转变为液态油脂，在此过程中，油脂的热熔增大或比容增加，叫做熔化膨胀，或者相变膨胀。固体熔化时吸收热量，曲线 ABC 代表了 β 型的热熔随温度的增加而增加。在熔点时吸收热量，但温度保持不变（熔化热），直到固体全部转变成液体为止（B 点为最终熔点）。另一方面，从不稳定的同质多晶型物 α 型转变到稳定的同质多晶型物 β 型时（图中从 E 点开始，并与 ABC 曲线相交）伴随有热的放出。

脂肪在熔化时体积膨胀，在同质多晶型物转变时体积收缩，因此，将其比体积的改变（膨胀度）对温度作图可以得到与量热曲线非常相似的膨胀曲线，熔化膨胀度相当于比热容，由于膨胀测量的仪器很简单，它比量热法更为实用，膨胀计法已广泛用于测定脂肪的熔化性质。如果存在几种不同熔点的组分，那么，熔化的温度范围很广，得到类似于图 1-42 所示的膨胀曲线或量热曲线。

图 1-42 中，随着温度的升高，固体脂的比容缓慢增加，至 X 点为单纯固体脂的热膨胀，即在 X 点以下体系完全是固体。X 点代表熔化开始，X 点以上发生了部分固体脂的相变膨胀。Y 点代表熔化的终点，在 Y 点以上，固体脂全部熔化为液体油。ac 长为脂肪的熔

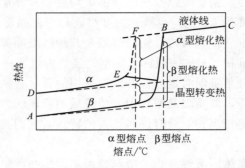

图 1-41　油脂的熔化热焓曲线

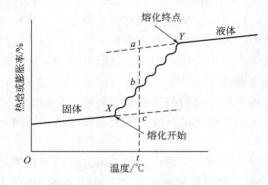

图 1-42　混合甘油酯的热焓（H）或膨胀（D）熔化曲线

化膨胀值。曲线 XY 代表体系中固体组分逐步熔化过程。如果脂肪熔化温度范围很窄，熔化曲线的斜率会很大。相反，如果熔化开始与终了的温度相差很大，则该脂肪具有"大的塑性范围"。于是，脂肪的塑性范围可以通过在脂肪中加入高熔点或低熔点组分进行调节。

塑性脂肪具有良好的涂抹性（涂抹黄油等）和可塑性（用于蛋糕的裱花），用在焙烤食品中，则具有起酥作用。在面团揉制过程中加入塑性脂肪，可形成较大面积的薄膜和细条，使面团的延展性增强，油膜的隔离作用使面筋粒彼此不能黏合成大块面筋，降低了面团的吸水率，使制品起酥；另外，塑性脂肪有利于在面团揉制时包含和保持一定数量的气泡，使面团体积增加。在饼干、糕点、面包生产中专用的塑性脂肪称为起酥油，具有 40℃ 时不变软、低温时不太硬、不易氧化等特性。其他还有人造奶油、人造黄油等也是典型的塑性脂肪，其涂抹性、软度等特性取决于油脂的塑性大小。

（6）液晶（介晶）相 油脂处在固态（晶体）时，在空间形成高度有序排列；处在液态时，则为完全无序排列，但处于某些特定条件下，如有乳化剂存在的情况下，其极性区由于有较强的氢键而保持有序排列，而非极性区由于分子间作用力小变为无序状态，这种同时具有固态和液态两方面物理特性的相称为液晶（介晶）相。由于乳化剂分子含有极性和非极性部分，当乳化剂晶体分散在水中并加热时，在达到真正的熔点前，其非极性部分烃链间由于范德华引力较小，因而先开始熔化，转变成无序态；而其极性部分由于存在较强的氢键作用力，仍然是晶体状态，因此呈现出液晶结构。故油脂中加入乳化剂有利于液晶相的生成。在脂类-水体系中，液晶结构主要有三种，分别为层状结构、六方结构及立方型结构（图 1-43）。

层状结构类似生物双层膜。排列有序的两层脂中夹一层水，当层状液晶加热时，可转变

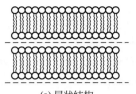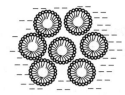

| (a) 层状结构 | (b) 六方Ⅰ型结构 | (c) 六方Ⅱ型结构 | (d) 立方型结构 |

图 1-43　脂肪的液晶结构

成立方或六方Ⅱ型液晶。在六方Ⅰ型结构中，非极性基团朝着六方柱内，极性基团朝外，水处在六方柱之间的空间中；而在六方Ⅱ型结构中，水被包裹在六方柱内部，油的极性端包围着水，非极性的烃区朝外。立方型结构中也是如此。

在生物体系中，液晶态对于许多生理过程都是非常重要的，例如，液晶会影响细胞膜的可渗透性，液晶对乳浊液的稳定性也起着重要作用。

3. 乳浊液与乳化剂

（1）乳浊液　乳浊液是由互不相溶的两种液相组成的体系，其中一相以液滴形式分散在另一相中，液滴的直径为 $0.1 \sim 50 \mu m$。以液滴形式存在的相称为"内相"或"分散相"，液滴以外的另一相就称为"外相"或"连续相"。

"相"通常被定义为被一个封闭表面所包围的区域，至少有一些性质（例如压力、折射率、密度、热容和化学组成等）在这个表面发生突变。对于乳浊液（也包括其他分散体系），连续相的性质决定了体系的许多重要性质。食品中油水乳化体系最多见的是乳浊液，常用 O/W 型表示油分散在水中（水包油）、W/O 型表示水分散在油中（油包水）。

（2）决定乳浊液性质的主要因素

① 乳浊液的类型　除去对其他性质的影响，乳浊液的类型（即 O/W 型或者 W/O 型）决定了可以用哪一种液体来稀释该乳浊液。在食品类乳浊液中，O/W 型是最普通的形式，包括牛乳及其乳制品、稀奶油、蛋黄酱、色拉调味料、冰激凌、汤料、调料等。黄油和人造黄油、人造奶油属于 W/O 型乳浊液。

② 粒子的粒度分布　这个因素对体系的物理稳定性具有重要影响。一般而言，粒子越小，乳浊液体系的稳定性越高。制造乳浊液所需要的能量以及乳化剂用量也取决于制成乳浊液的粒子大小。典型的平均粒子直径是 $1 \mu m$，但是体系中粒子的尺寸分布可能是从 $0.2 \mu m$ 到若干微米。由于体系稳定性极大地依赖于粒子大小，所以粒度分布范围的宽窄也是非常重要的。

③ 分散相体积分数（ϕ）　在大多数食品体系中，ϕ 的数值介于 $0.01 \sim 0.4$。对于蛋黄酱，ϕ 可以达到 0.8，这个数值已经超过了刚性球体紧密填充的最大限度（大致为 0.7），这种情况意味着体系中的油滴在某种程度上发生了变形。

④ 包裹着粒子的表面层的组成和厚度　该因素决定了粒子的界面张力和粒子之间的胶体作用力等。表面活性剂吸附到粒子表面后可能极大地改变了粒子之间的相互作用力，绝大多数情况下它是加强了排斥力，从而增强了体系的稳定性。

⑤ 连续相的组成　该因素决定了相对于表面活性剂的溶剂条件，并由此决定了粒子之间的相互作用。另外，连续相的黏度对体系聚集、聚结和分层具有显著的影响。任何一种能使乳浊液连续相黏度增大的因素都可以明显地推迟聚集、聚结和分层作用的发生，例如明胶和多种树胶，其中有些并不是表面活性物质，但由于它们能增加水相黏度，所以对于 O/W

型乳浊液保持稳定性是极为有利的。

（3）乳浊液的失稳机制 乳浊液在热力学上是不稳定的，由于两种液体（比如水和油）之间存在一定的溶解度，且大液滴的溶解度低于小液滴，结果是小液滴消失，而大液滴长大，这种现象称为"奥氏熟化"，如图 1-44 所示。由于食品体系主要采用甘油三酯制作乳浊液，而甘油三酯不溶于水，所以食品 O/W 型乳浊液一般不会发生奥氏熟化。如果体系中使用了香精油（例如在柑橘汁中），因为有的香精油在水中溶解度相当大，所以较小的油滴会慢慢地消失。W/O 型乳浊液可能出现奥氏熟化。通过在水相中加入适当的溶质（即不溶于油的溶质）可以防止这种现象发生，加入少量的盐（如 NaCl）也比较有效。

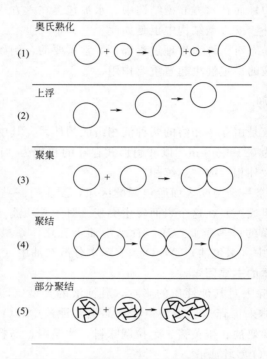

图 1-44　O/W 型乳浊液体系不稳定类型的示意

在（5）中粒子内的短线段代表三酰甘油晶体

乳浊液的各种变化还会相互影响。粒子聚集会极大地促进上浮，上浮的结果又反过来促进聚集加速，如此往复。聚结发生的前提是分散相粒子必须紧紧靠在一起，即只能发生在粒子聚集的状态下或者是发生在上浮的脂肪层中。

乳浊液发生上述各种物理变化的原因主要是：

① 由于两相界面具有自由能，它会抵制界面积增加，导致液滴聚结而减少分散相界面积的倾向，从而最终导致两相分层（破乳）。因此需要外界施加能量才能产生新的表面（或界面）。液滴分散得越小，两液相间界面积就越大，需要外界施加的能量就越大。

② 重力作用导致分层。重力作用可导致密度不同的相上浮、沉降或分层。

③ 分散相液滴表面静电荷不足导致聚集。分散相液滴表面静电荷不足则液滴与液滴之间的排斥力不足，液滴与液滴相互接近而聚集，但液滴的界面膜尚未破裂。

④ 两相间界面膜破裂导致聚结。两相间界面膜破裂，液滴与液滴结合，小液滴变为大液滴，严重时会完全分相。

（4）乳化剂与乳化作用

① 乳化剂 由于界面张力是沿着界面的方向（即与界面相切）发生作用以阻止界面的增大，所以可降低界面张力的物质会自动吸附到相界面上，因为这样能降低体系总自由能，我们把这一类物质通称为表面活性剂。食品体系中用来稳定乳浊液的乳化剂绝大多数是表面活性剂，其在结构特点上具有两亲性，即分子中既有亲油的基团，又有亲水的基团。它们中的绝大多数既不全溶于水，也不全溶于油，其部分结构处于亲水的环境（如水或某种亲水物质）中，而另一部分结构则处于疏水环境（如油、空气或某种疏水物质）中，即分子位于两相的界面，因此降低了两相间的界面张力，从而提高了乳浊液的稳定性。

② 乳化剂的乳化作用

a. 减小两相间的界面张力 如上所述，乳化剂浓集在水-油界面上，亲水基与水作用，疏水基与油作用，从而降低了两相间的界面张力，使乳浊液稳定。

b. 增大分散相之间的静电斥力 有些离子表面活性剂可在含油的水相中建立起双电层，导致小液滴之间的斥力增大，使小液滴保持稳定，适用于 O/W 型体系。

c. 形成液晶相 如前所述，乳化剂分子由于含有极性和非极性部分，故易形成液晶态。它们可导致油滴周围形成液晶多分子层，这种作用使液滴间的范德华引力减弱，为分散相的聚结提供了一种物理阻力，从而抑制液滴的聚集和聚结。当液晶相黏度比水相黏度大得多时，这种稳定作用更加显著。

d. 增大连续相的黏度或生成弹性的厚膜 明胶和许多树胶能使乳浊液连续相的黏度增大，蛋白质能在分散相周围形成有弹性的厚膜，可抑制分散相聚集和聚结，适用于泡沫和 O/W 型体系。如牛乳中脂肪球外的酪蛋白膜可起乳化作用。

此外，比分散相尺寸小得多的且能被两相润湿的固体粉末，在界面上吸附，会在分散相液滴间形成物理位垒，阻止液滴聚集和聚结，起到稳定乳浊液的作用。具有这种作用的物质有植物细胞碎片、碱金属盐、黏土和硅胶等。

③ 乳化剂的选择 表面活性剂的一个重要特性是它们的 HLB 值。HLB 是指一个两亲物质的亲水-亲油平衡值。一般情况下，疏水链越长，HLB 值就越低，表面活性剂在油中的溶解性就越好；亲水基团的极性越大（尤其是离子型的基团），或者是亲水基团越大，HLB 值就越高，则在水中的溶解性越大。当 HLB 为 7 时，意味着该物质在水中与在油中具有几乎相等的溶解性。表面活性剂的 HLB 值在 1~40 范围内。表面活性剂的 HLB 值与溶解性之间的关系对表面活性剂自身是非常有用的，它还关系到一个表面活性剂是否适于作为乳化剂。HLB>7 时，表面活性剂一般适于制备 O/W 型乳浊液；而当 HLB<7 时，则适于制备 W/O 型乳浊液。在水溶液中，HLB 高的表面活性剂适于作清洗剂。

四、油脂的化学性质

1. 油脂的水解

脂类化合物在酶作用或加热条件下发生水解，释放出游离脂肪酸。活体动物组织中的脂肪实际上不存在游离脂肪酸，然而动物在宰杀后由于酶的作用可生成游离脂肪酸，动物脂肪在加热精炼过程中使脂肪水解酶失活，可减少游离脂肪酸的含量。

（1）水解反应 在高温、高压和催化剂存在下，油脂可水解成脂肪酸和甘油，这是可逆反应。

$$C_3H_5(OOCR)_3 + 3H_2O \underset{\text{压力},\triangle}{\overset{\text{催化剂}}{\rightleftharpoons}} C_3H_5(OH)_3 + 3RCOOH$$

在解脂酶存在下，油脂可在常温下进行部分水解。

$$\begin{array}{c} CH_2OCOR^1 \\ | \\ CHOCOR^2 \\ | \\ CH_2OCOR^3 \end{array} + H_2O \overset{\text{解脂酶}}{\rightleftharpoons} \begin{array}{c} CH_2OH \\ | \\ CHOCOR^2 \\ | \\ CH_2OCOR^3 \end{array} + R^1COOH$$

这是油脂贮藏过程中发生酸败的主要原因之一。

(2) 皂化反应 油脂在碱性条件下发生彻底水解，生成甘油和脂肪酸盐的反应称为皂化反应。

$$C_3H_5(OOCR)_3 + 3KOH \underset{\triangle}{\overset{H_2O}{\longrightarrow}} C_3H_5(OH)_3 + 3RCOOK$$

工业上制造肥皂就是利用这个反应，因此称为皂化反应。工业上测定油脂的皂化值也是依据这个反应。

皂化值：1g 油脂完全皂化所需氢氧化钾的质量（mg）称为皂化值。

皂化反应是逐步进行的，三个脂肪酸逐步水解，反应速度与碱的浓度、温度、油脂的结构有关。

(3) 酯交换反应 工业上用油脂的酯交换反应制备高纯度的高碳脂肪酸甲酯或乙酯，还可以进一步还原得到高碳脂肪醇。

$$\begin{array}{c} CH_2OCOR^1 \\ | \\ CHOCOR^2 \\ | \\ CH_2OCOR^3 \end{array} + 3CH_3OH \underset{\triangle,\ \text{压力}}{\overset{\text{催化剂}}{\longrightarrow}} \begin{array}{c} CH_2OH \\ | \\ CHOH \\ | \\ CH_2OH \end{array} + \begin{array}{c} R^1COOCH_3 \\ R^2COOCH_3 \\ R^3COOCH_3 \end{array}$$

$$RCOOCH_3 + 2H_2 \overset{Ni}{\longrightarrow} RCH_2OH + CH_3OH$$

2. 油脂的氧化

脂类氧化是食品变质的主要原因之一。油脂在食品加工和贮藏期间，由于空气中的氧、光照、微生物、酶和金属离子等的作用，会产生不良风味和气味（氧化酸败），降低食品营养价值，甚至产生一些有毒化合物，因此，油脂的氧化对于食品工业的影响十分显著。但在某些情况下（如陈化的干酪或一些油炸食品中），油脂的适度氧化对风味的形成是必需的。

油脂的氧化包括酶促氧化与非酶氧化。后者主要是指油脂在光、金属离子等环境因素的影响下，发生的一种自发性的氧化反应，因此又称为自氧化反应。

(1) 自氧化反应

① 自氧化反应的特征 油脂自氧化反应是脂类与分子氧的反应，是油脂氧化变质的主要原因。研究表明，油脂自氧化反应遵循典型的自由基反应历程，其特征如下：a. 光和产生自由基的物质能催化脂类自氧化；b. 凡能干扰自由基反应的物质一般都抑制自氧化反应的速度；c. 当油脂为纯物质时，自氧化反应诱导期较长；d. 反应的初期产生大量的氢过氧化物；e. 由光引发的氧化反应量子产额超过 1。

② 自氧化反应的主要过程 一般油脂自氧化主要包括：引发（诱导）期、链传递和终止期 3 个阶段。

a. 引发（诱导）期 酰基甘油中的不饱和脂肪酸，受到光线、热、金属离子和其他因素的作用，在邻近双键的亚甲基（α-亚甲基）上脱氢，产生自由基（R·），如用 RH 表示酰基甘油，其中的 H 为亚甲基上的氢，R·为烷基自由基，该反应过程一般表示如下：

$$RH \xrightarrow{h\nu} R \cdot + H \cdot$$

由于自由基的引发通常所需活化能较高，必须依靠催化才能生成，所以这一步反应相对较慢。

b. 链传递 R·自由基与空气中的氧相结合，形成过氧化自由基（ROO·），而过氧化自由基又从其他脂肪酸分子的 α-亚甲基上夺取氢，形成氢过氧化物（ROOH），同时形成新的 R·自由基，如此循环下去，使大量不饱和脂肪酸氧化。由于链传递过程所需活化能较低，故此阶段反应进行很快，油脂氧化进入显著阶段，此时油脂吸氧速度很快，增重加快，并产生大量的氢过氧化物。

$$R \cdot + O_2 \longrightarrow ROO \cdot \tag{1}$$

$$ROO \cdot + RH \longrightarrow ROOH + R \cdot \tag{2}$$

$$ROOH \xrightarrow{分解} ROH, RCHO, RCOR' \tag{3}$$

c. 终止期 各种自由基和过氧化自由基互相聚合，形成环状或无环的二聚体或多聚体等非自由基产物，至此反应终止。

$$ROO \cdot + ROO \cdot \longrightarrow ROOR + O_2 \tag{4}$$

$$ROO \cdot + R \cdot \longrightarrow ROOR \tag{5}$$

$$R \cdot + R \cdot \longrightarrow R-R \tag{6}$$

③ 单重态氧的氧化作用

a. 单重态氧 单重态氧又称受激单线态氧原子，其比基态的氧原子有更高的活性。不饱和脂肪酸氧化的主要途径是通过自氧化反应，但引发自氧化反应所需的初始自由基就是光氧化反应中的活性物质——单重态氧。单重态氧能快速地与分子中具有高电子云密度分布的 C＝C 相互作用，生成氢过氧化物并引发常规的自由基链传递反应。

单重态氧可以由多种途径产生，其中最主要的是由食品中的天然色素经光敏氧化产生。如叶绿素 a、脱镁叶绿素 a、血卟啉、肌红蛋白以及合成色素赤藓红都是很有效的光敏化剂。

b. 光敏氧化 由于单重态氧生成氢过氧化物的机制最典型的是"烯"反应——高亲电性的单重态氧直接进攻高电子云密度的双键部位上的任一碳原子，形成六元环过渡态，氧加到双键末端，然后位移形成反式构型的氢过氧化物，生成的氢过氧化物种类数为 2 倍双键数。

④ 氢过氧化物（ROOH）的产生 如前所述，位于脂肪酸烃链上与双键相邻的亚甲基在一定条件下特别容易均裂而形成游离基，由于自由基受到双键的影响，具有不定位性，因而同一种脂肪酸在氧化过程中产生不同的氢过氧化物。

⑤ 氢过氧化物的分解及聚合 各种氧化途径产生的氢过氧化物只是一种反应中间体，非常不稳定，可裂解产生许多分解产物，其中的小分子醛、酮、酸等具有令人不愉快的气味即哈喇味，导致油脂酸败。

一般氢过氧化物的分解首先是在氧-氧键处均裂，生成烷氧自由基和羟基自由基。

$$
\begin{array}{c}
R^1-CH-R^2COOH \\
\mid \\
O \\
\mid \\
OH
\end{array}
\longrightarrow
\begin{array}{c}
R^1-CH-R^2COOH \\
\mid \\
O \cdot
\end{array}
+ \cdot OH
$$

其次，烷氧自由基在与氧相连的碳原子两侧发生碳-碳键断裂，生成醛、酸、烃和含氧酸等化合物。

$$R^1 \overset{|}{\underset{\underset{O \cdot}{|}}{C}}H \overset{|}{\cdots} R^2COOH \Big\langle \begin{array}{l} \longrightarrow R^1\overset{O}{\overset{\|}{C}}-H + \cdot R^2COOH \\ \text{醛} \qquad \text{酸} \\ \\ \longrightarrow R^1\cdot + -\overset{|}{\underset{\underset{O}{\|}}{C}}H - R^2COOH \\ \text{烃} \qquad \text{含氧酸} \end{array}$$

此外，烷氧自由基还可通过下列途径生成酮、醇化合物。

$$R^1-\overset{|}{\underset{\underset{O \cdot}{|}}{C}}H-R^2COOH \xrightarrow[R^4H]{R^3O \cdot} \Big\langle \begin{array}{l} R^1-\overset{O}{\overset{\|}{C}}-R^2COOH + R^3OH \\ \\ R^4\cdot + R^1-\overset{|}{\underset{\underset{OH}{|}}{C}}H-R^2COOH \end{array}$$

其中生成的醛类物质的反应活性很高，可再分解为分子量更小的醛，典型的产物是丙二醛，小分子醛还可缩合为环状化合物。

⑥ 二聚物和多聚物的生成　二聚化和多聚化是脂类在加热或氧化时产生的主要反应，这种变化一般伴随着碘值的减少和分子量、黏度以及折射率的增加。例如：

a. 双键与共轭二烯的 Diels-Alder 反应生成四代环己烯。

b. 自由基加成到双键。自由基加成到双键产生二聚自由基，二聚自由基可从另一个分子中取走氢或进攻其他的双键生成化合物。不同的酰基甘油的酰基间也能发生类似的反应，生成二聚和三聚三酰甘油。

(2) 酶促氧化　脂肪在酶参与下所发生的氧化反应，称为酶促氧化。

脂肪氧合酶专一性地作用于具有 1,4-顺,顺-戊二烯结构的多不饱和脂肪酸（如 18:2，18:3，20:4），在 1,4-戊二烯的中心亚甲基处（即 ω8 位）脱氢形成自由基，然后异构化使双键位置转移，同时转变成反式构型，形成具有共轭双键的 ω6 和 ω10 氢过氧化物。

此外，我们通常所称的酮型酸败，也属酶促氧化，是由某些微生物繁殖时所产生的酶（如脱氢酶、脱羧酶、水合酶）的作用引起的。该氧化反应多发生在饱和脂肪酸的 β-碳位上，因而又称为 β-氧化作用，且氧化产生的最终产物酮酸和甲基酮具有令人不愉快的气味，故称为酮型酸败。

(3) 影响油脂氧化速率的因素

① 油脂中的脂肪酸组成　油脂中的饱和脂肪酸和不饱和脂肪酸都能发生氧化反应，但饱和脂肪酸的氧化必须在特殊条件下才能发生，如有霉菌、酶或氢过氧化物存在时，才能使饱和脂肪酸发生 β-氧化作用而形成酮酸和甲基酮。然而饱和脂肪酸的氧化速率往往只有不饱和脂肪酸的 1/10。而不饱和脂肪酸的氧化速率又与其本身双键的数量、位置与几何形状有关。花生四烯酸、亚麻酸、亚油酸与油酸氧化的相对速度约为 40:20:10:1。顺式酸比它们的反式酸易于氧化，而共轭双键比非共轭双键的活性强。游离脂肪酸与酯化脂肪酸相比，氧化速度要高一些。

② 水　纯净的油脂要求含水量很低，以确保微生物不能生长，否则会导致氧化。对各种含油食品来说，控制适当的水分活度能有效抑制自氧化反应，因为研究表明油脂氧化速度主要取决于水分活度。水分活度对脂肪氧化作用的影响很复杂，具体见模块一项目一。

③ 氧气　在非常低的氧气压力下，氧化速度与氧压近似成正比，如果氧的供给不受限制，那么氧化速度与氧压力无关。同时氧化速度与油脂暴露于空气中的表面积成正比，如膨松食品方便面中的油比纯净的油易氧化。因而可采取排除氧气、采用真空或充氮包装、使用透气性低的包装材料来防止含油脂食品的氧化变质。

④ 金属离子　凡具有合适氧化还原电位的二价或多价过渡金属（如铜、铁、锰与镍等）都可促进自氧化反应，即使浓度低至 0.1mg/kg，它们仍能缩短诱导期、提高氧化速度。不同金属对油脂氧化反应的催化作用的强弱是：铜＞铁＞铬、钴、锌、铅＞钙、镁＞铝、锡＞不锈钢＞银。

食品中的金属离子主要来源于加工、贮藏过程中所用的金属设备，因而在油的制取、精制与贮藏中，最好选用不锈钢材料或高品质塑料。

⑤ 光敏化剂　如前所述，这是一类能够接受光能并把该能量传给分子氧的物质，大多数为有色物质，如叶绿素与血红素。与油脂共存的光敏化剂可使其周围产生过量的$^1O_2$而导致氧化加快，如动物脂肪中含有较多的血红素，可促进氧化；植物油中因为含有叶绿素，同样也促进氧化。

⑥ 温度　一般来说，氧化速度随温度的上升而加快，高温既能促进自由基的产生，也能促进自由基的消失，另外高温也促进氢过氧化物的分解与聚合。因此，氧化速度和温度之间的关系会有一个最高点。温度不仅影响自氧化速度，而且也影响反应的机理。在常温下，氧化大多发生在与双键相邻的亚甲基上，生成氢过氧化物。但当温度超过 50℃ 时，氧化发生在不饱和脂肪酸的双键上，生成环状过氧化物。

⑦ 光和射线　可见光、不可见光（紫外光）和γ射线是有效的氧化促进剂，这主要是由于光和射线不仅能够促进氢过氧化物分解，而且还能引发未氧化的脂肪酸产生自由基，其中以紫外光线和γ射线辐照能最强。因此，油脂和含油脂的食品宜用有色或遮光容器包装。

⑧ 抗氧化剂　抗氧化剂是能延缓或减慢油脂氧化的物质，其种类繁多，作用机理也不尽相同，可分为自由基清除剂（酶与非酶类）、单重态氧淬灭剂、金属螯合剂、氧清除剂、酶抑制剂、过氧化物分解剂、紫外线吸收剂等。

(4) 油脂氧化程度的表示方法及氧化油脂的安全性

① 油脂氧化程度的表示方法

a. 过氧化值（POV）　氢过氧化物（ROOH）是油脂氧化的主要初级产物，油脂在氧化过程中，过氧化值达到最高值后即开始下降。常用碘量法测定氢过氧化物含量，反应式如下：

$$ROOH + 2KI \longrightarrow ROH + I_2 + K_2O$$
$$I_2 + 2Na_2S_2O_3 \longrightarrow 2NaI + Na_2S_4O_6$$

过氧化值是指 1kg 油脂中所含氢过氧化物的物质的量（mmol）。它用来表示油脂中氢过氧化物的含量。

b. 碘值　碘值是指 100g 油脂吸收碘的质量（g）。碘值的测定利用了双键的加成反应，因此它反映的是油脂的不饱和程度。碘值越高，不饱和程度越高；碘值下降，说明油脂已发生氧化。

c. 酸价　酸价是指中和 1g 油脂中游离脂肪酸所需的 KOH 的质量（mg）。酸价可以衡量油脂中游离脂肪酸的含量，也反映了油脂品质的好坏。新鲜油脂的酸价低，我国规定食用植物油酸价不可超过 5mg/g。

② 氧化油脂的安全性　油脂氧化是自由基链反应，而自由基的高反应活性，可导致机体损伤、细胞破坏、人体衰老等，而且油脂氧化过程中产生的过氧化油脂几乎能和食品中的任何成分反应，能导致食品的外观、质地和营养质量的劣变，甚至会产生致突变物质。

油脂自氧化过程中产生的氢过氧化物及其降解产物可与蛋白质反应，导致蛋白质溶解度降低（蛋白质发生交联）、颜色变化（褐变）、营养价值降低（必需氨基酸损失）；油脂自氧化过程中产生的氢过氧化物几乎可与人体内所有分子或细胞反应，破坏 DNA 和细胞结构；油脂自氧化过程中产生的醛可与蛋白质中的氨基缩合，生成 Schiff 碱后继续进行醇醛缩合反应，生成褐色聚合物和有强烈气味的醛，导致食品变色，并且改变食品风味。

3. 油脂的热解

油脂在高温下的反应十分复杂，在不同的条件下会发生聚合、缩合、氧化和分解反应，使其黏度、酸价增高，碘值下降，折射率改变，还会产生刺激性气味，同时营养价值也有所下降。

在高温条件下，油脂中的饱和脂肪酸与不饱和脂肪酸反应情况不一样，二者在有氧和无氧的条件下，大致反应情况如图 1-45 所示。

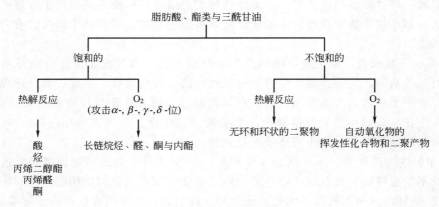

图 1-45　脂类热分解简图

你知道吗？

你知道反式脂肪酸对健康有什么不利影响吗？

扫二维码可见答案

五、食品加工与贮藏中油脂的变化

1. 水解

油脂水解形成甘油和脂肪酸。甘油三酯不溶于水，在高温、高压和有大量水存在的条件下可加速水解反应，常用的催化剂有无机酸（浓硫酸）、碱（氢氧化钠）、酶、Twitchell 类磺酸、金属氧化物（氧化锌、氧化镁）等。工业上一般用 Twitchell 类磺酸和少量浓硫酸作为催化剂。

2. 异构化

天然油脂中所含不饱和脂肪酸的双键一般为顺式，且双键的位置一般在 9 位、12 位、15 位上。油脂在光、热、酸碱或催化剂及氧化剂的作用下，双键的位置和构型会发生变化，构型的变化称为几何异构，位置的变化称为位置异构。

3. 热反应

（1）热聚合　油脂在真空、二氧化碳或氮气的无氧条件下加热至 200～300℃ 时发生的聚合反应称为热聚合。热聚合的机理为 Diels-Alder 加成反应。

（2）热氧化聚合　即油脂在空气中加热至 200～300℃ 时引发的聚合反应。热氧化聚合的反应速度为：干性油＞半干性油＞不干性油。

（3）油脂的缩合　指在高温下油脂先发生部分水解后又缩合脱水而形成的分子量较大的化合物的过程。

（4）热分解　即油脂在高温作用下分解而产生烃类、酸类、酮类的反应，温度低于 260℃ 反应不剧烈，290～300℃ 时开始剧烈发生。若是在有氧条件下发生的热分解则称热氧化分解。

4. 油脂的辐照裂解

食品的辐照是一种灭菌的手段，在高剂量（10～50kGy）时用于肉、肉制品灭菌；在中等剂量（1～10kGy）时用于鲜鱼、鸡、水果、蔬菜的保藏；在低剂量（低于 1kGy）时防止马铃薯、洋葱发芽，延迟水果、蔬菜的成熟及粮食杀虫。但含油食品在辐照时其中的油脂会在邻近羰基的位置发生分解，形成辐照味。

5. 油脂的氧化

油脂在加工和贮藏过程中会发生自动氧化、光氧化和酶促氧化反应，影响食品的安全性。油脂氧化会导致油脂的可食用性下降，所以必须采取必要措施防止油脂的氧化。常用的方法是将油脂低温避光保存，或加入抗氧化剂延缓油脂的氧化。

你知道吗？

食品在油炸过程中能获得所期望的感官质量，但另一方面，由于对油炸条件未进行合适的控制，过度的分解作用将会破坏油炸食品的感官质量与营养价值。你知道其中的原因吗？

扫二维码可见答案

六、油脂加工化学

1. 油脂的制取精炼

（1）油脂的制取

① 压榨法　主要用于植物油的榨取，有冷榨和热榨两种。

② 熬炼法　动物油脂加工中用此法，具体采用高温熬炼、破酶、减少酸败，但过高温度会发生热分解、热聚合等反应。所以熬炼温度不宜过高，时间不宜过长。

③ 浸出法（萃取法）　利用溶剂提取，再将溶剂蒸馏除去。此法制取的油脂较纯、分解少，但成本、设备相对要求高。

④ 机械分离（离心法）　利用离心机将油脂分离出来，主要用于从液态原料中提取油脂，如从乳中分离奶油。此法还可与压榨法等结合使用以减少残渣。

一般植物油脂采用热榨结合机械分离；动物油脂宜采用熬炼法（除奶油外）。经上述各种提取方法提出的油脂称为毛油。

（2）油脂的精炼
油脂的精炼就是进一步采取理化措施以除去油中杂质的过程。毛油中的杂质按亲水亲油性可分为三类：①亲水性物质，如蛋白质、各种碳水化合物、某些色素；②两亲性物质，如磷脂、脂肪酸盐；③亲油性物质，如三酰甘油、脂肪酸、类脂、某些色素。按其能否皂化分为两类：①可皂化物，如三酰甘油、脂肪酸、磷脂；②不可皂化物，如蛋白质、各种碳水化合物、色素、类脂等。毛油中含有的杂质可使油脂产生不良的风味、颜色以及降低烟点等，所以需要除去。

油脂精炼的基本流程如下：

毛油──→脱胶──→静置分层──→脱酸──→水洗──→干燥──→脱色──→过滤──→脱臭──→冷却──→精制油

以上流程中脱胶、脱酸、脱色、脱臭是油脂精炼的核心工序，一般称为四脱。四脱的化学原理介绍如下。

① 脱胶　将毛油中的胶溶性杂质脱除的工艺过程称为脱胶。此过程主要脱除的是磷脂。如果油脂中磷脂含量高，加热时易起泡、冒烟且多有臭味，同时磷脂氧化可使油脂呈焦褐色，影响煎炸食品的风味。脱胶时常向油脂中加入 2%～3% 的热水，在 50℃ 左右搅拌，或通入水蒸气，由于磷脂有亲水性，吸水后密度增大，然后可通过沉降或离心分离除去水相即可除去磷脂和部分蛋白质。

② 脱酸　其主要目的是除去毛油中的游离脂肪酸。毛油中含有 5% 以上的游离脂肪酸，米糠油毛油中甚至高达 10%。游离脂肪酸对食用油的风味和稳定性具有很大的影响。

将适量的一定浓度的苛性钠（用碱量通过酸价计算确定）与加热的脂肪（30～60℃）混合，并维持一段时间直到析出水相，可使游离脂肪酸皂化，生成水溶性的脂肪酸盐（称为油脚或皂脚），它分离出来后可用于制皂。此后，再用热水洗涤中性油，接着采用沉降或离心的方法以除去中性油中残留的皂脚。此过程还能使磷脂和有色物质明显减少。

③ 脱色　毛油中含有类胡萝卜素、叶绿素等色素，影响油脂的外观以及稳定性（叶绿素是光敏化剂），因此需要除去。一般将油加热到 85℃ 左右，用吸附剂如酸性白土（1%）、活性炭（0.3%）等处理，可将有色物质几乎完全除去，其他物质如磷脂、皂化物和一些氧化产物也可与色素一起被吸附，然后通过过滤而除去。

④ 脱臭　各种植物油大部分都有其特殊的气味，可采用减压蒸馏法，通入一定压力的水蒸气，在一定真空度、油温（220～240℃）下保持几十分钟，即可将这些有气味的物质除去。在此过程中常常添加柠檬酸以螯合除去油中的痕量金属离子。

通过精炼可提高油的氧化稳定性，并且明显改善油脂的色泽和风味，还能有效去除油脂中的一些有毒成分（例如花生油中的黄曲霉毒素和棉籽油中的棉酚）。因此，精炼总体上提高了油脂的质量，但在某些方面可降低天然油脂的优势，如天然油中的抗氧化剂——生育酚、棉酚等被破坏，脂溶性维生素和胡萝卜素损失等。

2. 油脂的改性

（1）油脂的氢化　油脂氢化是三酰甘油的不饱和脂肪酸双键与氢发生加成反应的过程。这是油脂工业中的重要加工方法。氢化的实质是向油脂中的不饱和键上加氢使饱和度提高，相应提高熔点、稳定性、可塑性等。所以氢化可以使液体油脂转变成更适合于特殊用途的半固体脂肪或塑性脂肪，还能提高油脂的熔点与氧化稳定性，也改变了三酰甘油的稠度和结晶性。

油脂的氢化分为部分氢化与全氢化。部分氢化是指在食品工业中，采用金属催化剂（Ni、Pt 等）、加压 [1.5～2.5atm（1atm＝101325Pa）]、高温（125～190℃）等条件，使液体油与氢气混合发生加成反应，如人造奶油、起酥油的制造等。完全氢化是指在 Ni 催化剂存在下，采用更高的压力（8atm）和温度（250℃）进行的油脂双键全部氢化的反应，如肥皂工业中硬化油的加工。

油脂氢化后稳定性升高、颜色变浅、风味改变、便于运输和储存，但也造成多不饱和脂肪酸减少、脂溶性维生素被破坏、双键位移以及反式异构体产生等。

（2）酯交换　酯交换是提高油脂的稠度和适用性的一种加工方法。酯交换主要指油脂分子之间进行的酰基（即脂肪酸）交换作用。其实质就是进行脂肪酸位置的重新分布。通过酯交换，在一定条件下，改变天然油脂的脂肪群，可改善其稠度、结晶性、熔点等。

酯交换在食品工业中主要用于代替氢化工艺生产起酥油、人造奶油、硬奶油等。在起酥油的生产中，猪油中二饱和三酰甘油分子的 Sn-2 位置上大部分是棕榈酸，即使在工业冷却器中迅速固化，也会形成较大的粗粒结晶体。如果直接用猪油加工成起酥油，不但会出现粒状稠性，而且在焙烤中会表现出不良性能。然而将猪油酯交换得到无规分布油脂，可改善其塑性范围并制成性能较好的起酥油。

（3）油脂的分提与冬化　利用混合油脂的各种成分的溶解度、熔点差异，在一定温度下形成固液两态，继而进行固液分离的过程，称为油脂分提。根据具体手段不同，可分为干法分提（不加任何溶剂、只控制温度）、表面活性剂分提、溶剂分提等方法。

干法分提又分为冬化、脱蜡（10℃蜡析出）、液压等方法。冬化是将液态油脂缓慢冷却并不断轻搅，使熔点较高的成分生成体积大、较稳定的固态脂结晶（β'，β），继而进行固液分离除去固体，得到所需要的较纯的液态油的过程。冷至 5.5℃分离固体脂，液态即为色拉油。

七、复合脂类及衍生脂类

1. 复合脂类

复合脂类即含有其他化学基团的脂肪酸酯，人体内主要含磷脂和糖脂两种复合脂类。

(1) 磷脂 磷脂由 C、H、O、N、P 五种元素组成，是生物膜的重要组成部分，其特点是在水解后产生含有脂肪酸和磷酸的混合物。根据磷脂的主链结构分为磷酸甘油酯和鞘磷脂。动物磷脂主要来源于蛋黄、牛乳、动物体脑组织、肝脏、肾脏及肌肉组织部分；植物磷脂主要存在于油料种子中，并与蛋白质、糖类、脂肪酸、维生素等物质以结合状态存在。

磷酸甘油酯主链为甘油-3-磷酸，甘油分子中的另外两个羟基都被脂肪酸所酯化，磷酸基团又可被各种结构不同的小分子化合物酯化后形成各种磷酸甘油酯。体内含量较多的是磷脂酰胆碱（卵磷脂）、磷脂酰乙醇胺（脑磷脂）、磷脂酰丝氨酸、磷脂酰甘油、二磷脂酰甘油（心磷酯）及磷脂酰肌醇等，每一磷脂可因组成的脂肪酸不同而有若干种。

鞘磷脂是含鞘氨醇或二氢鞘氨醇的磷脂，其分子不含甘油，是一分子脂肪酸以酰胺键与鞘氨醇的氨基相连。鞘氨醇或二氢鞘氨醇是具有脂肪族长链的氨基二元醇，有疏水的长链脂肪烃基尾和两个羟基及一个氨基的极性头。

鞘磷脂含磷酸，其末端羟基取代基团为磷酸胆碱或乙醇胺。人体含量最多的鞘磷脂是神经鞘磷脂，由鞘氨醇、脂肪酸及磷酸胆碱构成。神经鞘磷脂是构成生物膜的重要磷脂，它常与卵磷脂并存于细胞膜外侧。

(2) 糖脂 糖脂是一类含糖类残基的复合脂类。其化学结构各不相同，且不断有糖脂的新成员被发现。糖脂亦分为两大类：糖基酰甘油和糖鞘脂。糖鞘脂又分为中性糖鞘脂和酸性糖鞘脂。

糖基酰甘油结构与磷脂相类似，主链是甘油，含有脂肪酸，但不含磷酸及胆碱等化合物。糖类残基是通过糖苷键连接在 1,2-甘油二酯的 C3 位上构成糖基甘油酯分子。自然界存在的糖脂分子中的糖主要有葡萄糖、半乳糖，脂肪酸多为不饱和脂肪酸。

糖鞘脂分子母体结构是神经酰胺，脂肪酸连接在长链鞘氨醇的 C2 氨基上。重要的糖鞘脂有脑苷脂和神经节苷脂。脑苷脂在脑中含量最多，肺、肾次之，肝、脾及血清中也含有。

2. 衍生脂类

衍生脂类是指由单纯脂类和复合脂类衍生而来或与之关系密切，但也具有脂类一般性质的物质，主要有取代烃、固醇类、萜和其他脂类。这里主要介绍其中的甾醇和蜡。

(1) 甾醇 甾醇又叫类固醇，是天然甾族化合物中的一大类，以环戊烷多氢菲为基本结构（图 1-46），环上有羟基的即为甾醇。动、植物组织中都有甾醇，它对动、植物的生命活动很重要。动物普遍含胆甾醇，习惯上称为胆固醇与胆固醇脂肪酸酯，在生物化学中有重要的意义。植物中的甾醇，主要是指豆甾醇、菜子甾醇、菜油甾醇、谷甾醇等植物甾醇。麦角甾醇主要存在于真菌中。

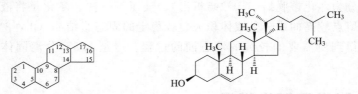

图 1-46　环戊烷多氢菲的结构　　　　图 1-47　胆固醇结构

胆固醇（图 1-47）以游离形式或以脂肪酸酯的形式存在，不溶于水、稀酸及稀碱液中，不能皂化，在食品加工中几乎不受破坏。它常存在于动物的血液、脂肪、脑、神经组织、肝、肾上腺、细胞膜的脂质混合物和卵黄中。胆固醇能被动物吸收利用，动物自身也能合成，适量的胆固醇是人体必不可少的，但胆固醇含量太高或太低都对人体健康不利。例如，过量的胆固醇可在人的胆道中沉积形成结石，并在血管壁上沉积，引起动脉硬化。

（2）**蜡** 蜡是由高级脂肪醇与高级脂肪酸形成的酯，广泛分布于动、植物组织内，具有保护机体的作用。蜡在动、植物油脂的加工过程中会溶到油脂中，如米糠毛油中含蜡量达到 $2\%\sim4\%$，会对油脂的外观产生不良影响。由于不同动、植物中脂肪醇与脂肪酸的分子大小的差异，不同来源的蜡，其理化特性有明显差别，如蜂蜡的熔点为 $60\sim70\,℃$、大豆蜡为 $78\sim79\,℃$、葵花籽蜡为 $79\sim81\,℃$、中国虫蜡为 $82\sim86\,℃$。

拓展阅读

脂类代谢与人体健康

脂类物质包括脂肪和类脂两类，脂肪又称三酰甘油（甘油三酯），由甘油和脂肪酸组成；类脂包括胆固醇及其酯、磷脂及糖脂等。脂类物质是细胞质和细胞膜的重要组分；脂类代谢与糖代谢和某些氨基酸的代谢密切相关；脂肪是机体的良好能源，脂肪的热量比等量的蛋白质或糖高 1 倍以上，通过氧化可为机体提供丰富的热能；固醇类物质是某些激素和维生素 D 及胆酸的前体。脂类代谢还与人类的某些疾病（如酮血症、酮尿症、脂肪肝、高脂血症、肥胖症和动脉粥样硬化、冠心病等）有密切关系，因此，脂类代谢对人体健康有重要意义。

食物中的脂肪在口腔和胃中不被消化，因唾液中没有水解脂肪的酶，胃液中虽含有少量脂肪酶，但胃液的 pH 为 1～2，不适于脂肪酶作用。脂肪的消化作用主要是在小肠中进行，由于肠蠕动和胆汁酸盐的乳化作用，脂肪分散成细小的微团，增加了与脂肪酶的接触面，通过消化作用，脂肪转变为甘油一酯、甘油二酯、脂肪酸和甘油等，它们与胆固醇、磷脂及胆汁酸盐形成混合微团。这种混合微团在与十二指肠和空肠上部的肠黏膜上皮细胞接触时，甘油一酯、甘油二酯和脂肪酸即被吸收，这是一种依靠浓度梯度的简单扩散作用。吸收后，短链的脂肪酸由血液经门静脉入肝，而长链的脂肪酸、甘油一酯和甘油二酯在肠黏膜细胞的内质网上重新合成甘油三酯，再与磷脂、胆固醇、胆固醇酯及载脂蛋白构成乳糜微粒，通过淋巴管进入血液循环。

课后练习题

一、填空题

1. 脂质化合物按其组成和化学结构可分为_____、_____和_____。卵磷脂属于_____，胆固醇属于_____。

2. 天然油脂的晶型按熔点增加的顺序依次为：_____。

3. 在人体内有特殊的生理作用而又不能自身合成，必须由食物供给的脂肪酸称为_____。根据人体自身脂肪酸的合成规律看，凡_____类脂肪酸均为必需脂肪酸。

4. 根据油脂氧化过程中氢过氧化物产生的途径不同可将油脂的氧化分为：_____、_____和_____。

5. 自氧化反应的主要过程包括_____、_____、_____ 3 个阶段。

6. 油脂氧化主要的_____是 ROOH。ROOH 不稳定，易分解。首先是_____断裂，生成_____和_____，然后是_____断裂。

7. 最常见的光敏化剂有：_____、_____。

8. HLB 值越小，乳化剂的亲油性越_____；HLB 值越大，亲水性越_____，HLB＞8 时，促进_____；HLB＜6 时，促进_____。

9. 过氧化值（POV）是指_____。它是衡量油脂氧化初期氧化程度的指标，因为_____是油脂氧化主要的初级产物。随着氧化程度进一步加深，_____，此时不能再用 POV 衡量氧化程度。

10. 同质多晶是指_____。油脂中常见的同质多晶有_____种，其中以_____型结晶结构最稳定。_____型的油脂可塑性最强。

二、选择题

1. 下列（   ）不是油脂的作用。

A. 带有脂溶性维生素   B. 易于消化吸收、风味好

C. 可溶解风味物质   D. 吃后可增加食后饱足感

2. 下列脂肪酸不属于必需脂肪酸的是（   ）。

A. 亚油酸   B. 亚麻酸   C. 肉豆蔻酸   D. 花生四烯酸

3. 油脂劣变反应的链传递过程中，（   ）不属于氢过氧化物（ROOH）的分解产物。

A. R-O-R   B. RCHO   C. RCOR′   D. R·

4. 当水分活度为（   ）时，油脂受到保护，抗氧化性好。

A. 大于 0.3   B. 0.3 左右   C. 0.2   D. 0.5

5. 油脂的化学特征值中，（   ）的大小可直接说明油脂的新鲜度和质量好坏。

A. 酸值   B. 皂化值   C. 碘值   D. 二烯值

6. 奶油、人造奶油为（   ）型乳状液。

A. O/W   B. W/O   C. W/O/W   D. O/W 或 W/O

7. 从牛乳中分离奶油通常用（   ）。

A. 熬炼法   B. 压榨法   C. 萃取法   D. 离心法

8. 动物油脂加工通常用（   ）。

A. 熬炼法   B. 压榨法   C. 离心法   D. 萃取法

9. 植物油脂加工通常用（   ）。

A. 熬炼法   B. 压榨法   C. 离心法   D. 萃取法

三、问答题

1. 塑性脂肪为何具有起酥作用？

2. 什么是同质多晶？结合实例说明其在食品中的应用情况。

3. 何谓 HLB 值？如何根据 HLB 值选用不同食品体系中的乳化剂？

4. 试述油脂自动氧化历程和光敏氧化历程有何不同？何者对油脂酸败的影响更大？

5. 氢过氧化物有哪几种生成途径，反应历程如何（用反应式表示）？

6. 油脂在高温下主要会发生什么反应？对油脂质量有何影响？

四、综合题

坚果又称干果、壳果，是一种具有独特风味的植物果实，这类果实外部都有果壳包围，因

此可以很好地保护果仁中的营养成分。坚果食品营养价值高，富含蛋白质、油脂、矿质元素、维生素等多种营养成分，脂肪含量高达 40%～60%，主要为不饱和脂肪酸，对人体生长发育、预防心血管疾病有极好的功效。但坚果贮藏放置一段时间后容易出现哈喇味，影响口感。

请用所学知识回答以下问题：

1. 坚果类放置一段时间后为什么易出现哈喇味？其反应机理是什么？影响因素是什么？

2. 如何控制坚果哈喇味的出现？

项目 五

食品中的维生素和矿物质

知识目标

1. 了解维生素、矿物质的概念和分类及其在机体中的主要作用。
2. 掌握维生素、矿物质在食品加工与贮藏过程中的变化及影响因素。

案例引入

希腊人发现，在膳食中添加动物肝脏可治疗夜盲症。16~18世纪，人们发现橘子和柠檬可治疗坏血病。1882年，日本的Takaki将军观察到许多船员发生的脚气病与摄食大米有关，当在膳食中添加肉、面包和蔬菜后，发病人数大大减少。1912年，人们成功地分离出抗脚气病因子，命名为"Vitamines"，后来改为"Vitamin"。维生素主要参与细胞的物质代谢和能量代谢过程，缺乏时会引起机体代谢紊乱，导致特定的缺乏症或综合征。

一、维生素概述

维生素是人类为维持正常的生理机能而必须从食品中取得的微量有机物质。目前，据不完全统计约有30多种维生素，其中10多种对人体健康和发育的关系较大，在食物中缺乏重要的维生素，都会发生特有的缺乏症状，严重不足时能够威胁生命。维生素的种类很多，但它们有一些共同的特性：①是维持人体健康和生长发育所需要的一类低分子的有机化合物；②是与疾病有关的物质，缺乏时会出现相应的症状；③大多数在体内不能合成，必须从食物中摄取；④参与体内的代谢过程，但不提供能量。

在维生素发现早期，因对它们了解甚少，传统的方法一般是按其发现的先后顺序，以英文字母顺次命名维生素A、维生素B、维生素C、维生素D、维生素E等；或根据其生理功能特征或化学结构特点等命名，例如维生素C称抗坏血病维生素、维生素 B_1 因分子结构中含有硫和氨基，称为硫胺素。后来人们根据维生素在脂类溶剂或水中的溶解性特征将其分为两大类：脂溶性维生素和水溶性维生素，前者包括维生素A、维生素D、维生素E、维生素K，后者包括B族维生素和维生素C。其中B族维生素原来以为是一类物质，后来发现是几种维生素的混合物，故以 B_1、B_2…加以区别。

尽管机体对维生素的需要量极小，日需要量常以毫克或微克计算，但由于这类物质在体内不能合成，或合成量不能满足机体的需要，所以必须从食物中获得。因很多因素影响，易导致人体维生素不足或缺乏，较易缺乏的有维生素 A、维生素 D、维生素 B_1、维生素 B_2、维生素 B_5 及维生素 C。引起人体维生素缺乏的常见原因有：①膳食中供给不足。膳食维生素含量取决于食物中原有的含量以及收获、加工、烹调与储藏时丢失或破坏的程度。②人体吸收利用率降低。当消化系统吸收功能障碍如长时间腹泻、胃酸分泌减少或膳食成分改变时可致吸收降低。③维生素需要量相对升高。妊娠与哺乳期的妇女、生长发育期的儿童及特殊环境条件、某些疾病（长期高热、慢性消耗性疾病等）等，均可使某些维生素需要量相对增高。

但体内维生素过多也可能导致某些代谢异常，从而引起身体不适（疾病），产生相应的维生素过多症。一般来说，水溶性维生素在体内有少量储存，且易排出体外，中毒的可能性不大，但超过非生理剂量时有不良作用，常发生维生素的不正常代谢，或干扰其他营养素的代谢。因此，必须注意某些维生素丰富食物的过量摄入和强化食物以及维生素制剂的大量使用。

维生素的生物可利用性是指人体摄入的维生素经肠道吸收并在体内被利用的程度。这包含两方面含义，即吸收与利用。影响食品中维生素的生物可利用性的因素主要包括以下几方面：①消费者本身的年龄、健康程度以及生理状况等；②膳食的组成影响维生素在肠道内运输的时间、黏度、pH 及乳化特性等；③同一种维生素构型不同对其在体内的吸收速率、吸收程度、能否转变成活性形式以及生理作用的大小会产生影响；④维生素与其他组分的反应，如维生素与蛋白质、淀粉、膳食纤维、脂肪等发生反应均会影响其在体内的吸收与利用；⑤维生素的拮抗物也影响维生素的活性，从而降低维生素的生物可利用性；⑥食品加工和储存也影响维生素的生物可利用性。

你知道吗？

妇女在准备怀孕前 3 个月开始摄取叶酸，叶酸有哪些功效呢？

扫二维码可见答案

二、食品中的脂溶性维生素

维生素 A、维生素 D、维生素 E、维生素 K 均不溶于水，而能溶于脂肪及有机溶剂中，将它们称为脂溶性维生素。在食品中脂溶性维生素常和脂类同时存在，因此它们在肠道被吸收时也与脂类的吸收密切相关。当脂类吸收不良时，脂溶性维生素的吸收大为减少，甚至会引起缺乏症。吸收后的脂溶性维生素可以在体内（肝脏内）储存。

1. 维生素 A

天然的维生素 A 存在于动物脂肪、肝脏及鱼肝油中，又名视黄醇。蔬菜中的许多类胡萝卜素可在人体小肠壁内转化为维生素 A。

维生素 A 是具有视黄醇生物活性的多种物质的统称，通常说的维生素 A 包括两种，即维生素 A_1 和维生素 A_2，维生素 A_1 即视黄醇，维生素 A_2 又称脱氢视黄醇。维生素 A 的化学结构如图 1-48 所示。

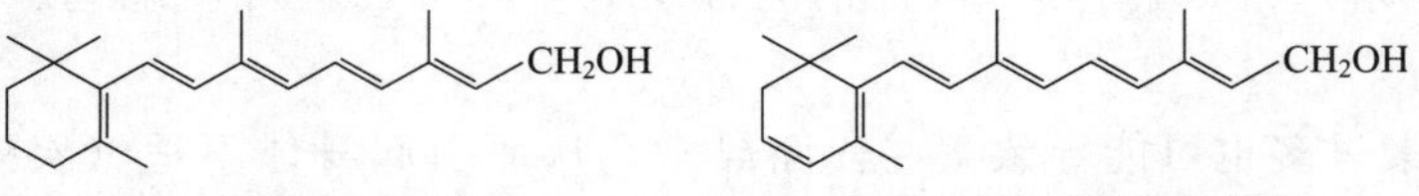

(a) 维生素A_1(视黄醇)　　　(b) 维生素A_2(脱氢视黄醇)

图 1-48　维生素 A 的化学结构

维生素 A 纯品为针状结晶，淡黄色，熔点 62～64℃，不溶于水，溶于脂肪及有机溶剂。其分子中不饱和双键多，易被空气中的氧、氧化剂、紫外光及金属氧化物破坏而损失其生理活性。维生素 A 对热、酸、碱相当稳定，可被脂肪氧化酶氧化分解，其末端的—CH_2OH被氧化为醛、酸后即无生理功能。

人和动物感受暗光的物质是视紫红质，它的形成与生理功能的发挥与维生素 A 有关。缺乏维生素 A，会使人眼膜干燥，暗适应性差，表皮细胞角化，甚至会发生夜盲症或失明。维生素 A 也能使鼻、喉和气管的黏膜保持健康，防止皮肤干燥起鳞。

维生素 A 的含量可用国际单位（IU）或美国药典单位（USP）表示，两个单位相等。1IU 维生素 $A=0.344\mu g$ 维生素 A 醋酸酯$=0.549\mu g$ 维生素 A 棕榈酸酯$=0.600\mu g$ β-胡萝卜素。国际组织目前采用了生物当量单位来表示维生素 A 的含量，即 $1\mu g$ 视黄醇＝1 标准维生素 A 视黄醇当量（RE）。

食品在加工和贮藏中，维生素 A 对光、氧和氧化剂敏感，高温和金属离子可加速其分解，其在碱性和冷冻环境中较稳定，贮藏中的损失主要取决于脱水的方法和避光情况。

2. 维生素 D

维生素 D 在鱼肝油、蛋、乳中存在较多，植物中的麦角固醇、动物中的 7-脱氢胆固醇在阳光中的紫外线照射下，可转化为维生素 D。维生素 D 分维生素 D_2 及维生素 D_3 两种，这是按原料来源区分的，植物性来源的编为维生素 D_2，动物性来源的编为维生素 D_3。维生素 D_3 比维生素 D_2 少一个甲基和双键，二者的结构式如图 1-49 所示。

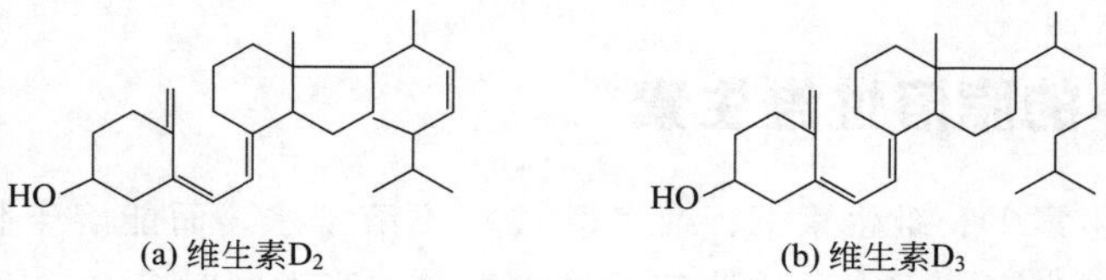

(a) 维生素D_2　　　(b) 维生素D_3

图 1-49　维生素 D 的化学结构

纯的维生素 D 为无色结晶，溶于油而不溶于水，耐热、耐氧化，碱性条件下较稳定但不耐酸，酸性条件下易被破坏。

维生素 D 的生物活性形式为 1,25-二羟基胆钙化醇，$1\mu g$ 的维生素 D 相当于 40IU。维生素 D 十分稳定，消毒、煮沸及高压灭菌对其活性无影响；冷冻贮存对牛乳和黄油中维生素 D 的影响不大。维生素 D 的损失主要与光照和氧化有关。其光解机制可能是直接光化学反应或由光引发的脂肪自动氧化间接涉及反应。维生素 D 易发生氧化主要是因为其分子中含有不饱和键。

维生素 D 在人体内控制磷、钙的代谢，对骨骼的生长发育很重要，缺乏时，骨软化易生软骨病，骨骼畸形生长或膨大，儿童胸部发育不良，两腿细小、弯曲，走路不稳，医学上称为佝偻病；妇女难产、老人受损伤时易骨折。但维生素 D 过多亦不宜，会引起体内磷、钙的沉积，造成血管硬化和肾结石。维生素 D 还可激活钙蛋白酶，使牛肉嫩化。

3. 维生素 E

维生素 E 又名生育酚，其活性成分主要是 α-生育酚、β-生育酚、γ-生育酚和 δ-生育酚四种异构体。这几种异构体具有相同的生理功能，以 α-生育酚生物效价最大，也最为重要。生育酚是良好的抗氧化剂，广泛用于食品中，尤其是动植物油脂中。在食品中其抗氧化能力大小顺序为 δ->γ->β->α-。维生素 E 和维生素 D_3 共同作用可获得牛肉最佳的"色泽-嫩度"。生育酚以油脂中的含量较丰富，花生油中含量为 $260\sim360mg/g$，大豆油为 $100\sim400mg/g$，奶油为 $21\sim33\mu g/g$，芝麻油为 $20\sim300mg/g$，生菜、芹菜、橘子皮中所含数量较少。

生育酚纯品为透明油状物，不溶于水，溶于油脂及无机溶剂，耐温耐酸，碱性中稳定性差，光照下易氧化而色泽变深，即氧、氧化剂和碱对维生素 E 有破坏作用，某些金属离子如 Fe^{2+} 等可促进维生素 E 的氧化。维生素 E 在植物油脂中主要起抗氧化作用，在人体中维持肌肉正常代谢以及中枢神经系统、血管系统的完整机能所必需。缺乏维生素 E 时，易出现生殖生理系统的阻碍，故名生育酚。

食品在加工贮藏中常常会造成维生素 E 的大量损失。例如，谷物机械加工去胚时，维生素 E 大约损失 80%；油脂精炼也会导致维生素 E 的损失；脱水可使鸡肉和牛肉中维生素 E 损失 36%~45%；肉和蔬菜罐头制作中维生素 E 损失 41%~65%；油炸马铃薯在 230℃ 下贮存一个月维生素 E 损失 71%，贮存两个月损失 77%。

4. 维生素 K

维生素 K 是 2-甲基-1,4-萘醌的衍生物。天然的维生素 K 分为维生素 K_1 和维生素 K_2，维生素 K_1 来自植物，维生素 K_2 来自动物。

维生素 K_1 为浅黄色黏稠油状液体，维生素 K_2 是黄色结晶体，均不溶于水，易溶于油脂，耐热、耐光，但怕酸、怕碱，碱性条件下易皂化而被破坏。绿色蔬菜中其含量比较丰富，在动物体内靠胆汁才能吸收。

人工合成的维生素 K 编为维生素 K_3，它是一种硫酸甲萘醌，可作注射用，不需通过胆汁吸收。维生素 K_3 的活性比维生素 K_1 和维生素 K_2 高。

维生素 K 参与凝血作用，可促进凝血因子的合成，进而促进血液凝固，缺乏维生素 K，凝血时间延长，导致皮下、肌肉、肠道出血。人体肠道中的大肠杆菌能合成维生素 K，故人体一般不会缺乏，只有在手术前 1～2 天适当服用补充即可。

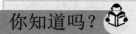

你知道如何科学地食用胡萝卜吗？

扫二维码可见答案

三、食品中的水溶性维生素

水溶性维生素包括 B 族维生素和维生素 C，它们彼此在化学结构及生理功能方面并无相互联系，但它们的分布和溶解性大致相同，提取时不易分离，所以把它们归在一类。总之，水溶性维生素具有以下特点：①能溶于水，不溶于脂肪和有机溶剂；②是辅酶的组成部分；③易吸收，在体内贮存少。

1. 维生素 C

维生素 C 又名 L-抗坏血酸，广泛存在于各种水果与蔬菜中，猕猴桃、刺梨和番石榴中含量高；柑橘类、番茄、辣椒及某些浆果中含量也较丰富。动物性食品中只有牛乳和肝脏中含有少量维生素 C。

维生素 C 是六碳糖的衍生物（图 1-50），有还原型和氧化型两种，一般维生素 C 是指还原型的，其分子中第 2 和第 3 碳位上有两个烯醇式羟基易离解出氢离子，所以具有酸性和较强的还原能力。维生素 C 有四种异构体：D-抗坏血酸、D-异抗坏血酸、L-抗坏血酸和 L-脱氢抗坏血酸。其中以 L-抗坏血酸生物活性最高。

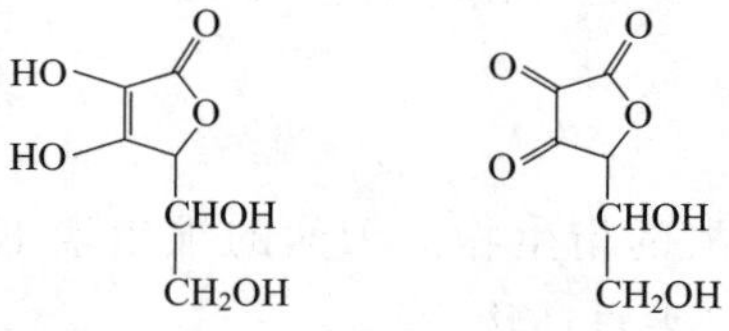

图 1-50　L-抗坏血酸（左）及脱氢抗坏血酸（右）的结构

维生素 C 纯品是一种无色无臭的结晶体，易溶于水，不溶于大多数溶剂，酸性溶液中稳定，不耐热，是最不稳定的维生素，对氧非常敏感。光、Cu^{2+} 和 Fe^{2+} 等加速其氧化；pH、氧浓度和水分活度等也影响其稳定性。此外，含有 Fe 和 Cu 的酶如抗坏血酸氧化酶、多酚氧化酶、过氧化物酶和细胞色素氧化酶对维生素 C 也有破坏作用。水果受到机械损伤、成熟或腐烂时，由于其细胞组织被破坏，导致酶促反应发生，使维生素C降解。某些金属离子螯合物对维生素C有稳定作用；亚硫酸盐对维生素C具有保护作用。

维生素C是形成联结骨骼、牙齿、结缔组织中细胞之间的黏结物质胶原所必需，对维持骨骼、血管、肌肉正常的生理功能以及增强对疾病的抵抗力方面有很大作用；维生素C还具有解毒作用，某些金属离子能与体内含有活性巯基的酶类结合，使酶失活，导致代谢发生障碍而中毒，维生素C可使体内的氧化型谷胱甘肽转变成还原型谷胱甘肽，后者的巯基能与金属离子结合排出体外，因而保护酶的活性巯基，显示出解毒的功能；维生素C具有降低食道癌、胃癌发生的作用，如一些腌、烤、熏制的鱼和肉中，存在亚硝酸盐，在食物烹调过程中会转化为强致癌物质亚硝胺，而维生素C有阻断亚硝胺形成的功能；其还具有较强的还原性，在食品加工中广泛用作抗氧化剂。

2. B族维生素

（1）维生素 B$_1$　维生素 B$_1$ 又名硫胺素，也称抗脚气病维生素。它在糙米、粗面粉中含量较多，动物肝脏、瘦肉中含量次之，精白米、精面粉中维生素 B$_1$ 含量较低，仅为 0.3mg/kg，是粗米面的几十分之一。自然界中，维生素 B$_1$ 常与焦磷酸结合成焦磷酸硫胺素。

商品维生素 B$_1$ 常制成盐酸盐，它溶于水和酒精，在酸性溶液中稳定，碱性溶液及加热条件下易破坏。

维生素 B$_1$ 在人体内碳水化合物的正常代谢中起辅酶的作用。它促进体内糖的转化，释放出能量。如果缺乏，则易引起代谢中间产物（丙酮酸）的累积以及神经细胞中毒，导致虚弱、肌肉组织萎缩、疲倦、食欲不振及软脚等。维生素 B$_1$ 还可以将酒精进行分解而代谢，防止脑细胞损坏。

硫胺素为白色针状粉末或晶体，味苦，是B族维生素中最不稳定的一种。其在中性或碱性条件下易降解；对热和光不敏感；酸性条件下较稳定。食品中其他组分也会影响硫胺素的降解。

食品在加工和贮藏中硫胺素也有不同程度的损失。例如，面包焙烤破坏20%的硫胺素；牛乳巴氏消毒损失3%～20%；高温消毒损失30%～50%；喷雾干燥损失10%；滚筒干燥损失20%～30%。

硫胺素在低 A$_w$ 和室温下贮藏表现良好的稳定性，而在高 A$_w$ 和高温下长期贮藏损失较大（图1-51）。

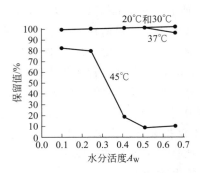

图1-51　水分活度与温度对早餐食品中硫胺素保留情况的影响（8个月）

当 A$_w$ 在 0.1～0.65 及 37℃以下时，硫胺素几乎没有损失；温度上升到45℃且 A$_w$ 高于 0.4 时，硫胺素损失加快，尤其是 A_w 在 0.5～0.65 之间；当 A_w 高于 0.65 时硫胺素的损失又降低。因此，贮藏温度是影响硫胺素稳定性的一个重要因素，温度越高，硫胺素的损失越大。

（2）维生素 B_2　维生素 B_2 又名核黄素。其在蛋、乳、肝、牛肉及叶菜中的幼嫩组织含量丰富。一些调味品和菌藻类食物中维生素 B_2 的含量很高，如香菇等各种食用菌中含量较为丰富。其纯品为橙黄色针状晶体，溶于水及酒精，不溶于油脂，较耐热，不耐碱及光。

维生素 B_2 是生物体内脱氢酶的组成成分，它在细胞中可以催化氧化反应过程，促进糖、脂肪、蛋白质的氧化还原作用。维生素 B_2 还能维持细胞正常生理机能，缺乏时，易引起黏膜组织发炎、嘴角破裂、视觉疲劳及畏光发红。

核黄素在酸性条件下最稳定，中性条件下稳定性降低，在碱性介质中不稳定。因其对热稳定，在食品加工、脱水和烹调中损失不大。酸性条件下，核黄素光解为光色素，碱性或中性下光解生成光黄素。光黄素是一种强氧化剂，对其他维生素尤其是抗坏血酸有破坏作用。核黄素的光氧化与食品中多种光敏氧化反应关系密切。例如，牛乳在日光下存放 2h 后核黄素损失 50％以上；放在透明玻璃器皿中也会产生"日光臭味"，导致营养价值降低，若改用不透明容器存放就可避免这种现象发生。

（3）维生素 B_3　维生素 B_3 又称为泛酸或遍多酸。泛酸为浅黄色黏性油状物，呈酸性，易溶于水，在空气中稳定，但对碱、酸和热均不稳定，对氧化剂和还原剂极其稳定。泛酸最稳定的形态是它的钙盐。食品的加工处理会对泛酸的含量产生较大影响。

泛酸是辅酶 A 的主要组成成分，辅酶 A 是酰基转移酶的辅酶，在糖、脂类及蛋白质代谢中起着载体的作用。由于人体肠道细菌能够合成维生素 B_3，而且它广泛存在于动植物性食品原料中，所以人类很少有缺乏症发生。

维生素 B_3 广泛存在于几乎所有的动植物体内，含量较丰富的是酵母、肝、肾、蛋黄、全面粉面包、牛乳、新鲜蔬菜等。

（4）维生素 B_5　维生素 B_5 又名烟酸，包括尼克酸和尼克酰胺。它们的天然形式均有相同的烟酸活性。因其具有防癞皮病作用，故又称抗癞皮病维生素。它在鱼、肉、谷物种皮、蔬菜等食品中含量较多。

维生素 B_5 纯品为白色结晶，耐热耐光，耐酸耐碱，不易被氧化破坏。动物体内，烟酸可由色氨酸转化而成，玉米含色氨酸较少，且为结合状态，可用 0.6％碳酸氢钠溶液处理，促进色氨酸释出，同时配合食用豆类，可以解决以玉米为主食地区易缺乏维生素 B_5 的问题。

维生素 B_5 是细胞代谢作用所必需的，缺乏则代谢受阻，手脚出现红色斑点，似火伤起泡的皮炎，出水坏死后，皮肤呈现脱屑的粗糙现象，临床表现为皮炎、腹泻和痴呆。

烟酸是最稳定的维生素，烟酸的损失主要与加工中原料的清洗、烫漂和修整等有关。

在人体中色氨酸能转换成烟酸，烟酸又可转化为烟酰胺，因此富含色氨酸的食物也富含烟酸。动物肉类，尤其是肝、肾是维生素 B_5 的良好来源。酵母、啤酒、粗粮、花生、瓜子等含维生素 B_5 都很丰富。牛乳中烟酸含量不多，但色氨酸的含量多。

（5）维生素 B_6　维生素 B_6 是指在性质上紧密相关、具有潜在维生素 B_6 活性的三种天然存在的化合物，包括吡哆醛、吡哆醇和吡哆胺（图 1-52）。而且维生素 B_6 的三种形式在体内可以相互转化，因而具有同样的生物活性。

三种维生素 B_6 都是白色晶体，味酸苦，易溶于水、乙醇和丙酮。这三种化合物都是以磷酸酯的形式广泛存在于动植物中。吡哆醇对热、强酸和强碱都很稳定，在碱性溶液中对光

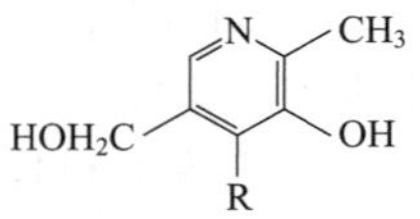

吡哆醛：R＝CHO　　　　　吡哆醇：R＝CH₂OH　　　　　吡哆胺：R＝CH₂NH₂

图 1-52　维生素 B₆ 的化学结构

敏感，尤其是对紫外线更敏感。吡哆醛和吡哆胺在高温时可迅速被破坏。

维生素 B_6 的各种形式对光敏感，光降解可能是由自由基介导的光化学氧化反应，但并不需要氧的直接参与，氧化速度与氧的存在关系不大。维生素 B_6 的非光化学降解速度与 pH、温度和其他食品成分关系密切。在避光和低 pH 下，维生素 B_6 的三种形式均表现良好的稳定性，吡哆醛在 pH 5 时损失最大；吡哆胺在 pH 7 时损失最大。其降解动力学和热力学机制仍需深入研究。

维生素 B_6 在蛋黄、肉、鱼、乳、全谷、白菜和豆类中含量丰富。其中，谷物中主要是吡哆醇，动物产品中主要是吡哆醛和吡哆胺，牛乳中主要是吡哆醛。三种维生素 B_6 的化合物中，以吡哆醇最为稳定，因此可用来强化食品。

在食品加工中维生素 B_6 可发生热降解和光化学降解。吡哆醛可能与蛋白质中的氨基酸反应生成含硫衍生物，导致维生素 B_6 的损失；吡哆醛与赖氨酸的 ε-氨基反应生成 Schiff 碱，降低维生素 B_6 的活性。维生素 B_6 可与自由基反应生成无活性的产物。

维生素 B_6 是机体中很多重要酶系统的辅酶，参与人体蛋白质和脂肪的代谢活动。长期缺乏维生素 B_6 会导致皮肤、中枢神经系统和造血机能的损害，缺乏症为多发性神经病。由于维生素 B_6 广泛地存在于食物中，并且人体肠道细菌能合成一部分供人体所需，所以人体一般不会发生缺乏症。

（6）维生素 B_{11}（叶酸）　维生素 B_{11} 又称叶酸，包括一系列化学结构相似、生物活性相同的化合物，因为在植物的叶子中提取得到，所以称为叶酸。

维生素 B_{11} 为黄色或橙色薄片状或针状结晶，无臭、无味，微溶于水和乙醇，不溶于脂溶剂；在酸性溶液中不耐高热，对光敏感。

叶酸在体内的生物活性形式是四氢叶酸（THFA 或 FH_4），四氢叶酸传递一碳基团使它们在化合物之间进行交换，这些一碳基团包括甲基、羟甲基、甲氧基等。维生素 B_{11} 对核苷酸、氨基酸的代谢具有重要的作用，对正常红细胞的形成有促进作用，具有造血作用；缺乏症为巨球性贫血。人体肠道细菌能合成叶酸，因此一般不易发生缺乏症。

绿色蔬菜和动物肝脏中富含叶酸，乳中含量较低。蔬菜中的叶酸呈结合型，而肝中的叶酸呈游离态。

（7）维生素 B_{12}　维生素 B_{12} 的分子结构比其他维生素的任何一种都要复杂，而且是唯一含有金属元素的维生素，因为含有金属元素钴，所以也称为钴维素或钴胺素。它是人和动物体内制造红细胞的主要催化剂，如缺乏，则难产生红细胞，往往导致恶性贫血。

维生素 B_{12} 为粉红色针状结晶，熔点很高，在 320℃ 时不熔，相当稳定，无臭无味，溶于水和酒精；最稳定的 pH 范围是 4～7，在强酸、强碱下易分解；对光、氧化剂和还原剂敏感，易被破坏。抗坏血酸、亚硫酸盐等可引起维生素 B_{12} 的破坏。铁离子对它有保护作用，但亚铁离子对其有破坏作用。

维生素 B_{12} 参与体内代谢，可增加叶酸的利用率，促进人体中核酸和蛋白质的合成，也可促进红细胞生成、发育和成熟。维生素 B_{12} 参与胆碱合成过程，有预防脂肪肝的作用。缺乏症为巨幼红细胞性贫血症——恶性贫血，表现为机体造血功能下降。

维生素 B_{12} 的主要来源是动物性食品，如动物的内脏等，也存在于肉类、乳、鸡蛋、鱼及发酵食品中，在植物性食品中几乎不存在。一定条件下，人体肠道细菌能合成一些维生素 B_{12}，因此，常吃素的人易发生维生素 B_{12} 缺乏症。

你知道吗？

你知道脚气病和脚气有什么区别吗？

扫二维码可见答案

四、食品加工与贮藏过程中维生素含量的变化

食品中的维生素在加工与贮藏中受各种因素的影响，其损失程度取决于各种维生素的稳定性。一般来讲，水溶性维生素对热的稳定性比较差，遇热易被分解破坏；脂溶性维生素对热比较稳定，但是很容易被氧化破坏，特别是在高温、有紫外线照射的条件下，氧化的速度加快。食品中维生素损失的影响因素主要有食品原料本身如品种和成熟度、加工前预处理、加工方式、贮藏的时间和温度等。

1. 食品原料本身的影响

（1）成熟度 水果和蔬菜中的维生素随着成熟度的变化而变化。所以，选择适当的原料品种和成熟度是果蔬加工中十分重要的问题。例如，番茄在成熟前维生素 C 含量最高，而辣椒成熟期时维生素 C 含量最高。

（2）不同组织部位 植物不同组织部位的维生素含量有一定的差异。一般而言，维生素含量从高到低依次为叶片＞果实、茎＞根；对于水果则表皮维生素含量最高，而核中最低。

（3）采后或宰后的变化 食品中维生素含量的变化是从收获时开始的。动植物食品原料采后或宰后，其体内的变化以分解代谢为主。由于酶的作用使某些维生素的存在形式发生了变化，例如从辅酶状态转变为游离态。脂肪氧合酶和维生素 C 氧化酶的作用直接导致维生素的损失，例如豌豆从收获、运输到加工厂 30min 后维生素 C 含量有所降低；新鲜蔬菜在室温贮存 24h 后维生素 C 的含量下降 1/3 以上。因此，加工时应尽可能选用新鲜原料或将原料及时冷藏处理以减少维生素的损失。

2. 食品加工前预处理

食品加工前的预处理与维生素的损失程度关系很大。水果和蔬菜的去皮、整理常会造成浓集于表皮或老叶中的维生素的大量流失。据报道，苹果皮中维生素 C 的含量比果肉高 3～10 倍；柑橘皮中的维生素 C 比汁液高；莴苣和菠菜外层叶中 B 族维生素和维生素 C 比内层叶中高。水果和蔬菜在清洗时，一般维生素的损失很少，但要注意避免挤压和碰撞；也尽量避免切后清洗造成水溶性维生素的大量流失。对于化学性质较稳定的水溶性维生素如泛酸、烟酸、叶酸、核黄素等，溶水流失是最主要的损失途径。

3. 食品加工过程的影响

（1）碾磨 碾磨是谷物所特有的加工方式。谷物在磨碎后其中的维生素比完整的谷粒中含量有所降低，并且与种子的胚乳和胚、种皮的分离程度有关。因此，粉碎对各种谷物种子中维生素的影响不一样。此外，不同的加工方式对维生素损失的影响也有差异，谷物精制程度越高，维生素损失越严重。

（2）热处理

① 烫漂 烫漂是水果和蔬菜加工中不可缺少的处理方法。通过这种处理可以钝化影响产品品质的酶类、减少微生物污染及除去空气，有利于食品贮存期间保持维生素的稳定。但烫漂往往造成水溶性维生素大量流失，其损失程度与 pH、烫漂的时间和温度、含水量、切口表面积、烫漂类型及成熟度有关。通常，短时间高温烫漂维生素损失较少。烫漂时间越长，维生素损失越大。产品成熟度越高，烫漂时维生素 C 和维生素 B_1 损失越少；食品切分越细，单位重量表面积越大，维生素损失越多。不同烫漂类型对维生素影响的顺序为沸水＞蒸汽＞微波。

② 干燥 脱水干燥是保藏食品的主要方法之一。具体方法有日光干燥、烘房干燥、隧道式干燥、滚筒干燥、喷雾干燥和冷冻干燥等。维生素 C 对热不稳定，干燥损失为 10％～15％，但冷冻干燥对其影响很小。喷雾干燥和滚筒干燥时乳中硫胺素的损失大约为 10％和 15％，而维生素 A 和维生素 D 几乎没有损失。蔬菜烫漂后空气干燥时硫胺素的损失平均为豆类 5％、马铃薯 25％、胡萝卜 29％。

③ 加热 加热是延长食品保藏期最重要的方法之一，也是食品加工中应用最多的方法之一。热加工有利于改善食品的某些感官性状如色、香、味等，提高营养素在体内的消化和吸收，但热处理会造成维生素不同程度的损失。高温加快维生素的降解，pH、金属离子、反应活性物质、溶解氧浓度以及维生素的存在形式影响降解的速度。隔绝氧气、除去某些金属离子可提高维生素 C 的存留率。

为了提高食品的安全性，延长食品的货架期，杀死微生物，食品加工中还常采用灭菌方法。高温短时杀菌不仅能有效杀死有害微生物，而且可以较大程度地减少维生素的损失，罐装食品在杀菌过程中维生素的损失与食品及维生素的种类有关。

（3）冷却或冷冻 热处理后的不同冷却方式对食品中维生素的影响也不同。空气冷却比水冷却维生素的损失少，主要是因为水冷却时会造成大量水溶性维生素的流失。

冷冻通常认为是保持食品感官性状、营养及长期保藏的最好方法。冷冻一般包括预冻结、冻结、冻藏和解冻。预冻结前的蔬菜烫漂会造成水溶性维生素的损失；预冻结期间只要食品原料在冻结前贮存时间不长，维生素的损失就小。冷冻对维生素的影响因食品原料和冷冻方式而异。冻藏期间维生素损失较多，损失量取决于原料、预冻结处理、包装类型、包装材料及贮藏条件等。解冻对维生素的影响主要表现在水溶性维生素方面,动物性食品损失的主要是 B 族维生素。

总之,冷冻对食品中维生素的影响通常较小,但水溶性维生素由于冻前的烫漂或肉类解冻时汁液的流失可损失 10%～14%。

(4) 辐照 辐照是利用原子能射线对食品原料及其制品进行灭菌、杀虫、抑制发芽和延期后熟等以延长食品的保存期,尽量减少食品中营养的损失。

辐照对维生素有一定的影响。水溶性维生素对辐照的敏感性主要取决于它们是处在水溶液中还是食品中或是否受到其他组分的保护等。维生素 C 对辐照很敏感,其损失随辐照剂量的增大而增加,这主要是水辐照后产生自由基破坏的结果。B 族维生素中维生素 B_1 最易受到辐照的破坏。其破坏程度与热加工相当,大约为 63%。辐照对烟酸的破坏较小,经过辐照的面粉烤制面包时烟酸的含量有所增高,这可能是因为面粉经辐照加热后烟酸从结合型转变成游离型造成的。脂溶性维生素对辐照的敏感程度大小依次为维生素 E>维生素 A>维生素 D>维生素 K。

(5) 添加剂 在食品加工中为防止食品腐败变质及提高其感官性状,通常加入一些添加剂,其中有些对维生素有一定的破坏作用。例如,维生素 A、维生素 C 和维生素 E 易被氧化剂破坏。因此,在面粉中使用漂白剂会降低这些维生素的含量或使它们失去活性;SO_2 或亚硫酸盐等还原剂对维生素 C 有保护作用,但因其具亲核性会导致维生素 B_1 的失活;亚硝酸盐常用于肉类的发色与保藏,但它作为氧化剂可引起类胡萝卜素、维生素 B_1 和叶酸的损失;果蔬加工中添加的有机酸可减少维生素 C 和硫胺素的损失;碱性物质会增加维生素 C、硫胺素和叶酸等的损失。

不同维生素间也相互影响。例如,辐照时烟酸对活化水分子的竞争、破坏增大,保护了维生素 C。此外,维生素 C 对维生素 B_2 也有保护作用。食品中添加维生素 C 和维生素 E 可降低胡萝卜素的损失。

4. 贮藏过程

食品在贮藏期间,维生素的损失与贮藏温度关系密切。罐头食品冷藏保存一年后,维生素 B_1 的损失低于室温保存。包装材料对贮存食品维生素的含量有一定的影响。例如透明包装的乳制品在贮藏期间会发生维生素 B_2 和维生素 D 的损失。

绿色蔬菜的维生素 C,在高温条件下贮存 1～2 天,含量减少到 30%～40%,低温条件下贮存时,损失较少。

禾谷类贮藏条件对维生素含量下降的影响依籽粒含水量而有很大差异,含 17% 水分的小麦,贮藏 5 个月,硫胺素损失 30%;而含水量为 12% 的小麦,在同样长的贮藏期中,硫胺素损失只有 12%。高温下贮藏,维生素损失更多。稻谷、花生如带壳保藏,维生素损失不多,特别是在隔绝空气的条件下,硫胺素含量基本无变化。

食物暴露在空气中贮藏,对光敏感的维生素很容易遭到破坏。如牛乳在阳光下曝晒 2h 后,维生素 B_2 的损失可达 50%。

食品中脂类的氧化作用产生的氢过氧化物、过氧化物和环过氧化物会引起胡萝卜素、维生素 E 和维生素 C 等的氧化,也能破坏叶酸、生物素、维生素 B_{12} 和维生素 D 等;过氧化物与活化的羰基反应导致维生素 B_1、维生素 B_6 和泛酸等的破坏；碳水化合物非酶褐变产生的高度活化的羰基对维生素同样有破坏作用。

目前，在食品加工中，为了保存更多的维生素，除了对原料尽可能保鲜低温贮藏之外，就是采用高温短时烹调或杀菌。同时注意对食品进行维生素强化处理，如在面粉中添加硫胺素、核黄素，果汁、果酱中添加维生素 C，肉罐制品中添加维生素等，以保证人们对维生素的需要。

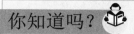

你知道吗？

为什么不提倡生食鸡蛋？

扫二维码可见答案

五、矿物质概述

组成食品成分的元素有许多，其中碳、氢、氧、氮 4 种元素主要以有机化合物和水的形式存在，除此 4 种元素之外，其他的元素成分均称为矿物质或无机盐。由于在食品灰化过程中，有机物成为挥发性的气体逸去，而无机物大部分是不挥发的残渣，因此矿物质也称为灰分。矿物质在机体中无法合成，必须从食物中摄入，摄入量不足可导致疾病，过量地摄入则可能导致中毒。

食品中的矿物质存在形式多样，一种形式为可溶性盐及它们解离产生的离子，如 Na^+、K^+、Cl^-、SO_4^{2-} 等离子组成的盐；另一种形式为难溶或不溶性盐，如多价阳离子与磷酸根、草酸根、碳酸根、植酸根等结合生成的一些盐。矿物质在食品中往往还以螯合物或复合物的形式存在，如与蛋白质、酶等有机成分相结合。

矿物质在食品中的含量较少，但具有重要的营养生理功能，有些对人体具有一定的毒性。因此，研究食品中的矿物质目的在于提供建立合理膳食结构的依据，保证适量有益矿物质，减少有毒矿物质，维持生命体系处于最佳平衡状态。

1. 矿物元素分类

（1）按矿物质对人体的生理作用分类　食品中矿物质按其对人体健康的影响可分为必需元素、非必需元素和有毒元素三类。

必需元素在一切机体的正常组织中都存在，而且含量比较固定，缺乏时能发生组织上和生理上的异常，当补充这种元素后，即可恢复正常或可防止出现异常。例如，缺铁导致贫血；缺硒出现白肌病；缺碘易患甲状腺肿等。目前已经确定的人体必需的微量元素有 14 种，它们是：铁、锌、铜、碘、锰、钼、钴、硒、铬、镍、锡、硅、氟、钒。但必需元素摄入过多也会对人体造成危害，引起中毒。

非必需元素如铝、硼（B）等，又称辅助营养元素。有毒元素通常指能阻碍机体生理功能及正常的代谢的重金属元素如汞、铅、镉等。

（2）按矿物质在人体内的含量分类 食品中的矿物质若按在体内含量的多少可分为常量元素和微量元素两类。常量元素是指其在人体内含量在 0.01％ 以上的元素，如钙、镁、钾、钠、磷、氯、硫等，人体对它们的日需要量在 100mg 以上；含量在 0.01％ 以下的称为微量元素，如铁、碘、硒、锌、锰、铬等。无论是常量元素还是微量元素，在适当的范围内对维持人体正常的代谢与健康具有十分重要的作用。

2. 矿物质在体内的作用

（1）构成人体组织的重要成分 食品中许多矿物质是构成机体必不可少的部分，机体中的矿物质主要存在于骨骼并维持骨骼的刚性，99％ 的钙元素和大量的磷、镁元素就存在于骨骼、牙齿中；此外磷、硫还是蛋白质的组成元素，细胞中则普遍含有钾、钠元素；铁为血红蛋白的重要组成成分。

（2）维持细胞的渗透压及机体的酸碱平衡 作为体内的主要调节物质，矿物质不仅可以调节渗透压，保持渗透压的恒定以维持组织细胞的正常功能和形态，矿物质中钾、钠、氯等正负离子在细胞内外和血浆中分布不同，其与蛋白质、重碳酸盐一起共同维持各种细胞组织的渗透压，使得组织保留一定水分，维持机体水的平衡；而且可以维持体内的酸碱平衡，细胞活动需在近中性环境中进行，氯、硫、磷等酸性离子和钙、镁、钾、钠等碱性离子适当配合，以及重碳酸盐、蛋白质的缓冲作用，使得体内的酸碱度得到调节和平衡。

（3）保持神经肌肉兴奋 钾、钠、钙、镁等离子以一定比例存在时，对维持神经、肌肉组织的兴奋性以及细胞膜的通透性具有重要作用。

（4）构成酶的成分或使酶激活 某些矿物质在体内作为酶的构成成分或激活剂。在这些酶中，特定的金属与酶蛋白分子牢固地结合，使整个酶系具有一定的活性，例如血红蛋白和细胞色素酶系中的铁、谷胱甘肽过氧化物酶中的硒等。

（5）构成某些激素或参与激素的作用 有些矿物质是构成激素或维生素的原料，例如碘是甲状腺素不可缺少的元素、钴是维生素 B_{12} 的组成成分等。

（6）对机体具有特殊功能 大量研究发现，微量矿物元素与有关机体衰老的遗传学说、自由基学说、代谢学说等都有密切关系。例如，锰元素可提高人体内性激素的合成，激活一系列酶，使中枢神经系统保持良好状态，延缓衰老，所以有"抗衰老元素"之称。另外，研究发现，癌症患者体内普遍存在着微量元素平衡的失调。例如，肺癌与锌、硒等元素含量低而铬、镍等元素含量高有关，肝癌与锰、铁、钡等含量低而铜含量高有关。

3. 矿物元素的生物有效性

影响矿物质生物可利用性的关键是它被人体小肠吸收入血的效率，也称为生物有效性。所谓生物有效性，是指食物中的某种营养成分在经过消化吸收之后在人体内的利用率，包括吸收率、转化成活性形式的比例以及在代谢中发挥的功能等。影响矿物质生物有效性的因素很多，主要有食品的可消化性、矿物质的物理形态和化学形式、与其他营养物质的相互作用、螯合作用、加工方法、人体的生理状态等。例如，膳食纤维类物质会影响铁、锌、钙等矿物质的吸收，以可溶性盐或与蛋白质、酶等大分子结合存在的矿物元素较易被吸收。

六、食品中重要的矿物质

1. 乳中的矿物质

乳类食品最常见的是牛乳。牛乳中矿物质含量为 0.70％～0.75％，种类很多。其中含量较高的矿物质有钾、钠、钙、镁、磷、氯、硫等，含铁、铜、锌的量相对较低。牛乳因富含钙常作为人体钙的主要来源，其中的钙易被人体吸收，是各种食品中生物有效性最高的。牛乳乳清中的钙占总钙的 30％且以溶解态存在；剩余的钙大部分与酪蛋白结合，以磷酸钙胶体形式存在；少量的钙与 α-乳清蛋白和 β-乳球蛋白结合而存在。

2. 肉中的矿物质

与其他食品相比，肉类富含多种矿物质，矿物质的总含量一般为 0.8％～1.2％。肉类食品中钠、钾、磷、镁的含量较丰富，铁、铜、锰、锌、钴的含量也较多。肉中的矿物质有的呈溶解状态，有的呈不溶解状态。不溶解的矿物元素与蛋白质结合在一起。钠、钾等可溶性的矿物质主要存在于体液部分，在肉的冻融过程中容易随汁液流失。肉类中的铁、铜、锌等矿物质存在形式以与蛋白质结合为主，所以在加工中不易损失。肉中的铁与血红素结合，铁的化合态影响肌肉的色泽，并且与肉的食用品质有很大的关系。

3. 植物性食品中的矿物质

植物性食品包括谷类、薯类、豆类、蔬菜水果类、食用菌及藻类等。植物性食品中的矿物质分布不均匀，但植物性食品含钾、镁较丰富。植物中富含有机酸，矿物质大多以有机酸盐的形式存在，这是植物性食品中矿物元素的共同特点。

谷类食品中，含磷较丰富，镁和锰的含量也相对较高，但钙的含量不高。矿物质主要集中在麸皮或米糠中，胚乳中含量很低。当谷物精加工时会造成矿物质的大量损失。

薯类，如马铃薯、甘薯、魔芋等，其中马铃薯的营养价值较高。薯类中的矿物元素以钾的含量较高，其他还有铁、钙、磷、镁等。

豆类食品中，矿物元素的含量较为丰富，含有较多的钙，也是钾、磷等矿物质的优质来源，铁、镁、锌、锰、硒等矿物质的含量也很高。大豆中存在植酸，影响了人体对其他矿物质如钙、锌等的吸收，使其中矿物质的生物利用率不如动物性食品，但被吸收的绝对量仍不少。

蔬菜水果中，含有丰富的钙、磷、铁、钾、钠、镁、铜、锰等矿物质，其中钾含量高，钠含量相对较低。由于新鲜果蔬含水量可达 80％～95％，所以矿物质的含量似乎不高，但如果以干物质计，它们的矿物质含量是相当丰富的，所以蔬菜和水果是日常膳食中矿物质的主要来源。蔬菜中的矿物质以钾最高，而水果中的矿物质含量低于蔬菜。蔬菜中雪里蕻、芹菜、油菜等不仅含钙量高，而且易被人体吸收利用；菠菜、苋菜、空心菜等由于含较多的草酸，影响其中钙、铁的吸收。

食用菌是可食用的真菌类，如蘑菇、发菜、羊肚菌、牛肚菌、香菇、平菇、草菇、银耳、黑木耳、金针菇、茯苓、竹荪、灵芝等。食用菌的营养价值和药用价值都很高，从矿物质来说，食用菌含丰富的钙、磷、铁。

海藻是广泛分布于海洋中的植物的总称，主要有绿藻、红藻和褐藻。其中供食用的绿藻为绿紫菜，红藻为紫菜、石花菜，褐藻为海带等。海藻类最主要的营养价值是富含矿物质，其含量可达干物质的 $10\%\sim30\%$。海藻中钠、镁、钙、钾的含量都较高，海藻选择性积蓄海水中的钾、钙，因此是人体重要的钾钙供给源。海藻中的碘是人体必需的微量矿物元素，以海带中含量最多。海藻中的硒、锌含量也较高。

4. 重要矿物元素的功能和生物有效性

（1）钙（Ca） 钙是人体必需的营养素之一。体内 99% 的钙存在于骨骼和牙齿中。钙对血液凝固、维持神经肌肉的兴奋性、神经兴奋与冲动的传递、细胞的黏着、细胞膜功能的维持、酶反应的激活以及某些激素的分泌都起着决定性的影响，钙还能激活补体，对免疫功能有促进作用。

正常情况下，膳食中钙的吸收率为 $20\%\sim30\%$。钙的吸收与利用受很多因素的影响，例如，含草酸或植酸多的食物不利于钙的吸收，膳食中过多的脂肪、蛋白质会降低钙的吸收利用，以及食物中的钙磷比等，都会影响钙元素的生物有效性。各种食物中，乳与乳制品是人体最理想的钙源。此外，豆与豆制品、绿色蔬菜、虾皮、鱼和骨等也是钙的良好来源。

你知道吗？

在果蔬加工中，为了提高组织硬度，往往会加入一些钙盐，你知道是什么原理吗？

扫二维码可见答案

（2）磷（P） 磷也是人体必需的营养素之一。体内 80% 的磷与钙结合存在于骨骼和牙齿中。磷作为核酸、磷脂、辅酶的组成部分，参与碳水化合物和脂肪的吸收与代谢，磷还是构成脑神经组织和脑脊髓的主要成分，对儿童的生长发育特别重要。

磷的吸收率远高于钙，约有 70% 以上可被机体吸收。维生素 D 可促进磷的吸收，当体内缺乏维生素 D 时，血清中的无机磷酸盐含量下降；食物中的铁或铝过多时，会妨碍磷的吸收。植物性食品中含有大量的磷，但大多数以植酸磷的形式存在，难以被人体消化吸收。可通过发酵或浸泡方式将其水解，释放出游离的磷酸盐，从而提高磷的生物利用率。磷主要来源于动物性食品，例如蛋类、瘦肉、干酪及动物肝、肾等。

（3）钠（Na） 钠是人体的必需营养素。钠主要存在于细胞外液中，调节与维持体内水量的恒定，从而维持体液渗透压平衡和酸碱平衡；钠能增强神经肌肉的兴奋性；在肾小管中参与氢离子交换和再吸收；参与细胞的新陈代谢。在食品工业中钠可激活某些酶如淀粉酶，诱发食品中典型咸味，还可降低食品的 A_w，抑制微生物生长，起到防腐的作用，并且可作为膨松剂改善食品的质构。

钠的主要来源是食盐、酱油、酱咸菜类、腌制肉等。人们一般很少出现钠缺乏症，但当钠摄入过多时会引起高血压。

（4）钾（K）　钾也是人体的必需营养素。钾对维持细胞内外渗透压平衡、酸碱平衡起着重要的作用；钾对心肌营养非常重要，钾缺乏或过高均可引起心律失常。另外，钾可降低血压，补钾对高血压及正常血压者有降压作用。钾可作为食盐的替代品及膨松剂。钾的主要食物来源是水果、蔬菜和肉类。人们一般很少出现钾缺乏症。

（5）镁（Mg）　镁虽然是常量元素中体内总含量较少的一种元素，但它具有非常重要的生理功能。镁以磷酸盐、碳酸盐的形式参与构成骨骼和牙齿。镁与钙、磷构成骨盐，与钙在功能上既协同又对抗。当钙不足时镁可部分替代；当镁摄入过多时，又阻止骨骼的正常钙化。镁是细胞内的主要阳离子之一，和 Ca、K、Na 一起与相应的阴离子协同，维持体内的酸碱平衡和神经肌肉的应激性。此外，镁与内分泌调节作用也密切相关。

膳食中的镁来源于粗粮、坚果、豆类和绿色蔬菜，动物性食品含镁较少。一般很少出现镁缺乏症。

（6）铁（Fe）　铁是人体必需的微量元素，也是体内含量最多的微量元素之一。机体内的铁都以结合态存在，没有游离的铁离子存在。铁是血红素的组成成分之一，在骨髓造血细胞中与卟啉结合形成高铁血红素，再与珠蛋白结合形成血红蛋白，以维持正常的造血功能；铁参与形成的血红蛋白、肌红蛋白负责人体内氧气和二氧化碳的运输；铁还参与细胞色素氧化酶、过氧化物酶的合成。

铁的生物有效性受很多因素影响，例如食物的种类、铁的存在状态、膳食因素的影响等。人体对食物中铁的吸收率很低，对人乳中铁的吸收率最高，可达 49%，动物的含血内脏及肌肉中的血红素铁的吸收率也较高，超过 15%，牛乳、鸡蛋及蔬菜中的铁吸收率较低，不超过 10%；不同化学形式的铁，其生物可利用性也不同；动物性食品中，铁的吸收率较高，而植物性食品中铁的吸收率较低。

动物性食品如肝脏、肌肉、蛋黄中富含铁，植物性食品如豆类、菠菜、苋菜等中含铁量稍高，其他含铁较低，且大多数与植酸结合难以被吸收与利用。

（7）锌（Zn）　锌主要分布在肝、肾、肌肉、骨骼和皮肤（包括头发）中。锌是体内多种酶的组成成分或激活剂；参与 DNA、RNA 和蛋白质的代谢，能够影响智力，促进机体生长发育，加速创伤组织愈合；可以提高机体免疫力；与胰岛素、前列腺素、促性腺素等激素的活性有关；与人的视力及暗适应能力也关系密切。

锌的生物有效性受很多因素的影响。钙、植酸盐和食物纤维都能降低锌的吸收；蛋白质中的氨基酸能促进锌的吸收；铁和锌的比为 1∶1 时对锌的吸收影响不大，但铁锌比太高时则影响锌的吸收。

动物性食品中锌的含量较高，肉中锌的含量为 20～60mg/kg，且动物蛋白质分解后产生的氨基酸能促进锌的吸收，吸收率可达 50%。除谷类的胚芽外，植物性食品中锌含量较低，如小麦含 20～30mg/kg，且大多与植酸结合为不溶于水的化合物，不易被吸收与利用。水果和蔬菜中含锌量很低，大约为 2mg/kg。有机锌的生物利用率高于无机锌。

（8）碘（I）　碘是人体必需微量元素之一，在机体内的主要作用是合成甲状腺素。它可以活化体内的酶，调节机体的能量代谢，促进生长发育，参与 RNA 的诱导作用及蛋白质的合成。机体缺碘会发生甲状腺肿，幼儿缺碘会导致呆小病，孕妇缺碘会引起早产、流产、死胎、胎儿先天性畸形等。

植物性食物可提供人体所需碘的 59%，动物性食物可提供人体所需碘的 33%，其余来自饮水。海带及各类海产品是碘的丰富来源。另外，牛肉、动物肝脏、乳制品、鸡蛋等食物中也含有少量碘。一些含碘食品如海带长时间的淋洗和浸泡会导致碘的大量流失。内陆地区常出现缺碘症状，沿海地区很少缺碘。一般可通过营养强化碘的方法预防和治疗碘缺乏症。目前，通常使用强化碘盐即在食盐中添加碘化钾或碘酸钾使每克食盐中碘量达 $70\mu g$。

(9) 铜（Cu）　人体中的铜大多数以结合状态存在，如血浆中 90％的铜与蛋白质结合以铜蓝蛋白的形式存在。铜可促进铁的吸收，加速血红蛋白及卟啉的合成，促使幼稚红细胞成熟并释放，维持正常的造血功能；铜是体内许多酶的组成成分，在生物氧化过程和代谢过程中有重要作用；可维持中枢神经系统的完整性；与毛发的生长和色素的沉着有关；促进体内促甲状腺激素、促黄体激素、促肾上腺皮质激素等激素的释放；影响肾上腺皮质类固醇和儿茶酚胺的合成；还与机体的免疫有关。

铜主要在小肠被吸收，吸收率约为 40％。食物中大量的铁、锌、植酸盐、纤维素和维生素 C 均可干扰铜的吸收和利用，食品中氨基酸有利于铜的吸收。坚果类和动物肝脏等含铜丰富，牛乳、面包中含量较低。

(10) 硒（Se）　硒是 1837 年由瑞典科学家 Berzelius 发现的第一种非金属元素。长期以来，人们一直认为它是有毒物质，直到 1957 年研究发现硒是机体重要的必需微量元素。硒是谷胱甘肽过氧化物酶（GSH-Px）的重要组成成分，具有抗氧化作用，可以保护细胞膜结构的完整性和正常功能的发挥。硒的抗氧化功能是通过 GSH-Px 来实现的。硒能加强维生素 E 的抗氧化作用，维生素 E 主要防止不饱和脂肪酸氧化生成氢过氧化物，而硒可使氢过氧化物迅速分解成醇和水。硒还具有促进免疫球蛋白生成、保护吞噬细胞完整及解毒排毒的功能，并且可以防止糖尿病、白内障、心血管疾病。

硒主要在小肠吸收，人体对食物中硒的吸收良好，吸收率为 50％～100％。硒的生物利用率与硒在食物中的存在形式有关，最活泼的是亚硒酸盐，但它的化学性质最不稳定。许多硒化合物有挥发性，在加工中有损失，例如脱脂奶粉干燥时大约损失 5％的硒。维生素 E、维生素 C、维生素 A 可促进硒的吸收，铜、铁、锌等会降低硒的利用率。

硒的食物来源主要是动物内脏，其次是海产品、淡水鱼、肉类，而蔬菜和水果中含量最低。缺硒的人易患白肌病或大骨节病；硒中毒主要表现为头发变干、变脆、易断裂和脱落，肢端麻木、抽搐，甚至偏瘫，少数病人有神经症状，严重时可致死亡。

七、食品加工与贮藏中矿物质含量的变化

食品中矿物质的损失常常不是由化学反应引起的，而是通过矿物质的流失或与其他物质形成不利于人体吸收利用的化学形态而损失。这主要发生在食品的加工过程中，会受到许多因素影响。

1. 碾磨对食品中矿物质含量的影响

谷物是矿物质的一个重要来源，碾磨是造成谷物中矿物质损失的主要因素，谷物的矿物质主要存在于胚芽和表皮中，因而碾磨时造成矿物质含量的减少，并且碾磨越精细，矿物质的损失就越多，所以经常在谷物食品中添加一些微量元素来补充加工过程中一些矿物质的损失，但不同矿物质的损失率不尽相同。

2. 预处理对食品中矿物质含量的影响

食品加工中的一些预处理对食品中矿物质含量有一定的影响。食品加工中食品原料最初的整理和清洗会直接带来矿物质的大量损失，如水果的去皮、蔬菜的去叶等，还有清洗、泡发等处理因矿物质在水中溶解而大量损失。例如，海带是碘的良好来源，但如果在食用前用大量水长时间浸泡，会造成碘的大量损失。

3. 烹调对食品中矿物质含量的影响

一般情况下，烹调总体上会引起矿物质含量的减少。食品在烫漂或蒸煮等烹调过程中，遇水引起矿物质的流失，其损失多少与矿物质的溶解度有关。

长时间煮沸牛乳会造成钙、镁等矿物质的严重损失，豌豆煮熟后矿物质损失也非常显著。

在家庭烹调中还需注意，一些食品的不合理搭配也可能降低某些矿物质的生物可利用性。比如含钙较多的食品与含草酸较多的食品同煮时，大部分的钙会形成沉淀而不利于人体吸收。

4. 罐藏对食品中矿物质含量的影响

罐头食品中锡含量的增加就与食品罐头镀锡有关。罐头食品中的酸与金属器壁反应，生成氢气和金属盐，则食品中的铁离子和锡离子的浓度明显上升，这类反应严重时还会产生"胀罐"和硫化黑斑。

5. 食品中其他物质的存在对矿物质含量的影响

由于食品中其他物质的存在与矿物质相互作用导致其生物可利用性的下降，也是矿物质损失的重要原因。一些多价阴离子，如草酸根、植酸根等广泛存在于植物性食品中，可与二价金属离子如钙离子等形成难溶性盐，降低了被机体吸收利用的程度。

食品加工中也可能会使某些矿物质含量增加，这主要是由于食品加工中的设备、用水和添加物等都会影响食品中的矿物质。例如，牛乳中镍含量很低，但经过不锈钢设备处理后镍的含量明显上升；食品加工用水如果是硬水，则会提高制品中钙、镁的含量；肉类罐头等肉制品在制作过程中添加磷酸盐以改良产品品质，这同时会引起磷含量的提高。

你知道吗？

日本曾经发生两起严重的水俣病，你知道水俣病是由什么元素污染所引起的吗？

扫二维码可见答案

拓展阅读

矿物质的营养强化

人们由于饮食习惯和居住环境等的不同，往往会出现各种矿物质的摄入不足，导致各种不足症和缺乏症。因此，有针对性地进行矿物质的强化对提高食品的营养价值和保护人体的健康具有十分重要的作用。此外，食品在加工和贮藏过程中往往造成矿物质的损失。因此，通过强化可满足不同人群的需求，方便摄食以及预防和减少矿物质缺乏症。营养强化需要符合一定的要求与规范。对此，我国有关部门专门制定了食品营养强化剂使用标准。

根据营养强化的目的不同，食品中矿物质的强化主要有以下三种形式。

（1）矿物质的恢复　添加矿物质使其在食品中的含量恢复到加工前的水平。

（2）矿物质的强化　添加某种矿物质，使该食品成为该种矿物质的丰富来源。

（3）矿物质的增补　选择性地添加某种矿物质，使其达到规定的营养标准要求。

在食品中经常被强化的矿物质有钙、铁、锌、碘。加碘盐就是矿物质营养强化的典型例子。

食品进行矿物质强化要从营养、卫生、经济效益和实际需要等方面全面考虑：

（1）结合实际，有明确的针对性。必须结合当地的实际，要对当地的食物种类进行全面分析，同时对人们的营养状况做全面细致的调查和研究，尤其要注意地区性矿物质缺乏症，然后科学地选择需要强化的食品、矿物质的种类和数量。

（2）选择生物利用率较高的矿物质。例如，钙强化剂有氯化钙、碳酸钙、磷酸钙、硫酸钙、柠檬酸钙、葡萄糖酸钙和乳酸钙等，其中人体对乳酸钙的生物利用率最高，强化时应尽量避免使用那些难溶解、难吸收的矿物质如植酸钙、草酸钙等。另外，还可使用某些含钙的天然物质如骨粉及蛋壳粉。

（3）应保持矿物质和其他营养素间的平衡。若强化不当会造成食品各营养素间新的不平衡，影响矿物质及其他营养素在体内的吸收与利用。

（4）符合安全卫生和质量标准，同时还要注意使用剂量。一般来说，生理剂量是健康人所需的剂量或用于预防矿物质缺乏症的剂量；药理剂量是指用于治疗缺乏症的剂量，通常是生理剂量的 10 倍；而中毒剂量是可引起不良反应或中毒症状的剂量，通常是生理剂量的 100 倍。

（5）不影响食品原来的品质属性。根据矿物质强化剂的特点，选择被强化的食品与之配合，这样不但不会产生不良反应，而且还可提高食品的感官性状和商品价值。例如，铁盐色黑，当用于酱或酱油强化时，因这些食品本身具有一定的颜色和味道，在合适的强化剂量范围内，可以完全不会使人们产生不愉快的感觉。

（6）经济合理，有利于推广。一般情况下，矿物质的强化需要增加一定的成本，因此，在强化时应注意成本和经济效益，否则不利于推广，达不到应有的目的。

课后练习题

一、填空题

1. 根据维生素的_____性质，可将维生素分为两类，即_____和_____。

2. 维生素 B_{12} 是唯一含_____的维生素。

3. 维生素 B_2 的化学名称是_____。

4. 当人体缺乏维生素 K 时，容易出现_____症状。

5. 食品中所含的矿物质如果从营养的角度出发，可将其分为_____元素、_____元素和_____元素。

6. 常量元素包括_____、_____、_____、_____、_____、_____、_____。

7. 人体内的钙主要存在于_____中，铁主要存在于_____中。

8. 果蔬、豆类食品属于_____食品。

二、选择题

1. 下列有关脂溶性维生素的叙述，正确的是（　　）。

A. 是一类需要量很大的营养素　　　　　　B. 都是构成辅酶的成分

C. 体内不能贮存，余者由尿排出　　　　　D. 过少或过多均可引起疾病

2. 夜盲症是由于缺乏（　　）。

A. 维生素 C　　　　　B. 维生素 E　　　　　C. 维生素 B_2　　　　　D. 维生素 A

3. 缺乏维生素 D，易患（　　）。

A. 神经炎　　　　　B. 夜盲症　　　　　C. 软骨病　　　　　D. 脚气病

4. 以玉米为主食，容易导致缺乏的维生素是（　　）。

A. 维生素 B_1　　　　　B. 维生素 B_2　　　　　C. 维生素 B_5　　　　　D. 维生素 B_6

5. 缺乏维生素 B_{12} 可引起（　　）疾病。

A. 口角炎　　　　　B. 恶性贫血　　　　　C. 坏血病　　　　　D. 脚气病

6. 以下是脂溶性维生素的是（　　）。

A. 生物素　　　　　B. 泛酸　　　　　C. 维生素 A　　　　　D. 叶酸

7. 下列矿物质中属于人体微量元素的是（　　）。

A. 碘　　　　　B. 钙　　　　　C. 镁　　　　　D. 硫

8. 下面（　　）不是有毒微量元素。

A. 铅　　　　　B. 汞　　　　　C. 铬　　　　　D. 镉

三、问答题

1. 如何预防维生素 B_1 的缺乏？

2. 维生素 C 缺乏的主要症状有哪些？

3. 维生素的共性是什么？

4. 引起食品中维生素变化和损失的因素有哪些？

5. 矿物质生物有效性及其影响因素有哪些？

6. 食品加工中如何控制矿物质流失？

四、综合题

蔬菜和水果的罐头制品一直是人们餐桌上的"常客"，其常见的加工工艺流程是先清洗切块，再加热煮熟，最后装罐密封。但很多营养专家指出，蔬菜和水果的罐头制品虽然味美，营养价值却远不及新鲜水果高。

1. 请根据所学知识回答，为什么蔬菜和水果的罐头制品营养价值远不及新鲜水果高？哪些营养物质易被破坏？

2. 请根据所学知识指出，如何提高蔬菜和水果制品的营养价值？

模块二
影响食品品质的其他成分

项目一

食品中的酶

知识目标

1. 了解酶的化学本质、作用特点及分类。
2. 掌握食品中酶促褐变的机理及抑制方法。
3. 了解酶在食品中的应用。

案例引入

日常生活中我们食用一些水果时，如苹果、梨、桃等，要经过去皮，去皮后这些水果表面会变成褐色，我们将这种现象称为"酶促褐变"。这种褐变不仅影响了食用者的食欲，同时也会导致水果的营养价值降低。可见酶促褐变对食品的品质、营养价值等都有重要影响。那么酶促褐变是如何发生的呢？

一、概述

1. 酶的化学本质

酶是由生物活细胞产生的具有专一性生物催化功能的生物大分子，绝大多数是蛋白质，少数是 RNA。20 世纪 30 年代，科学家们相继提取出多种酶的蛋白质结晶，并指出酶是一类具有生物催化作用的蛋白质。至 20 世纪 80 年代，美国科学家切赫和奥尔特曼发现少数 RNA 也具有生物催化作用，人们对酶的本质又有了新的认识。实际上，除少数几种有催化活性的酶为核酸之外，大部分酶都是蛋白质。目前在食品工业中应用的酶大多是蛋白质，可用酶来嫩化肉类，澄清啤酒、果汁、葡萄酒，去除果皮，制备糖类等。下面提及的酶都是专指化学本质为蛋白质的这类酶。

2. 酶的催化特点

酶和一般的催化剂一样，可以催化热力学上允许进行的反应、自身不参与反应、可加快反应速度、不改变化学反应的平衡点、降低反应的活化能。但是酶和一般催化剂比较，又有不同的特点，即酶具有高效的催化性、高度的专一性、反应条件温和性、可调节性等。酶和一般催化剂之间最大的区别是酶具有专一性。

　　酶的专一性即酶只能催化一种化学反应或一类相似的化学反应，酶对底物有严格的选择性。例如，蛋白酶只能催化蛋白质的水解，酯酶只催化酯类的水解，而淀粉酶只能催化淀粉的水解。如用一般催化剂，对作用物的要求就不是那么严格，以上三类物质都可以在酸或碱的催化下水解。根据酶对底物的专一性程度，酶的专一性可分为三种类型：绝对专一性、相对专一性、立体结构专一性。

　　（1）绝对专一性　这类酶具有高度的专一性。它们只催化一种底物，进行一种化学反应，对底物的要求很严格。例如脲酶只能作用于尿素，催化其水解产生氨及二氧化碳，而对尿素的各种衍生物（如尿素的甲基取代物或氯取代物）一般均不起作用；过氧化氢酶只能催化过氧化氢的分解，琥珀酸脱氢酶只能催化琥珀酸脱氢生成延胡索酸；凝血酶只能水解蛋白质分子中精氨酸残基的羧基与甘氨酸残基的氨基所形成的肽键。因此，这些酶对于其所作用的底物都具有高度的专一性。

　　（2）相对专一性　这种酶对底物的要求比绝对专一性略低一些，可作用于结构相似的一类化合物或一种化学键，这种不太严格的专一性称为"相对专一性"。根据专一性程度的不同有两种情况：

　　① 基团专一性　这种酶作用于底物时，对键两端的基团要求的程度不同，对其中一个基团要求严格，对另一个则要求不严格，这种专一性又称为"族专一性"或"基团专一性"。例如 α-D-葡萄糖苷酶不但要求 α-糖苷键，并且要求 α-糖苷键的一端必须有葡萄糖残基，即 α-葡萄糖苷，而对键的另一端 R 基团则要求不严，因此它可催化含有 α-葡萄糖苷的蔗糖或麦芽糖水解，但不能使含有 β-葡萄糖苷的纤维二糖水解。胰蛋白酶能够催化水解碱性氨基酸，如精氨酸或赖氨酸的羧基所形成的肽键，而对此肽键氨基端的氨基酸残基没有要求。

　　② 键专一性　这种酶只要求作用于一定的键，而对键两端的基团并无严格要求，这种专一性是另一种相对专一性，又称为"键专一性"。这类酶对底物结构的要求最低。例如酯酶催化酯键的水解，而对底物中的 R 及 R′基团都没有严格的要求，既能催化水解甘油酯类、简单脂类，也能催化丙酰胆碱、丁酰胆碱或乙酰胆碱等，只是对于不同的脂类，水解速度有所不同。

　　（3）立体结构专一性　有些酶对底物的空间结构具有高度的选择性，这种专一性称为"立体结构专一性"。许多酶只对某种特殊的旋光或立体异构物起催化作用。例如 L-氨基酸氧化酶只能催化 L-氨基酸氧化，而对 D-氨基酸无作用。又如胰蛋白酶只作用于与 L-氨基酸有关的肽键及酯键，而乳酸脱氢酶对 L-乳酸是专一的，谷氨酸脱氢酶对于 L-谷氨酸是专一的，β-葡萄糖氧化酶能将 β-D-葡萄糖转变为葡萄糖酸，而对 α-D-葡萄糖不起作用。

3. 酶的组成

　　绝大部分酶是蛋白质。按其组成的不同，将蛋白质酶类分成单纯蛋白酶和结合蛋白酶两大类。

　　单纯蛋白酶是仅由氨基酸残基构成的酶，不含任何其他物质。大多数水解酶属单纯由蛋白质组成的酶，如脲酶、胃蛋白酶、淀粉酶、木瓜蛋白酶、脂肪酶等。单纯蛋白酶其本身的氨基酸残基即可以形成催化活性中心，并能有效地实施催化功能。

　　结合蛋白酶蛋白质分子中除了由多肽链组成的蛋白质外，还有非蛋白成分，如金属离子、铁卟啉或含 B 族维生素的小分子有机物。比如转氨酶、乳酸脱氢酶、碳酸酐酶、黄素单核苷酸酶及其他氧化还原酶类等均属结合蛋白酶，这些酶除了蛋白质组分外，还含有对热稳定的非蛋白小分子物质。结合酶的蛋白质部分称为酶蛋白，非蛋白质部分统称为辅助因子，两者一起组成全酶。只有全酶才有催化活性，如果两者分开则酶活力消失。辅酶和辅基并没有什么本质上的区别，只是它们与蛋白质部分的结合牢固程度不同而已。通常把那些与酶蛋白结合比较松的、用透析或超滤等方法可以除去的称为辅酶；把那些与酶蛋白结合比较紧的、用透析或超滤等方法不容易除去的称为辅基，如铁卟啉、含 B 族维生素的化合物。辅助因子有两大类，一类是金属离子，且常为辅基，起传递电子的作用，常见的酶的金属离子有 Fe^{2+}、Fe^{3+}、Zn^{2+}、Cu^{2+}、Mn^{2+}、Mg^{2+}、K^+、Na^+ 等，它们或是酶催化活性的组成部分，或是连接底物与酶分子的桥梁，或在稳定蛋白质分子构象方面起作用；另一类是小分子有机化合物，它们是一些化学性质稳定的小分子物质，如 NAD^+、$NADP^+$、FAD、生物素等，主要起传递氢原子、电子或某些化学基团的作用。

生物体内酶的种类很多，但酶的辅助因子种类并不多，常见到几种酶均用某种相同的金属离子作为辅助因子的例子，同样的情况亦见于辅酶与辅基，如 3-磷酸甘油醛脱氢酶和乳酸脱氢酶均以 NAD^+ 作为辅酶。在一个全酶中，酶催化反应的特异性取决于酶蛋白部分，而辅助因子的作用是参与具体的反应过程中氢、电子及一些特殊化学基团的转运。

酶蛋白中只有少数特定的氨基酸残基的侧链基团与酶的催化活性直接相关，这些官能团为酶的必需基团。由这些酶蛋白中的少数必需基团组成的能与底物分子结合，并完成特定催化反应的小空间区域，称为酶的活性中心。而组成活性中心的氨基酸残基的侧链在一级结构上可能相距很远，但在空间结构上相互靠近，形成活性区域。酶的活性中心只是酶分子中的很小部分，酶蛋白的大部分氨基酸残基并不与底物接触。如有人做了水解木瓜蛋白酶的实验，发现将木瓜蛋白酶的 180 个氨基酸残基水解掉 120 个以后，该酶仍保持全部活性。

酶活性中心的基团属于必需基团，必需基团还包括对酶表现活力所必需的基团，如丝氨酸的羟基、半胱氨酸的巯基、组氨酸的咪唑基等，它们起维持酶分子空间构象的作用。有的基团在与底物结合时起结合基团的作用，有的在催化反应中起催化基团的作用。但有的基团既在结合中起作用，又在催化中起作用，所以常将活性部位的功能基团统称为必需基团。必需基团即为直接参与对底物分子结合和催化的基团以及参与维持酶分子构象的基团。研究发现，在酶的活性中心出现频率最高的氨基酸残基有：丝氨酸残基、半胱氨酸残基、组氨酸残基、酪氨酸残基、天冬氨酸残基、谷氨酸残基、赖氨酸残基，它们的极性侧链基团常是酶活性中心的必需基团。

酶催化反应的特异性实际上决定于酶活性中心的结合基团、催化基团及其空间结构。结合基团决定酶分子中与底物结合的部位，决定了酶的专一性。催化基团为催化底物敏感键发生化学变化的基团，决定了酶的催化能力。

4. 酶的命名与分类

酶的命名通常有习惯命名法和系统命名法两种。

（1）习惯命名法 习惯命名常根据两个原则：①酶的作用底物，如淀粉酶；②催化反应的类型，如脱氢酶。也有根据上述两项原则综合命名或加上酶的其他特点，如琥珀酸脱氢酶、碱性磷酸酶等。

习惯命名较简单，使用较久，但缺乏系统性又不甚合理，以致造成某些酶的名称混乱。如：肠激酶和肌激酶，从字面看，很似来源不同而作用相似的两种酶，而实际上它们的作用方式截然不同。

鉴于新发现的酶不断增加，为避免名称的混乱现象，国际生化协会酶学委员会推荐了一套系统的酶命名方案和分类方法，决定每一种酶应有系统名称和习惯名称，同时每一种酶有一个固定编号。

（2）系统命名法　酶的系统命名是以酶所催化的整体反应为基础的。例如一种编号为"3.4.21.4"的胰蛋白酶，第一个数字"3"表示水解酶；第二个数字"4"表示它是蛋白酶，水解肽键；第三个数字"21"表示它是丝氨酸蛋白酶，活性部位上有一重要的丝氨酸残基；第四个数字"4"表示它是这一类型中被指认的第四个酶。

根据国际生化协会酶学委员会规定，每种酶的名称应明确写出底物名称及其催化性质。若酶反应中有两种底物起反应，则这两种底物均需列出，当中用"："分隔开。例如：谷丙转氨酶写成系统名时，应将它的两个底物"L-丙氨酸""α-酮戊二酸"同时列出，它所催化的反应性质为转氨基也需指明，故其名称为"L-丙氨酸：α-酮戊二酸转氨酶"。

由于系统命名一般都很长，使用时不方便，因此叙述时可采用习惯名。

（3）系统分类及编号　国际生化协会酶学委员会根据酶所催化的反应性质的不同，将酶分成以下六大类。

① 氧化还原酶类　指催化底物进行氧化还原反应的酶类，可分为氧化酶和还原酶两类。如乳酸脱氢酶、琥珀酸脱氢酶、过氧化氢酶、醇脱氢酶、多酚氧化酶等。

反应通式为：
$$AH_2 + B \longrightarrow A + BH_2$$

② 转移酶类　指催化底物进行某些基团转移或交换的酶类，如甲基转移酶、转氨酶、乙酰转移酶、转硫酶、激酶和多聚酶等。

反应通式为：
$$A-R + C \longrightarrow A + C-R$$

③ 水解酶类　指催化底物进行水解反应的酶类，如淀粉酶、糖苷酶、脂肪酶、磷酸酶、蛋白酶等。

反应通式为：
$$AB + H_2O \longrightarrow A-H + B-OH$$

④ 裂合酶类　指催化底物通过非水解途径移去一个基团形成双键或其逆反应的酶类，如脱水酶、脱羧酶、碳酸酐酶、醛缩酶、柠檬酸合酶等。许多裂合酶催化逆反应，使两底物间形成新化学键并消除一个底物的双键，柠檬酸合酶便属于此类。

反应通式为：
$$AB \longleftrightarrow A + B$$

⑤ 异构酶类　指催化各种同分异构体、几何异构体或光学异构体间相互转换的酶类。如磷酸丙糖异构酶、消旋酶、葡萄糖异构酶等。

反应通式为：
$$A \longrightarrow B$$

⑥ 合成酶类　指催化两分子底物合成为一分子化合物，同时偶联有 ATP 的磷酸键断裂释能的酶类。例如，谷氨酰胺合成酶、DNA 连接酶、氨基酸：tRNA 连接酶以及依赖生物素的羧化酶等。

反应通式为：
$$A + B + ATP \longrightarrow A-B + ADP + Pi$$

如丙酮酸羧化酶催化的反应为：
$$丙酮酸 + CO_2 + ATP + H_2O \longrightarrow 草酰乙酸 + ADP + Pi$$

按照国际生化协会公布的酶的统一分类原则，在上述六大类基础上，在每一大类酶中又根据底物中被作用的基团或键的特点分为若干亚类；为了更精确地表明底物或反应物的性质，每一个亚类再分为几个亚亚类，均用 1、2、3、4、5、6 编号表示。最后为该酶在这一亚亚类中的排序。每一个酶的编号由 4 个数字组成，数字间用 "." 隔开，数字前加 EC。如

α-淀粉酶的系统命名为 1,4-α-D-葡聚糖-葡聚糖水解酶，国际系统分类编号：EC3.2.1.1。

二、酶活力及影响食品中酶促反应的因素

1. 酶活力

在生物组织中，由于酶蛋白经常与其他各种蛋白质混合存在，使酶的分离纯化非常困难，在测定酶的含量时不能直接用重量或体积等指标来衡量，通常用该酶催化某一特定反应的能力表示，即用酶活力表示。

酶活力又称酶活性，是指酶催化一定化学反应的能力。其大小可以用在一定条件下，酶催化某一化学反应的反应速度来表示。酶催化反应速度愈大，酶活力愈高，反之活力愈低。测定酶活力实际就是测定酶促反应的速度。酶促反应速度可用单位时间内、单位体积中底物的减少量或产物的增加量来表示。一般以测定产物的增量来表示酶促反应速度较为合适。

酶活力单位为酶活性单位的量度。1961 年国际生化协会酶学委员会规定：1 个酶活力单位（IU，又称 U）是指在特定条件（25℃，其他条件为最适条件）下，在 1min 内能转化 1μmol 底物的酶量，或是转化底物中 1μmol 的有关基团的酶量。即 1IU＝1μmol/min。1972 年，IUBMB（当时的国际生物化学协会，现发展为国际生物化学与分子生物学联合会）下属的酶学委员会推荐一个新的单位"催量"Kat 来表示酶活力单位，1Kat 定义为：最适条件下，每秒内催化 1mol 底物转化为产物所需的酶量定为 1Kat。

Kat 和 IU 的换算关系：$1Kat＝6×10^7 IU，1IU＝16.67×10^{-9} Kat$

酶活力单位并不直接表示酶的绝对数量，在实际生产和酶学研究中除了使用酶活力单位来表示酶的活力大小外，还使用酶的比活力作为基本数据。酶的比活力是指每分钟每毫克酶蛋白在 25℃下转化的底物的物质的量（μmol）。比活力是酶纯度的量度。

2. 影响食品中酶促反应的因素

在酶促反应过程中，各种因素会影响酶促反应的速度。研究酶促反应速度以及影响此速度的各种因素的科学，即为酶催化反应动力学，也称酶促反应动力学。影响酶促反应速度的因素有底物浓度、酶浓度、温度、pH、水分活度、抑制剂、激活剂等。

（1）底物浓度对酶促反应速度的影响　所有的酶反应，如果其他条件保持不变，则酶促反应速度决定于底物浓度和酶浓度。如果酶浓度保持不变，当底物浓度增加，反应初速度随之增加，以反应速度对底物浓度作图，可得到如图 2-1 所示的矩形双曲线图。

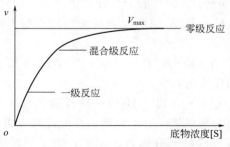

图 2-1　底物浓度对酶促反应速度的影响

由图 2-1 可知，当底物浓度较低时，反应速度与底物浓度的关系呈正比关系，反应表现

为一级反应；随着底物浓度的不断增加，反应速度不再按正比升高，此时反应表现为混合级反应；当底物浓度达到相当高时，底物浓度对反应速度的影响逐渐变小，最后反应速度不再增加，这时反应达到最大反应速度（V_{max}），反应表现为零级反应。

Michaelis-Menten 对此提出中间产物学说假设：当酶催化某一化学反应时，酶（E）首先需要和底物（S）结合生成酶底物中间络合物即中间复合物（ES），然后再生成产物（P），同时释放出酶。该学说可以用下面的化学反应方程式来表示：

$$S+E \Longleftrightarrow ES \longrightarrow P+E$$

根据中间络合物学说很容易解释图 2-1 所示的曲线，在酶浓度恒定这一前提条件下，当底物浓度很小时酶还未被底物所饱和，这时反应速度取决于底物浓度并与之成正比。随着底物浓度不断增大，中间复合物 ES 生成也不断增多，而反应速度取决于 ES 的浓度，故反应速度也随之增高但此时二者不再成正比关系。当底物浓度达到相当高的程度时，溶液中的酶已经全部被底物所饱和，此时溶液中再也没有多余的酶，虽增加底物浓度也不会有更多的中间复合物 ES 生成，因此酶促反应速度变得与底物浓度无关，而且反应达到最大反应速度（V_{max}）。当我们以底物浓度［S］对反应速度 v 作图时，就形成一条双曲线。

根据 Michaelis-Menten 提出的中间产物学说，推导出酶促反应动力学方程式即米氏方程。用米氏方程来表示底物浓度和反应速度之间的关系，其表达式见式(2-1)：

$$v = \frac{V_{max}[S]}{K_m + [S]} \tag{2-1}$$

式中　v——反应速度；

　　　V_{max}——最大反应速度；

　　　［S］——底物浓度；

　　　K_m——米氏常数。

由米氏方程可以说明以下重要关系：

当［S］$\ll K_m$时，则米氏方程变为 $v = V_{max}[S]/K_m$，说明酶促反应的速度与底物浓度成线性关系，表现为一级反应。

当［S］$\gg K_m$时，则米氏方程变为 $v = V_{max}$，说明酶促反应的速度已达到最大，表现为零级反应。酶活力只有在此条件下才能正确测得。

当［S］$= K_m$时，则米氏方程变为 $v = (1/2)V_{max}$，说明酶促反应的速度为最大反应速度的一半，也说明了 K_m 值等于酶促反应速度达到最大反应速度一半时所对应的底物浓度。

米氏常数 K_m 对酶促反应意义重大：

① K_m 值等于酶促反应速度达到最大反应速度一半时所对应的底物浓度；

② K_m 是酶的一个特征性常数，K_m 的大小只与酶本身的性质有关，而与酶浓度无关，不同的酶 K_m 值不同，同一种酶与不同底物反应 K_m 值也不同；

③ K_m 值可反映酶对底物的亲和力，两者呈反比。K_m 值大表示亲和程度小，酶的催化活性低；K_m 值小表示亲和程度大，酶的催化活性高。

（2）酶浓度对酶促反应速度的影响　在一定的温度和 pH 条件下，当底物浓度足够，反应速度与酶的浓度呈正比关系。即 $v = K[E]$，K 为反应速度常数。

但是当底物浓度不足或酶浓度过高、产物积累等会使反应受到抑制，反应速度下降。因此，在实际生产中，酶的用量要根据具体情况确定最佳值。酶的浓度太低，反应过长；酶的浓度太高，既造成浪费又影响产品质量。

（3）温度对酶促反应速度的影响　和绝大多数化学反应一样，酶促反应速度也和温度密切相关。温度对酶促反应速度的影响主要表现在两个方面：①当温度升高时，与一般化学反应一样，反应速度加快，对大多数酶来说，温度每升高 10℃，酶促反应速度约为原反应速度的 2 倍；②由于酶的本质是蛋白质，因此随着温度逐渐升高，酶蛋白会因逐渐变性而失活从而导致酶促反应速度下降。

保持其他条件不变，在不同温度条件下进行酶促反应，然后将所测得的酶促反应速度相对于温度来作图，即可得到如图 2-2 所示的钟罩形曲线。

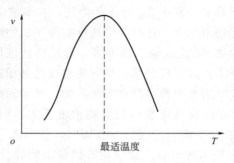

图 2-2　温度对酶促反应速度的影响

从该曲线可以看出，在较低的温度范围内，酶促反应速度随温度升高而增大，但在超过一定温度后，酶促反应速度不见上升反而下降，因此只有在某一温度条件下，酶促反应速度可达到最大值，通常把这个温度称为酶促反应的最适温度。在一定条件下，每种酶都有其催化反应的最适温度。一般来说，动物体内的酶最适温度在 35～40℃，植物体内的酶最适温度在 40～50℃；细菌和真菌体内的酶最适温度差别较大，有的酶最适温度可高达 70℃。但是最适温度不是酶的特征物理常数，它常常受到其他各种因素如底物种类、作用时间、pH 和离子强度等的影响。另外，最适温度随酶促反应进行时间的长短而发生改变，这是因为温度使酶蛋白发生变性效应是随时间而逐步累加的。一般而言，酶促反应进行时间长时酶的最适温度低，酶促反应进行时间短则最适温度高，所以只有在规定的酶促反应时间内才可确定酶的最适温度。酶在固体状态下比在溶液中对温度的耐受力会更高。酶的冰冻干粉制剂通常在冰箱中可存放几个月以上，而酶溶液一般在冰箱（2～8℃）中只能保存数周。所以酶制剂以固体保存为佳。

（4）pH 对酶促反应速度的影响　和绝大多数化学反应一样，酶促反应速度也受到环境 pH 的影响。通常在一定 pH 条件下，酶会表现出最大活力，而一旦高于或低于此 pH，酶活力就会降低，我们把表现出酶最大活力时的 pH 称为该酶的最适 pH。在不同 pH 条件下进行某种酶促反应，然后将所测得的酶促反应速度相对于 pH 来作图，即可得到如图 2-3 所示的钟罩形曲线，大多数酶曲线图为钟罩形。

与酶促反应的最适温度不同的是，各种酶在一定条件下都有其特定的最适 pH，因此最适 pH 是酶的特性之一。但是酶的最适 pH 并不是一个常数，它受诸如底物种类和浓度、缓冲液种类和浓度等众多因素的影响，因此只有在一定条件下最适 pH 才有意义。动物体内的酶最适 pH 大多在 6.5～8.0，但也有例外，如胃蛋白酶的最适 pH 为 1.8、肝中精氨酸酶最适 pH 为 9.7 等，植物体内的酶最适 pH 大多在 4.5～6.5。

pH 对酶活力的影响比较复杂，不但影响酶的稳定性，还影响底物分子的解离状态，总结 pH 对酶活力的影响原因可能包括以下几方面：①过酸或过碱环境会使酶的空间结构遭

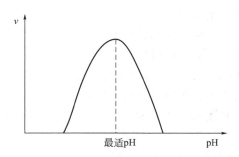

图 2-3　pH 对酶活力的影响

到破坏，引起酶变性从而导致酶构象改变，酶活性随之丧失。②当 pH 改变不是十分剧烈时，酶虽未发生变性，但其活力已经受到影响。这是由于 pH 影响了底物的解离状态或酶分子活性部位上有关基团的解离状态或酶-底物复合物的解离状态，而使底物不能与酶结合形成酶-底物复合物，或者形成酶-底物复合物后不能生成产物，使酶活性降低。③pH 影响了与维持酶分子空间结构有关的基团解离，从而改变酶活性部位的构象，进而降低了酶的活性。

　　酶活力受 pH 的影响比较大，酶除了存在最适 pH，还存在酶的稳定 pH 范围。把在一定条件内，能够使酶分子空间结构保持稳定，酶活性不受损失或损失比较少的 pH 称为酶的稳定 pH 范围。在实际生产中，要按照酶的稳定 pH 范围来控制工艺条件。如测定酶活力时，必须加入适宜的缓冲溶液，以维持稳定的 pH。这一特性可用于食品保藏，如用醋酸腌渍来保藏蔬菜。

　　(5) 水分活度对酶促反应速度的影响　　一般而言，酶促反应需要以水作为反应介质，而且酶蛋白的活性受其水合作用影响，只有酶的水合作用达到一定程度时才显示出活性。因此，水分活度对酶促反应有重要影响。一般地，低水分活度可以抑制酶活性，水分活度升高可增强酶活性。但是，即使在很低水分活度条件下，很多酶活力虽受到抑制但并未停止。例如，在水分活度 0.1～0.3，脂肪氧化酶也具有较强活力；脱水干燥的蔬菜，如果未经热烫使酶变性，易产生因酶反应导致的青草味。

　　(6) 抑制剂对酶促反应速度的影响　　除底物浓度和酶浓度以外，酶促反应速度还常受到抑制剂的影响。凡能使酶的活性下降而不引起酶蛋白变性的物质称做酶的抑制剂，如药物、抗生素、毒物等都是酶的抑制剂。使酶变性失活的因素如强酸、强碱等，不属于抑制剂。根据抑制剂与酶的作用方式及抑制作用是否可逆，可以将抑制剂对酶的抑制作用分为可逆抑制作用和不可逆抑制作用两种。

　　① 不可逆抑制作用　　不可逆抑制作用的抑制剂是以共价键方式与酶的必需基团进行不可逆结合而使酶丧失活性。不能用透析、超滤等物理方法去除抑制剂。不可逆抑制作用分为专一性不可逆抑制和非专一性不可逆抑制。

　　专一性不可逆抑制剂与酶反应中心的活性基团以共价形式结合，引起酶的永久性失活，如有机磷毒剂二异丙基氟磷酸酯。有机磷化合物可使羟基磷酯化，所以它是活性中心有丝氨酸残基的酶的抑制剂。常见的有机磷农药，如敌敌畏、敌百虫，它们杀灭昆虫的机理就在于可抑制乙酰胆碱酯酶的活性，该酶的作用是将神经递质乙酰胆碱水解。若它被抑制，会导致乙酰胆碱的积累，使神经过度兴奋，引起昆虫的神经系统功能失调而中毒致死。

非专一性不可逆抑制剂作用于酶分子中的一类或几类基团，这些基团包含了必需基团，因而引起酶失活。如碘乙酸是一种烷化剂，可使巯基烷化，所以它是巯基酶的抑制剂，可抑制 3-磷酸甘油醛脱氢酶、脲酶、α-淀粉酶等。

② 可逆抑制作用　酶与抑制剂以非共价键可逆结合，当用透析或超滤等方法除去抑制剂后酶的活性可以恢复，这种抑制作用叫可逆抑制作用。

可逆抑制作用可分为三种类型：竞争性抑制作用、非竞争性抑制作用、反竞争性抑制作用。

a. 竞争性抑制　某些抑制剂的化学结构与底物相似，与底物竞争酶的活性中心并与之结合，从而减少了酶与底物的结合，因而降低酶反应速度，这种作用称为竞争性抑制作用。

竞争性抑制中，存在着如下的化学平衡式：

$$E+S \Longleftrightarrow ES \longrightarrow E+P \qquad E+I \Longleftrightarrow EI$$

这种抑制作用比较常见。抑制剂（I）和底物（S）对酶（E）的结合有竞争作用，互相排斥，已结合底物的 ES 复合体不能再结合抑制剂。同样已结合抑制剂的 EI 复合体，不能再结合底物。这类抑制是由于抑制剂在化学结构上与底物相似，能与底物竞争酶分子活性中心的结合基团，减少了底物和酶的结合机会，因此抑制了酶的活性。例如，丙二酸、苹果酸及草酰乙酸皆和琥珀酸的结构相似，是琥珀酸脱氢酶的竞争性抑制剂。

b. 非竞争性抑制　某些抑制剂结合在酶活性中心以外的部位，酶与底物结合后还能与抑制剂结合，同样酶与抑制剂结合后还能与底物结合。但酶分子上有了抑制剂后其催化功能基团的性质发生改变，从而降低了酶活性。这种作用称为非竞争性抑制作用。

在非竞争性抑制中，抑制剂（I）与酶（E）或酶-底物复合物（ES）以及底物（S）与酶-抑制剂复合物（EI）的结合都是可逆的，因此存在着如下的化学平衡式：

$$E+S \Longleftrightarrow ES+I \Longleftrightarrow ESI \qquad E+I \Longleftrightarrow EI+S \Longleftrightarrow ESI$$

底物与抑制剂之间无竞争关系，但酶-底物-抑制剂复合物不能进一步释放出产物，因而降低了酶的活性，使酶促反应速度下降。如赖氨酸是精氨酸酶的竞争性抑制剂，而中性氨基酸（如丙氨酸）则是非竞争性抑制剂。金属络合剂如 EDTA、F^-、CN^- 等可以络合金属酶中的金属离子，从而抑制酶的活性。

c. 反竞争性抑制　某些抑制剂不能与游离的酶结合，而只能在酶与底物结合成复合物后再与酶结合。当酶分子上有了抑制剂后其催化功能被削弱。这种作用称为反竞争性抑制作用。

反竞争性抑制的特点是：酶（E）必须先与底物（S）结合，然后才与抑制剂（I）结合，即抑制剂（I）与酶-底物复合物（ES）的结合是可逆的，因此存在着如下的化学平衡式：

$$E+S \Longleftrightarrow ES \longrightarrow E+P \qquad ES+I \Longleftrightarrow ESI$$

(7) 激活剂对酶促反应速度的影响　与抑制剂相对的是，凡是能提高酶活性的物质都称为激活剂，而激活剂中大部分是无机离子或简单的有机化合物。作为激活剂的金属离子主要包括 K^+、Na^+、Ca^{2+}、Mg^{2+}、Zn^{2+} 及 Fe^{2+} 等，无机阴离子主要包括 Cl^-、Br^-、I^-、CN^-、PO_4^{3-} 等。如 Mg^{2+} 可以作为多种激酶及合成酶的激活剂，Cl^- 可以作为唾液淀粉酶的激活剂。

激活剂对酶的作用具有一定程度的选择性，即一种激活剂只对某种酶起激活作用，而对另一种酶可能不起任何作用或起抑制作用，如对脱羧酶而言有激活作用的 Mg^{2+} 对肌球蛋白三磷酸腺苷酶却有抑制作用。有时各种离子之间有拮抗作用，如被 K^+ 激活的酶会受 Na^+ 的抑制、被 Mg^{2+} 激活的酶会受 Ca^{2+} 的抑制。有时金属离子的作用也可以相互替代，如作为激酶的激活剂的 Mg^{2+} 可被 Mn^{2+} 所代替。除此以外，因浓度不同，同一种激活剂对于同一种酶可起到不同的作用。

除了上面提到的金属离子之外，有些小分子有机化合物也可作为酶的激活剂。例如对木瓜蛋白酶和甘油醛-3-磷酸脱氢酶等含巯基的酶而言，半胱氨酸、还原型谷胱甘肽等还原剂对其有激活作用，它们可使酶中的二硫键还原成巯基从而提高酶活性。因此在分离纯化木瓜蛋白酶和甘油醛-3-磷酸脱氢酶等含巯基的酶的过程中，往往需加半胱氨酸、还原型谷胱甘肽等还原剂，以保护巯基不至于在分离纯化过程中被氧化。

你知道吗？

未经热烫加工的燕麦片，直接包装一段时间后会有苦味，你知道为什么吗？

扫二维码可见答案

三、食品中的酶促褐变

褐变是食品中普遍存在的一种变色现象，对食品的加工、贮藏影响非常大，尤其是新鲜果蔬原料进行加工、贮藏或受损伤后，食品原来的色泽变暗，这些变化都属于褐变。在一些食品加工过程中，适当的褐变是有益的，如酱油、咖啡、红茶、啤酒的生产和面包、糕点的烘烤。而在另一些食品加工中，特别是水果、蔬菜的加工过程，褐变是有害的，它不仅影响风味，而且降低营养价值，因此了解食品褐变的反应机理，寻找控制褐变的途径有着重要的实际意义。

褐变作用按其发生机制可分为酶促褐变及非酶褐变两大类。非酶褐变包括焦糖化反应、美拉德反应、抗坏血酸作用等，会造成食品中氨基酸、蛋白质和抗坏血酸的损失。酶促褐变多发生在水果、蔬菜等新鲜植物性食物中，如苹果、香蕉、梨、马铃薯等。酚类物质的氧化是引起果蔬褐变的主要因素，这些酚类物质一般在果蔬生长发育中合成，但若在采收期间或采收后处理不当而造成机械损伤，或在胁迫环境中也能诱导酚类物质的合成。

1. 酶促褐变机理

酶促褐变是在有氧的条件下，酚酶催化酚类物质形成醌及其聚合物的反应过程。反应机理是植物组织中含有酚类物质，在完整的细胞中作为呼吸传递物质，在酚-醌中保持着动态平衡，当细胞被破坏后，氧就大量侵入，造成醌的形成和其还原反应之间的不平衡，于是发生了醌的积累，醌再进一步氧化聚合，就形成了褐色色素，称为黑色素或类黑精。

催化酶促褐变的酶有酚酶、抗坏血酸脱氢酶、过氧化物酶等。酚酶是发生酶促褐变的主要酶，存在于大多数果蔬中。果蔬中由于酚酶的作用，不仅有损果蔬的感官，还会导致风味和贮藏性下降，特别是在热带鲜果中，酶促褐变导致的经济损失非常大。

酶促褐变的发生需要三个条件：适当的多酚底物、多酚氧化酶、氧。

酚酶属氧化还原酶类中的氧化酶类，能直接催化氧化底物酚类，它的最适 pH 为 5～7，较耐热，在 100℃ 可钝化，其活性可以被有机酸、硫化物、金属离子螯合剂、酚类底物类似物质所抑制。多酚氧化酶在大多数果蔬中存在，如马铃薯、黄瓜、莴苣、梨、番木瓜、葡萄、桃、杧果、苹果、荔枝等，在擦伤、割切、失水、细胞受损伤时，易引起酶促褐变。过氧化物酶在 H_2O_2 存在条件下能迅速氧化多酚物质，可与多酚氧化酶协同作用引起苹果、梨、菠萝等果蔬产品发生褐变。但在某些瓜果中如柠檬、橘子、香瓜、西瓜等由于不含有酚酶，不能发生酶促褐变。

酚酶可以作用的底物有一元酚、二元酚、单宁类、黄酮类化合物。果蔬中的酚酶底物含量最丰富的是邻二酚类及一元酚类。在酶作用下反应最快的是邻二酚类，如儿茶酚类、咖啡酸、原儿茶酸、绿原酸。绿原酸是许多水果特别是苹果、桃发生褐变的主要底物，3,4-二羟基苯乙胺是香蕉褐变的底物。还有一些花青素、鞣质、黄酮类由于具有邻二酚或一元酚结构也可以作为底物。例如，马铃薯切开后在空气中暴露，切面会变为黑褐色，是因为其中含有酚类物质——酪氨酸，在酚酶作用下发生了褐变（见下式）。

$$L-酪氨酸 \xrightarrow{\text{氧气，甲酚酶}} 3,4-二羟基苯丙氨酸 \xrightarrow{\text{氧气，儿茶酚酶}}$$

$$3,4-二醌基苯丙氨酸 \xrightarrow{\text{氧气}} 5,6-二醌基吲哚-2-羧酸 \xrightarrow{\text{聚合作用}} 黑色素$$

氧是果蔬酶促褐变的必要条件。正常情况下，外界的氧气不能直接作用于酚类物质和多酚氧化酶而发生酶促褐变。这是因为酚类物质分布于液泡中，多酚氧化酶则位于质体中，多酚氧化酶与底物不能相互接触。在果蔬贮存、加工过程中，由于外界因素使果蔬的膜系统破坏，打破了酚类与酶类的区域化分布，导致褐变发生。

2. 酶促褐变的控制

酶促褐变在食品加工中对食品感官及营养价值影响非常大，如在苹果、香蕉、梨、马铃薯等果蔬的加工中非常不利。只有在少数食品如红茶、可可、果干等加工时，酶促褐变却是期望的。

在实际生产中，大部分情况下需要控制酶促褐变。如上所述，酶促褐变的发生需要酚酶、氧、适当的酚类物质 3 个条件。而在控制酶促褐变时，主要是从控制酶和氧两方面入手，主要措施有：钝化酶的活性、改变酶作用的条件、隔绝氧气、使用抑制剂等。

常用的控制酶促褐变的方法如下所述。

(1) 加热处理 酶的化学本质是蛋白质，加热能使酶发生变性失活。加热的温度及时间必须严格控制，要求在最短时间内，既能达到钝化酶的要求，又不影响食品原有的风味。不同来源的氧化酶对热的敏感性不同，但 90～95℃ 加热 7s 可使大部分氧化酶失活。加热温度过高、时间过长，虽然会抑制酶促褐变，但也会影响食品品质，如使苹果、梨、桃等变软；而加热不足，则达不到抑制酶的作用，反而会增强酶和底物的接触而促进褐变，如白洋葱、韭葱如果热烫不足，变粉红色的程度比未热烫还要厉害。

热烫和蒸汽处理是目前使用最广泛的方法。如蔬菜在冷冻保藏或在脱水干制之前需要在沸水或蒸汽中进行短时间的热烫处理，以破坏其中的酶，然后用冷水或冷风迅速将果蔬冷却，停止热处理作用，以保持果蔬的脆嫩。同时微波能的应用为热力钝化酶活性提供了新的方法，可使组织内外受热均匀，有利于保持食品的品质，也是抑制酶促褐变的好方法。

（2）酸处理法 酚酶最适宜的 pH 范围是 6～7，随着 pH 的下降，多酚氧化酶的活性直线下降，特别是 pH 在 3.0 以下时，高酸性环境会使酶蛋白上的铜离子解离下来，导致多酚氧化酶逐渐失活，酶活性趋于最低。如苹果的 pH 为 4 时，能发生褐变；pH 为 3.7 时，褐变速度减小；pH 为 2.5 时，褐变完全被抑制。因此，果蔬加工中常采用降低 pH 来抑制褐变，可使用的酸有柠檬酸、苹果酸、抗坏血酸、亚硫酸等。

（3）加酶抑制剂

① 二氧化硫及亚硫酸盐处理法　二氧化硫可抑制酚酶活性，把醌还原为酚，与羰基化合物加成而防止其聚合，兼有漂白、杀菌性能，可阻止黑色素的形成。在食品中，二氧化硫、亚硫酸钠、焦亚硫酸钠、亚硫酸氢钠等都是广泛使用的酚酶抑制剂。例如，在蘑菇、马铃薯、桃、苹果加工中常用二氧化硫及亚硫酸盐溶液作为护色剂。

用二氧化硫和亚硫酸盐处理不仅能抑制褐变，还有一定的防腐作用，并可避免维生素 C 的氧化，但也有很多缺点，如亚硫酸盐可能有致癌作用，可能导致某些消费者出现呕吐、下痢、过敏休克、急性哮喘、失神等不良反应，还可腐蚀铁罐内壁、破坏维生素 B_1、产生不愉快的嗅感和恶臭味，因此在使用时必须注意用量。

② 其他抑制剂处理法　除了二氧化硫及亚硫酸盐以外，曲酸、植酸、钙溶液、谷胱甘肽、半胱氨酸、胱氨酸、蛋氨酸、聚磷酸盐、偏磷酸盐等都可作为酶抑制剂使用。

曲酸的结构与酚类化合物相似，具有络合金属离子的作用，可以络合多酚氧化酶活性必需的铜离子；此外，曲酸还具有去除氧自由基的作用，因而能够干扰多酚氧化酶对氧的吸收；最后，曲酸能将黑色素的底物醌类化合物还原为联醌而防止黑色素的形成。

植酸是从植物原料中提取的无毒的 B 族维生素的一种肌醇六磷酸酯，它具有比较独特的分子结构，尤其是所含的六个磷酸基具有很强的螯合能力，能在很宽的 pH 范围内保持稳定。它可以螯合多酚氧化酶中的铜辅基，并具有很强的抗氧化能力。

（4）驱氧法 将切开的水果、蔬菜浸泡在水中，可隔绝氧以防止酶促褐变，更有效的方法是在水中加入抗坏血酸，使抗坏血酸在自动氧化过程中消耗果蔬切开组织表面的氧，使表面生成一层氧化态抗坏血酸隔离层，对组织中含氧较多的水果如苹果、梨，组织中的氧也会引起缓慢褐变，需要用真空渗入法把糖水或盐水强行渗入组织内部，驱出细胞间隙中的氧。通过沸水烫漂、抽真空、高浓度抗坏血酸溶液浸泡、气调包装设计等均可达到驱除食品内氧气的目的，从而抑制酶促褐变的发生。

（5）加酚酶底物的类似物 加入酚酶底物的类似物，如肉桂酸、阿魏酸、对位香豆酸等能有效抑制苹果汁的酶促褐变，而且这三种有机酸是果蔬中天然存在的芳香有机酸。

因此，在食品加工中，可采用热处理法、酸处理法和与空气隔绝等方法防止食物的褐变。

你知道吗？

酶促褐变易发生在果蔬中，你知道为什么苹果、桃容易褐变，而西瓜不容易发生褐变吗？

扫二维码可见答案

四、酶与食品质量的关系

酶对食品质量的影响是非常重要的。在食品加工及贮藏过程中，由于酶的作用，对食品的色泽、质构、风味和营养等方面均可能产生有利或有害的反应，从而对食品的质量产生影响。

1. 酶对食品色泽的影响

在食品的加工及贮藏过程中，食品会受到各种因素影响而导致本身颜色的变化，其中酶是引起食品颜色变化的一个重要因素。对食品色泽有影响的酶主要是叶绿素酶、多酚氧化酶、脂肪氧化酶等。

叶绿素在果蔬贮藏、加工和货架期间极易褪色或者变色，严重影响了产品质量，叶绿素酶会促进叶绿素的降解。叶绿素酶催化叶绿素结构中的植醇酯键而水解生成脱植叶绿素，是叶绿素降解中的关键酶。

多酚氧化酶是发生酶促褐变的主要催化酶，存在于植物、动物和一些微生物中。它催化两类反应：一类是羟基化，另一类是氧化反应。羟基化可以在多酚氧化酶的作用下形成不稳定的邻苯醌类化合物，然后再进一步通过非酶催化的氧化反应形成黑色素，并导致香蕉、苹果、桃、马铃薯、蘑菇等发生褐变和形成黑斑。然而，多酚氧化酶催化的反应对茶叶、咖啡等的色素形成是有利的。如茶鲜叶中多酚类在多酚氧化酶的作用下氧化成茶黄素，进一步氧化成茶红素，多酚类是无色、有涩味的一类成分，一旦被氧化，涩味减轻。小麦面粉及其制品的色泽变暗变深，也有部分原因是多酚氧化酶引起的。多酚氧化酶催化小麦中的内源酚酸，使其氧化生成不稳定的醌，醌可以和许多混合物发生反应，也可以通过进一步进行自身聚合或者非酶氧化产生黑色素，从而引起小麦制品色泽的褐变，这严重影响了小麦粉及其制品的质量、性状及其感官品质。所以在生产中，避开多酚氧化酶作用的最佳作用条件，可以有效减缓小麦制品的褐变，进而提高其感官品质和营养功效。

脂肪氧化酶催化不饱和脂肪酸产生的氢过氧化物及各次级产物对食品的颜色、风味、质构和营养等方面具有很大的影响。氢过氧化物会破坏食品中的叶绿素和类胡萝卜素，也可利用这一点进行小麦粉和大豆粉的漂白。比如脂肪氧化酶可使豆制品，特别是豆粉、豆浆等产生豆腥味，但是将少量含有脂肪氧化酶活力的大豆粉加入新鲜面粉中，生成的氢过氧化物可以降解色素及促使面筋蛋白质形成二硫键，从而起到漂白面粉和提高焙烤质量的作用。

2. 酶对食品质构的影响

果蔬的质构很大程度受一些碳水化合物的影响，如果胶物质、淀粉、木质素、纤维素和半纤维素。在果蔬中也存在着作用于这些碳水化合物的酶，如果胶酶、纤维素酶、淀粉酶等，通过这些酶的作用就会影响果蔬的质构。而在动物体中也存在使动物肉的质构发生软化的蛋白酶。

果胶酶在食品工业中有多种应用，主要有果汁澄清、提高果蔬汁出汁率、提取生物活性功能成分等。在果汁澄清方面，除了柑橘汁以外，大多数基于饮料使用的水果汁，为了避免在最终产品中出现混浊沉积等现象，一般都要在加工过程中进行澄清处理。在提高果蔬汁的出汁率方面，果蔬的细胞壁中含有大量的果胶质、纤维素、淀粉、木质素等物质，使得破碎后的果浆比较黏稠，压榨出汁非常困难且出汁率很低。果胶酶能催化果胶降解为半乳糖醛酸，破坏了果胶的黏着性及稳定悬浮微粒的特性，有效降低了黏度、改善了压榨性能，提高了出汁率和可溶性固形物含量。利用酶解技术可使果蔬的出汁率提高 $10\%\sim35\%$ 。

在果蔬加工过程中采用纤维素酶适当处理，可使植物组织软化膨松，能提高可消化性和口感。用纤维素酶处理大豆，可促使其脱皮，同时，由于它能破坏胞壁，使包含其中的蛋白质、油脂完全分离，增加其从大豆和豆饼中提取优质水溶性蛋白质和油脂的得率，既降低了成本，缩短了时间，又提高了产品质量。

蛋白酶在食品加工中发挥着重要的作用。在烘烤食品加工中，将蛋白酶作用于面团能改善面包的质量。在肉类和鱼类加工中加入蛋白酶会分解结缔组织中的胶原蛋白，促进肉的嫩化。

3. 酶对食品风味的影响

酶对食品风味和异味成分的形成有很大作用，食品在加工和贮藏过程中可以利用某些酶改变食品的风味。

过氧化物酶在催化过氧化物分解的过程中，同时产生了自由基，它能引起食品许多组分的破坏并对食品风味产生影响。当有不饱和脂肪酸存在时，过氧化物酶能促进不饱和脂肪酸的过氧化物降解，产生挥发性的氧化风味化合物。

脂肪酶可应用于乳脂水解，包括奶酪和奶粉风味的增强、奶酪的熟化、代用奶制品的生产、奶油及冰激凌的酯解改性等。将其作用于乳脂能赋予奶制品独特的风味。脂肪酶释放的短碳链脂肪酸（$C_4\sim C_6$）使产品具有一种独特强烈的奶味。

4. 酶对食品营养的影响

有些酶会降低食品的营养价值，反之有些酶会提高食品的营养价值。比如脂肪氧化酶氧化不饱和脂肪酸，会引起亚油酸、亚麻酸和花生四烯酸这些必需脂肪酸含量降低，同时产生大量的自由基，这些自由基使食品中的类胡萝卜素、生育酚、维生素 C 和叶酸含量减少，破坏蛋白质中的半胱氨酸、酪氨酸、色氨酸和组氨酸残基，引起蛋白质交联。而超氧化物歧化酶（SOD）用在食品中可提高食品的营养强度，植酸酶可对阻碍矿物质吸收的植酸进行水解，可提高磷等无机盐的利用率，同时植酸酶破坏了矿物质和蛋白质的亲和力，也能提高蛋白质的消化率。

五、食品加工中常用的酶

酶技术已广泛应用于食品加工的各个领域，如在淀粉类原料中加入淀粉酶可用于制造葡萄糖、果糖、麦芽糖、糊精和糖浆等；在蛋品中可用葡萄糖氧化酶祛除禽蛋中含有的微量葡萄糖；在肉类加工中加入蛋白酶可以促使肉类嫩化。

1. 糖酶

糖酶主要包括淀粉酶、果胶酶、纤维素酶、转化酶、乳糖酶等，淀粉酶和果胶酶在食品加工中应用较多。

(1) 淀粉酶 淀粉酶是水解淀粉和糖原的酶类总称，它广泛存在于动、植物和微生物中，是生产最早、用途最广的一类酶。根据酶水解方式的不同可分为 α-淀粉酶、β-淀粉酶、葡萄糖淀粉酶等。

① α-淀粉酶 α-淀粉酶存在于动物、植物及微生物中。动物的胰脏、动物的唾液、麦芽、发芽的种子中含量尤其多，在很多微生物如枯草杆菌、黑曲霉、米曲霉、根霉中也都有 α-淀粉酶存在。

α-淀粉酶是一种内切酶，能使淀粉不规则地水解产生还原糖。α-淀粉酶可从淀粉分子内部随机水解 α-1,4-糖苷键，但不能水解 α-1,6-糖苷键，酶作用后可使糊化淀粉的黏度迅速降低，变成液化淀粉，故又称为液化淀粉酶、液化酶、α-1,4-糊精酶。α-淀粉酶以直链淀粉为底物时，反应一般按两阶段进行。首先是将直链淀粉快速地降解，产生低聚糖糊精，此阶段直链淀粉的黏度迅速下降、与碘呈色反应消失。第二阶段的反应比第一阶段慢很多，包括低聚糖缓慢水解生成最终产物葡萄糖和麦芽糖。α-淀粉酶作用于支链淀粉时，由于不能水解 α-1,6-糖苷键，因而终产物是葡萄糖、麦芽糖和一系列含有 α-1,6-糖苷键的极限糊精或异麦芽糖。α-淀粉酶的分子量在 50000 左右，酶分子中含有一个结合得相当牢固的钙离子，这个钙离子不直接参与酶-底物络合物的形成，其功能是保持酶的结构，使酶具有最大的稳定性和最高的活性。所以在提纯 α-淀粉酶时，往往加入钙离子来提高酶的稳定性和促进酶的结晶。α-淀粉酶依来源不同，最适 pH、最适温度不同，一般最适 pH 在 4.5～7.0、最适温度在 55～70℃。

α-淀粉酶的用途很广，主要用于水解淀粉制造饴糖、葡萄糖和糖浆等，以及生产糊精、啤酒、黄酒、酒精、酱油、醋、果汁和味精等，还用于面包的生产以改良面团，具有降低面团黏度、加速发酵进程、增加含糖量、缓和面包老化等作用。此外，α-淀粉酶还在婴幼儿食品中用于谷类原料预处理，还可用于蔬菜加工中。

② β-淀粉酶 β-淀粉酶主要存在于高等植物中，如大麦、小麦、甘薯、大豆等，但也有报道在细菌、牛乳、霉菌中存在。在食品工业中，其应用十分广泛。

β-淀粉酶是一种外切酶，只能水解 α-1,4-糖苷键，与 α-淀粉酶的不同点在于从非还原性末端逐次以麦芽糖为单位切断 α-1,4-葡聚糖链。其作用于直链淀粉那样没有分支的底物能完全分解得到麦芽糖，因为生成的麦芽糖会增大淀粉溶液的甜度，故 β-淀粉酶又称为糖化酶。其作用于支链淀粉或葡聚糖的时候，切断至 α-1,6-键的前面反应就停止了，因此 β-淀粉酶水解淀粉是不完全的，终产物是 β-麦芽糖和分子量比较大的极限糊精。β-淀粉酶分子量一般高于 α-淀粉酶，钙离子会降低 β-淀粉酶的稳定性。β-淀粉酶的最适 pH 为 5～6，pH 为 3 时不受破坏，利用此性质可将 α-淀粉酶、β-淀粉酶分离。β-淀粉酶的热稳定性低于 α-淀粉酶，最适温度在 62～64℃，70℃以上即可失活。

β-淀粉酶主要应用于淀粉糖如饴糖、高麦芽糖的生产。用酶法生产饴糖时，先用 α-淀粉酶液化淀粉，然后再加入 β-淀粉酶，使糊精生成麦芽糖。酶法生产的饴糖中，麦芽糖的含量可达 60%～70%。在糕点生产中，添加 β-淀粉酶可改善糕点馅心风味，还可防止糕点老化。

③ 葡萄糖淀粉酶　葡萄糖淀粉酶学名为 α-1,4-葡萄糖水解酶，主要是由曲霉优良菌种经深层发酵提炼而成。葡萄糖淀粉酶是一种外切酶，不仅能水解 α-1,4-糖苷键，也能水解 α-1,6-糖苷键和 α-1,3-糖苷键，水解最终产物为葡萄糖。

葡萄糖淀粉酶能将淀粉从非还原性末端水解 α-1,4-葡萄糖苷键产生葡萄糖，也能缓慢水解 α-1,6-葡萄糖苷键转化为葡萄糖，同时也能水解糊精、糖原的非还原末端释放 β-D-葡萄糖。由于它无论作用于直链淀粉还是支链淀粉，最终产物均为葡萄糖，因此工业上大量用于生产各种规格的葡萄糖。

葡萄糖淀粉酶的分子量在 69000 左右，最适 pH 为 4～5，最适温度在 50～60℃。在食品工业中其主要用作葡萄糖的生产，还可用于以葡萄糖作发酵培养基的各种抗生素、有机酸、氨基酸、维生素的发酵，也可用于酒精、淀粉糖、味精、柠檬酸、啤酒等工业以及白酒、黄酒生产中。

(2) 果胶酶　果胶酶是指能水解果胶类物质的一类酶的总称。它存在于高等植物和微生物中，与水果、蔬菜的软化有关，它对果汁和果酒有澄清作用。

果胶酶根据作用底物的不同分为果胶酯酶、聚半乳糖醛酸酶和果胶裂解酶 3 种类型。

① 果胶酯酶　果胶酯酶存在于植物及部分微生物种类中，植物中以柑橘类水果和番茄中含量最多，微生物中以霉菌、细菌含量较多。果胶酯酶能把果胶分解为果胶酸和甲醇。

一些阳离子特别是 Na^+、Ca^{2+} 等可提高此酶的活性。当有二价金属离子，如 Ca^{2+} 存在时，果胶酯酶水解果胶物质生成果胶酸，由于 Ca^{2+} 与果胶酸的羧基发生交联，从而提高了食品的质地强度。不同来源的果胶酯酶，最适 pH 不同，一般最适 pH 为 4～8。霉菌果胶酯酶的最适 pH 一般在酸性范围，它的热稳定性较差。细菌果胶酯酶的最适 pH 在碱性范围（7.5～8.0）。

② 聚半乳糖醛酸酶（PG）　聚半乳糖醛酸酶是发现较早、研究较为广泛的一种果胶酶，它水解组成果胶酸的 D-半乳糖醛酸的 α-1,4-糖苷键，也分为外切酶和内切酶两种。PG 内切酶广泛存在于高等植物、霉菌、细菌和一些酵母中，高等植物中也发现有内切酶的存在。聚半乳糖醛酸酶内切酶从分子内部无规则地切断 α-1,4-糖苷键，可使果胶或果胶酸的黏度迅速下降，这类酶在果汁澄清中起主要作用。它的最适 pH 为 4～5。聚半乳糖醛酸酶水解果胶酸，将引起某些食品原料物质的质地变软。

③ 果胶裂解酶　果胶裂解酶（PL）主要存在于霉菌中，在植物中尚无发现。它可催化果胶或果胶酸的半乳糖醛酸残基的 C4～C5 位上的氢进行反式消去作用，使糖苷键断裂，生成含不饱和键的半乳糖醛酸。裂解酶在 C4 位置上断开糖苷键，同时从 C5 处消去一个 H 原子从而产生一个不饱和产物。大多数裂解酶的分子量在 30000～40000kDa，最适温度在 40～50℃，最适 pH 在 7.5～10.0，等电点在 7.0～11.0。

2. 蛋白酶

蛋白酶是催化蛋白质水解的一类酶，是酶学研究中较早也是最深入研究的一种酶。蛋白酶广泛存在于动物内脏、植物的茎叶与果实以及微生物中。人体消化道中存在的胃蛋白酶、胰凝乳蛋白酶、羧肽酶和氨肽酶使人体摄入的蛋白质水解成小分子肽和氨基酸。

蛋白酶种类很多，按其水解多肽的方式，可以将其分为内肽酶和外肽酶两类。内肽酶将蛋白质分子内部切断，形成分子量较小的胨。外肽酶从蛋白质分子的游离氨基或羧基的末端逐个将肽键水解，而游离出氨基酸，前者为氨基肽酶，后者为羧基肽酶。食品工业生产上应用的蛋白酶，主要是内肽酶。蛋白酶按其活性中心的化学性质不同，分为丝氨酸蛋白酶（酶活性中心含有丝氨酸残基）、巯基蛋白酶（酶活性中心含有巯基）、金属蛋白酶（酶活性中心含金属离子）和酸性蛋白酶（酶活性中心含羧基）；按其反应的最适 pH 值，分为酸性蛋白酶、中性蛋白酶和碱性蛋白酶；按其来源又可分为植物蛋白酶、动物蛋白酶和微生物蛋白酶三大类。

(1) 植物蛋白酶 植物蛋白酶种类较多，最主要的是木瓜蛋白酶、无花果蛋白酶和菠萝蛋白酶三种，它们的酶活性部位中含有巯基，属巯基蛋白酶。植物蛋白酶存在于菠萝、木瓜、无花果等植物中，常用于肉的嫩化和啤酒的澄清。

木瓜蛋白酶分子量为 23900，在 pH 为 5 时，有良好的稳定性，如 pH<3 或 pH>11 时酶很快失活，最适 pH 随底物改变而变化。其多被用作肉类嫩化剂。无花果蛋白酶分子量约为 26000，等电点为 9.0，稳定性极大，如常温密闭保藏 1～3 年，其效力仅下降 10%～20%。其水溶液在 100℃下方失活，而粉末在 100℃下则需数小时才会失活，最适作用 pH 为 5.7，最适作用温度 65℃。菠萝蛋白酶又称菠萝酶，分子量为 33000，最适 pH 为 6～8，最适温度为 55℃，等电点为 9.35，可用于啤酒澄清、药用助消化和抗炎消肿等。

目前植物蛋白酶均已被大量应用于食品工业中。

(2) 动物蛋白酶 动物蛋白酶存在于人和哺乳动物的消化道，如胃蛋白酶、胰蛋白酶、胰凝乳蛋白酶、弹性蛋白酶和羧肽酶等。胃黏膜细胞分泌的胃蛋白酶，可将各种水溶性蛋白质分解成多肽；胰腺分泌的胰蛋白酶、胰凝乳蛋白酶、弹性蛋白酶和羧肽酶等内肽酶和外肽酶，可将多肽链水解成寡肽和氨基酸；小肠黏膜能分泌氨肽酶、羧肽酶和二肽酶等，将小分子肽分解成氨基酸。

动物蛋白酶由于来源少，价格昂贵，所以在食品工业中的应用不是很广泛。

(3) 微生物蛋白酶 在细菌、酵母菌、霉菌等微生物中都含有多种微生物蛋白酶，这是生产蛋白酶制剂的重要来源。微生物蛋白酶可应用在肉类的嫩化中，比如在牛肉的嫩化上应用微生物蛋白酶代替价格较贵的木瓜蛋白酶，效果更好。微生物蛋白酶还被运用于啤酒制造以节约麦芽用量，用在酱油的酿制中，既能提高产量，又可改善质量。

3. 脂肪酶

脂肪酶属于水解酶类，能够逐步地将甘油三酯水解成甘油和脂肪酸。脂肪酶存在于含有脂肪的动、植物和微生物（如霉菌、细菌等）组织中，包括磷酸酯酶、固醇酶和羧酸酯酶等，广泛应用于食品、药品、皮革、日用化工等方面。

植物中含脂肪酶较多的是油料作物的种子，如蓖麻籽、油菜籽，当油料种子发芽时，脂肪酶能与其他的酶协同发挥作用，催化分解油脂类物质生成糖类，提供种子生根发芽所必需的养料和能量。动物体内含脂肪酶较多的是高等动物的胰脏和脂肪组织，在肠液中含有少量的脂肪酶，用于补充胰脂肪酶对脂肪消化的不足，在肉食动物的胃液中含有少量的丁酸甘油酯酶，在动物体内，各类脂肪酶控制着消化、吸收、脂肪重建和脂蛋白代谢等过程。细菌、霉菌和一些酵母中的脂肪酶含量更为丰富，由于微生物种类多、繁殖快、易发生遗传变异，具有比动植物更广的作用 pH、温度范围以及底物专一性，适合于工业化大生产和获得高纯度样品，因此微生物脂肪酶是工业用脂肪酶的重要来源。

微生物来源的脂肪酶在食品中的应用广泛。它可用来增强干酪制品的风味，可使食品形成特殊的牛乳风味，可通过甘油单酯和甘油双酯的释放来阻止焙烤食品的变味，可以加速明胶生产中的脱脂过程，加入面粉中能够获得乳化剂对面团的改善效果。此外，在面条加工中，通过此酶的作用，可以使面粉中的天然脂质得到改性，形成脂质、直链淀粉复合物，从而防止直链淀粉在膨胀和煮熟过程中的渗出现象。

你知道吗？

有些含脂食品如果仁、奶油等在贮藏过程中为什么会产生不良风味呢？

扫二维码可见答案

拓展阅读

酶在食品分析中的应用

酶具有催化的高效性、专一性和作用条件温和、可调节性等特点，利用酶的特性，与生物工程结合，可开发新技术应用于食品分析中。

酶在食品分析中的应用可以追溯到 19 世纪中期。当时，曾采用麦芽提取物作为过氧化物酶源，以愈创木酚作为底物或指示剂测定过氧化氢。然而，酶法分析真正的发展应归于它在临床实验中的广泛应用，如 1914 年临床上就开始采用脲酶测定尿中的尿素，1958 年已将转氨酶分析用在诊断肝病和心脏疾病。酶法检测具有准确、快速、特异性和灵敏性强等特点，这使得酶法分析不需要物理分离就能辨别试样中被测组分，尤其适合食品这一复杂体系。目前酶在食品分析中的应用涉及食品组分的酶法测定、食品质量的酶法评价及食品卫生与安全检测等多个方面。在食品中常用的酶法分析技术有：酶联免疫吸附分析（ELISA）、聚合酶链式反应（PCR）、酶生物传感器、酶抑制法等。

一、酶联免疫吸附分析

酶联免疫吸附分析（ELISA）是一种特殊的试剂分析方法，是在免疫酶技术的基础上发展起来的一种新型的免疫测定技术，它将酶促反应的高效率和免疫反应的高度专一性有机地结合起来，可对生物体内各种微量有机物的含量进行测定。由于 ELISA 操作程序的规范化、简单化和检测的高灵敏性，目前在农药残留、兽药残留、重要有机物污染、生物毒素、食品添加剂和人畜共患疾病病原体的快速检测和分析等食品安全性检测领域正逐步推广应用。

二、聚合酶链式反应

聚合酶链式反应（PCR）是以特定的基因片段为模板，利用人工合成的一对寡聚核苷酸为引物，以四种脱氧核苷酸为底物，在 DNA 聚合酶的作用下，通过 DNA 模板的变性，达到基因扩增的目的。PCR 技术在食品、农业、医药、分子生物学等领域应用较为广泛，尤其在食品科学领域的应用更为突出。目前主要应用于食品微生物的检测、转基因食品的检测、食品成分的检测等方面。

三、酶生物传感器

酶生物传感器是将酶作为生物敏感单元，通过各种物理、化学信号转换器捕捉目标物与敏感单元之间的反应所产生的与目标物浓度成比例关系的可测信号，从而实现对目标物定量测定的分析仪器。目前酶生物传感器已广泛应用于食品添加剂、食品中的有毒有害物质（农药残留、兽药残留、致病菌及其产生的毒素、重金属和转基因食品潜在的有害物质等）等的分析中。

四、酶抑制法

酶抑制法是利用酶的功能基团受到某种物质的影响，而导致酶活力降低或丧失作用的现象而进行检测的方法。该物质即为酶抑制剂。酶抑制法主要用于食品中的农药残留检测。

课后练习题

一、填空题

1. 酶根据其组成分为_____和_____。
2. 根据酶蛋白分子的特点可将酶分为三类：_____、_____、_____。
3. 发生酶促褐变的三个条件是_____、_____、_____。
4. 淀粉酶包括_____、_____、_____。
5. 酶的化学本质是具有特定催化活性的生物大分子，绝大多数情况下是_____。
6. 根据酶对底物的专一性程度，酶的专一性可分为三种类型：_____、_____和_____。
7. 酶蛋白中只有少数特定的氨基酸残基的侧链基团与酶的催化活性直接相关，这些官能团为_____。
8. 酶的可逆抑制作用可分为三种类型：_____、_____、_____。

二、选择题

1. 一般情况下，动物来源的酶最适温度在（　　　）。
A. $25\sim30℃$　　　　B. $30\sim35℃$　　　　C. $35\sim40℃$　　　　D. $40\sim45℃$
2. 破损果蔬褐变主要由（　　　）引起。
A. 葡萄糖氧化酶　　　B. 过氧化物酶　　　C. 多酚氧化酶　　　D. 脂肪氧化酶
3. α-淀粉酶水解淀粉、糖原和环状糊精分子内的（　　　）。
A. α-1,6-糖苷键　　B. α-1,4-糖苷键　　C. β-1,6-糖苷键　　D. β-1,4-糖苷键
4. 一般认为与高蛋白植物质地变软直接有关的酶是（　　　）。
A. 蛋白酶　　　　B. 脂肪氧合酶　　　C. 果胶酶　　　　D. 多酚氧化酶
5. 在啤酒工业中添加（　　　）可以防止啤酒老化，保持啤酒风味，显著延长保质期。
A. 葡萄糖氧化酶　　B. 脂肪氧化酶　　C. 丁二醇脱氢酶　　D. 脂肪氧合酶
6. 大豆加工时容易发生不饱和脂肪酸的酶促氧化反应，其挥发性降解产物带有豆腥气，添加（　　　）可以成功地清除豆腥气。
A. 脂肪氧合酶　　　B. 脂肪酶　　　　C. 醛脱氢酶　　　　D. 蛋白酶
7. 有关α-淀粉酶的特性描述，下列哪种说法不正确？（　　　）

A. 它从直链淀粉分子内部水解 α-1,4-糖苷键

B. 它从支链淀粉分子内部水解 α-1,4-糖苷键

C. 它从淀粉分子的非还原性末端水解 α-1,4-糖苷键

D. 它的作用能显著地影响含淀粉食品的黏度

8. 下列酶中适用于果汁澄清的是（　　）。

A. 脂肪酶　　　　　　B. 果胶酶　　　　　　C. 溶菌酶　　　　　　D. 多酚氧化酶

三、问答题

1. 简述底物浓度对酶促反应速度的影响。

2. 简述酶按照催化作用的分类。

3. 简述影响酶促反应速度的因素。

4. 简述食品发生酶促褐变现象的条件及其控制方法。

5. 简述淀粉酶在食品加工中的应用。

四、综合题

果蔬罐藏是使果蔬达到长期保藏的一种加工贮藏技术。一些果蔬罐头的制作流程为：原料选择—清洗—去皮—切块—烫漂—冷却—酸碱处理—漂洗—分选装罐—真空封罐—杀菌冷却—成品。请根据果蔬罐头制作流程分析回答以下问题：

1. 果蔬罐头制作中哪些操作可以抑制果蔬褐变？

2. 试分析除了以上这些方法，还可用哪些方法来抑制果蔬的褐变。

项目二

食品中的色素

💡 **知识目标**

1. 了解天然色素与合成色素的优缺点。
2. 熟悉食品中常见天然色素的化学结构与性质。
3. 掌握食品色素的定义、分类及其在食品加工贮藏中的重要变化。

💡 **案例引入**

　　曾见媒体报道，某些市场上出现的"红心鸭蛋"，宣称是在白洋淀水边散养的鸭子吃了小鱼、小虾后生成的。但当地养鸭户却表示，这种"红心鸭蛋"并不是出自白洋淀，正宗白洋淀的鸭子主要吃玉米饲料，产的鸭蛋蛋黄不是红色，而是呈橘黄色。经过中国检验检疫科学院食品安全研究所检测发现，这些"红心鸭蛋"样品里含有偶氮染料苏丹红Ⅳ号。苏丹红Ⅳ号颜色红艳，是用来做鞋油、油漆等的工业色素，国际癌症研究机构将其列为三类致癌物。可见食品中的色素与食品安全关系重大。

一、概述

　　食品的颜色是食品给人最直接的第一印象，是食品品质的重要体现，是食品感官质量中最重要的属性之一。优质的颜色不仅可以让人产生食欲，同时也会影响人们对其他风味的感觉。

1. 食品色素的定义及发色原理

　　（1）食品色素的定义　食品色素是能够吸收和反射可见光波（$380\sim780nm$）而使食品呈现各种颜色的物质的统称。食品的颜色正是由于食品中含有的色素能够选择性吸收和反射不同波长的可见光，从而产生的视觉效果。

　　（2）色素发色原理　不同物质能吸收不同波长的光。当物质吸收可见光区波段以外的光波时，呈现出无色；当其吸收可见光区波段的光时，就会呈现出一定颜色。人们肉眼所见的颜色，是由物体反射的不同波长可见光组成的综合色。当物体吸收了全部可见光时，呈现黑色；当物体吸收不可见光而反射所有可见光时，呈现无色；当物体只选择性吸收部分可见光时，则其呈现可见光中未被吸收部分的综合色，即被吸收光波组成颜色的互补色。不同波长光颜色与其互补色如表 2-1 所示。

表 2-1　不同波长光的颜色及其互补色

波长/nm	颜色	互补色
400	紫	黄绿
425	蓝青	黄
450	青	橙黄
490	青绿	红
510	绿	紫
530	黄绿	紫
550	黄	蓝青
590	橙黄	青
640	红	青绿
730	紫	绿

（3）色素配色原理　根据红、黄、蓝基本色可以调配其他各种不同颜色，其基本方法原理如图 2-4 所示。拼色时要注意各种色素的稳定性、溶剂差异及剂量控制等。不同色素稳定性不同，如靛蓝较易褪色，但柠檬黄不易褪色，由两者合成的绿色会逐渐转化为黄绿色。同种类色素在不同溶剂中产生的色调、色感也不一样，如在水溶液中颜色偏黄的一定比例的红、黄、蓝混合物，在 50％乙醇中颜色偏红。

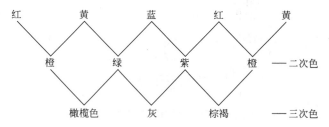

图 2-4　配色原理

2. 食品色素分类

（1）根据来源分类　根据来源，可将食品色素分为两类，即天然色素和人工合成色素。天然色素是从生物体内提取出来的，按来源可分为动物色素（如血红素、虾黄素）、植物色素（如叶绿素、胡萝卜素）、微生物色素（如红曲色素）。人工合成食用色素是指主要以苯、甲苯、萘为原料，经过磺化、硝化、卤化、偶氮化等反应化学合成的食品色素。

（2）根据溶解性分类　根据溶解性，可将食品色素分为三类，即水溶性色素（如高粱红）、醇溶性色素（如醇溶红曲色素）和脂溶性色素（如叶绿素）。

（3）根据化学结构分类　根据化学结构，可将食品中的天然色素分为六类，即卟啉类衍生物（如叶绿素、血红素）、异戊二烯衍生物（如类胡萝卜素）、多酚类衍生物（如花青素、类黄酮、儿茶素）、醌类衍生物（如虫胶红、胭脂虫红、紫草素）、酮类衍生物（如红曲色素、姜黄素）以及其他类色素（如高粱红、甜菜色素、焦糖色素）等。合成色素根据化学结构主要分为偶氮类和非偶氮类。

二、食品中的天然色素

1. 卟啉类衍生物

卟啉类色素都是由 4 个吡咯环连接形成的各种衍生物,主要包含叶绿素、血红素、胆红素、藻蓝色素等。

(1) 叶绿素

① 结构　叶绿素是植物绿色的主要来源,其分子结构是由叶绿酸(二羧酸)的两个羧基分别与叶绿醇、甲醇缩合而成的二醇酯,头部是由四个吡咯环与镁原子形成的络合物,如图 2-5 所示。叶绿素存在于叶绿体中类囊体的片层膜上,有捕获和转换光能的作用。叶绿素主要包含叶绿素 a、叶绿素 b、叶绿素 c、叶绿素 d,高等植物中的叶绿素主要是 a、b 两类,其区别仅在于 3 位碳原子(图 2-5 中的 R)上的取代基不同,取代基是甲基时为叶绿素 a (蓝绿色)、是醛基时为叶绿素 b(黄绿色),二者比例一般为(2~3):1。

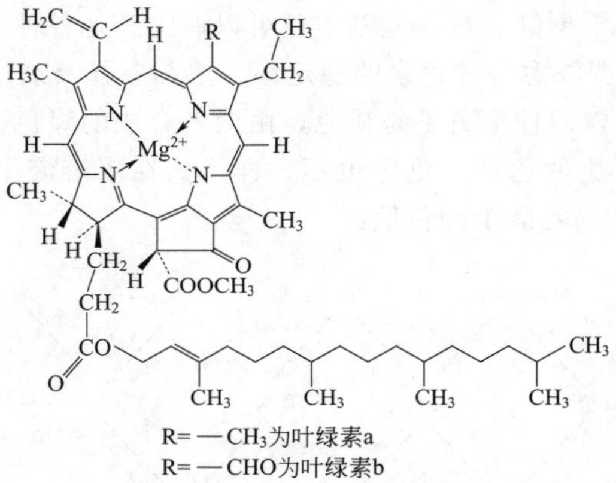

R= ——CH₃为叶绿素a
R= ——CHO为叶绿素b

图 2-5　叶绿素的结构

② 性质　叶绿素不溶于水,而易溶于乙醇、乙醚、丙酮等有机溶剂。在活体植物细胞中,叶绿素与类胡萝卜素、类脂物及脂蛋白结合成复合体,共同存在于叶绿体中。当细胞死亡后,叶绿素就游离出来,游离的叶绿素不稳定,对光、热、酸等敏感,因此,在食品加工、贮藏过程中会发生多种反应,生成不同的衍生物,如图 2-6 所示。

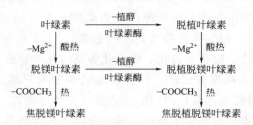

图 2-6　叶绿素的衍生物

③ 叶绿素在食品加工与贮藏中的变化

a. 酶促变化　引起叶绿素分解破坏的酶促变化可分为直接作用和间接作用两类。直接作用指的是叶绿素酶的降解作用,它是目前已知的唯一能使叶绿素降解的酶。

间接作用主要指的是蛋白酶、酯酶、脂氧合酶、过氧化物酶、果胶酯酶等的作用。

b. 热稳定性变化　绿色植物加工中的热烫杀菌是叶绿素损失的主要原因。在加热过程中，叶绿素反应产生两种衍生物，即含镁的叶绿素衍生物和脱镁的叶绿素衍生物。前者呈绿色，后者进一步生成的焦脱镁叶绿素，呈现橄榄绿色或褐色。脱镁叶绿素衍生物在有足够锌离子或铜离子存在时反应可生成绿色配合物，其中叶绿素铜钠盐的色泽最稳定、最鲜亮，是一种理想的天然着色剂。

c. pH 的影响　pH 是影响叶绿素热稳定性的一个重要因素。在碱性条件（pH9.0）下，叶绿素可以发生皂化反应生成叶绿酸盐，并可保持绿色，热稳定性非常好。

但是，在酸性条件（pH3.0）时，不仅易发生镁被氢离子取代的反应，而且还可发生降解反应生成植醇和褐绿色脱镁叶绿酸。

d. 氧化和光解　绿色植物中的叶绿素暴露于空气中会吸收氧发生氧化，反应生成的加氧叶绿素呈蓝绿色。

在活体绿色植物中，由于受到周围类胡萝卜素和脂类的保护作用，叶绿素既可发挥光合作用，又不会发生光分解。但在加工、贮藏过程中，叶绿素经常会受到光和氧气的作用，导致叶绿素最终被光解为一系列小分子物质而褪色。

④ 关于叶绿素的护色

a. 提高 pH　加入适量钙、镁的氢氧化物或氧化物以提高热烫液的 pH，可防止生成脱镁叶绿素，但会破坏植物的质地、风味和维生素 C，因此限制了其应用。

b. 驱氧避光　正确选择包装材料和方法以及适当使用抗氧化剂，以防止光氧化褪色。

c. 降低水分活度　水分活度较低时，氢离子移动性降低抑制了脱镁叶绿素的形成，微生物生长和酶活性都被抑制，因此能更好地保持叶绿素的绿色。

d. 控制温度。

目前，最好的护绿方法是多种技术联用，才能达到较好地稳定叶绿素的效果。

（2）血红素　动物血液和肌肉的红色主要是由于血红素的存在所致。血红素可与蛋白质结合形成血红蛋白和肌红蛋白。由于血红素可与分子氧可逆结合，因此活体动物中的血红蛋白和肌红蛋白发挥着氧气转运和储备的功能。

肌肉中的血红素占其色素总含量的比例在 90% 以上，故肌肉的颜色主要为血红素的颜色。肌肉中的肌红蛋白是由 1 条多肽链结合 1 个血红素分子组成的，分子量约为 17000。而血液中的血红蛋白则由 4 条多肽链结合 4 个血红素分子而组成，分子量约为 68000。因此，血红蛋白分子可粗略看作 4 个肌红蛋白连在一起形成的四聚体，在讨论血红素的结构和性质时主要以肌红蛋白为例加以介绍。

① 结构　如图 2-7 所示，血红素由铁和卟啉环两部分组成，中心铁离子有 6 个配位键，其中 4 个配位键分别与卟啉环的 4 个氮原子配位结合，剩下的 2 个配位键，一个与肌红蛋白或血红蛋白中的组氨酸残基连接，另一个键则可以与任何一种带负电荷的原子结合。

② 性质　血红素中的铁有 Fe^{2+}、Fe^{3+} 两种状态，其中的 Fe^{2+} 与一分子氧以共价键结合，而 Fe^{2+} 不被氧化成 Fe^{3+} 的反应过程称为氧合作用。血红素中的 Fe^{2+} 与氧反应生成 Fe^{3+} 的反应称为氧化作用。血红素的氧合作用和氧化作用是影响新鲜动物肌肉颜色的主要因素，这两种反应在新鲜肉中是一种可逆的动态过程，使鲜肉呈现不同的色泽。

③ 在加工与贮藏中的肉色变化　在加工与贮藏过程中，因血红素受各种因素影响而发生各种化学变化，肌肉中的肌红蛋白可相应转化为多种衍生物，如氧合肌红蛋白、高铁肌红

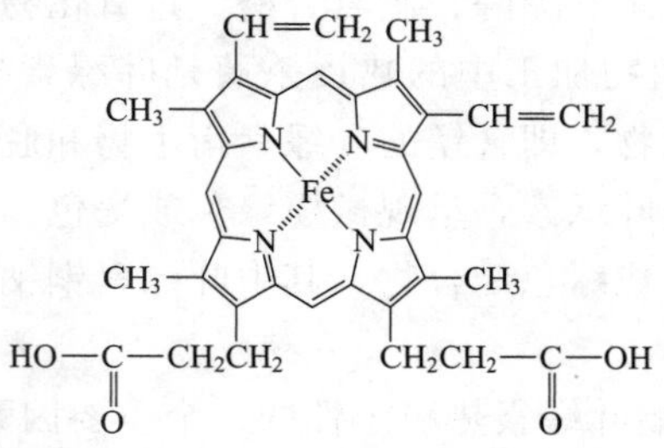

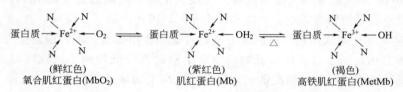

图 2-7　血红素结构

蛋白、氧化氮肌红蛋白、氧化氮高铁肌红蛋白、肌色原、高铁肌色原、硫肌红蛋白和胆绿蛋白等，呈现出多种颜色变化。

　　a. 动物屠宰后及贮藏过程中的主要肉色变化　刚屠宰后的动物肌肉，因没有氧气供应，肌红蛋白中的血红素保持还原状态，使鲜肉呈现紫红色。随着鲜肉与空气的接触，肌红蛋白血红素与氧气发生氧合反应生成鲜红色的氧合肌红蛋白，如肉表面的鲜红色泽。而在中间部分，由于肉中原有的还原性物质存在，肌红蛋白就会保持还原状态，故为深紫色。而随着鲜肉贮藏时间的延长，还原性物质被耗尽，肌红蛋白血红素则与氧气发生氧化反应，生成褐色的高铁肌红蛋白，此时褐色就成为主要色泽。这种反应过程可用图 2-8 来表示。

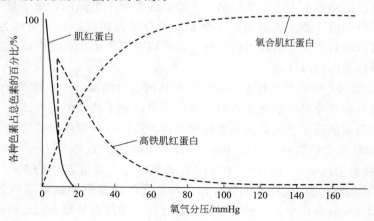

图 2-8　肌红蛋白的相互转化

　　图 2-9 显示，上述这种变化受氧气分压的影响较大，氧气分压低时有利于高铁肌红蛋白的生成，氧气分压高时有利于氧合肌红蛋白的生成。由于肌肉表面刚开始接触空气时，氧气充足，有利于氧合肌红蛋白的生成。而随着贮藏时间的延长，肌肉表面有细菌生长致使氧分压有所降低，此外鲜肉固有的谷胱甘肽等抗氧化物质的减少有利于血红素氧化反应的进行，从而有利于氧化产物高铁肌红蛋白的积累。

图 2-9　氧气分压对肌红蛋白相互转化的影响

1mmHg＝133.322Pa

b. 加热时的肉色变化　鲜肉在加热条件下，温度升高使肌红蛋白的蛋白质部分变性，氧分压降低使 Fe^{2+} 被氧化变成 Fe^{3+}，产生高铁肌色原，使熟肉呈褐色。当肉内有还原性物质存在时，Fe^{3+} 可能被还原成 Fe^{2+}，形成肌色原，呈暗红色。

c. 腌制时的肉色变化　腌制肉类的过程中常产生亚硝酸盐，有时为了发色和抑制微生物生长，也会加入少量硝酸盐或亚硝酸盐。亚硝酸盐可以通过歧化反应或还原物质的还原作用产生 NO。NO 可以与血红素的中心铁离子结合而使肌红蛋白转变为氧化氮肌红蛋白，加热则生成鲜红的氧化氮肌色原，用图 2-10 表示。因此，肉类经腌制后的颜色更加鲜亮诱人，并表现出更大的耐热性和耐氧性。但氧化氮肌红蛋白和氧化氮肌色原见光之后，会重新分解为肌红蛋白和肌色原，进而继续氧化为高铁肌红蛋白和高铁肌色原。这就是腌制肉类见光会褐变的主要原因。

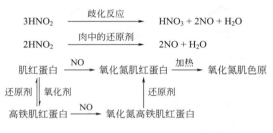

图 2-10　腌肉制品中的发色反应

d. 肉色变绿　肉类偶尔发生变绿现象，一般由两种情况引起。一种情况是鲜肉不合理存放导致微生物的大量繁殖，产生过氧化氢、硫化氢等化合物。过氧化氢可与肌红蛋白的血红素反应生成胆绿蛋白。在氧气或过氧化氢存在下，硫化氢等硫化物可与肌红蛋白反应生成硫肌红蛋白。另一种情况是肌红蛋白在过量亚硝酸盐存在时反应生成亚硝基高铁血红素。胆绿蛋白、硫肌红蛋白和亚硝基高铁血红素均呈现绿色。

④ 肉类的护色

a. 避光保存　光照影响鲜肉颜色。

b. 驱氧或富氧保存　选择真空包装或高氧方法，加入适量维生素 C 和维生素 E 等抗氧化剂。

c. 降低水分活度。

d. 控制微生物生长　微生物生长易导致肉类变绿。

你知道吗？

在肉制品的生产过程中，亚硝酸盐常被用作发色剂、抗氧化剂、防腐剂，但是它也有一些危害。你知道亚硝酸盐可能会对人体造成哪些危害吗？

扫二维码可见答案

2. 异戊二烯类色素——类胡萝卜素

类胡萝卜素广泛分布于自然界，是最为丰富的天然色素之一，常存在于蔬菜和红色、黄色、橙色的水果及可食性根中，有红、黄、橙、紫等多种颜色。

(1) 结构 常见类胡萝卜素的结构如图 2-11 所示。从中可以看出，类胡萝卜素的基本结构是多个异戊二烯结构首尾相连的大共轭多烯，而各种类胡萝卜素的不同主要在于异戊二烯结构两端的环及取代基不同。类胡萝卜素按结构可归为四大类：

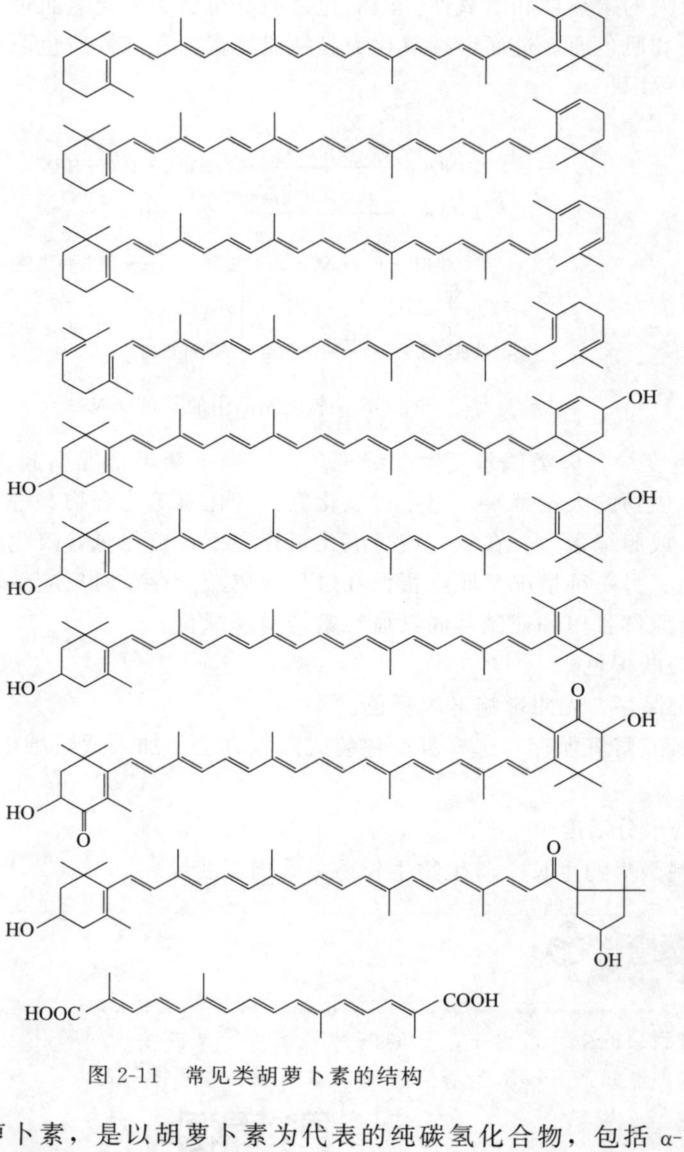

图 2-11　常见类胡萝卜素的结构

第一类是烃类类胡萝卜素，是以胡萝卜素为代表的纯碳氢化合物，包括 α-胡萝卜素、β-胡萝卜素、γ-胡萝卜素及番茄红素。

第二类是醇类胡萝卜素，分子结构两端含有羟基，如叶黄素、玉米黄素。

第三类是酮类胡萝卜素，分子结构两端含有酮基，如辣椒红素、虾黄素等。

第四类是酸类胡萝卜素，分子结构两端含有羧基，如藏红花素等。

（2）性质 类胡萝卜素都是脂溶性色素，具有较好的亲脂性，微溶于水、甲醇和乙醇，易溶于丙酮、氯仿、石油醚。其中有含氧基团的醇类、酮类、酸类胡萝卜素，因含氧基团数目的增加，亲脂性会减弱，在甲醇、乙醇中溶解度加大。

由于类胡萝卜素含有多个异戊二烯结构首尾相连的高度共轭结构（发色基团）及羟基（助色基团）等，因此呈现多种颜色。一般只有分子中含有 7 个以上共轭双键时才会呈现出黄色。除双键数目之外，双键的顺反异构也会影响类胡萝卜素的颜色。反式双键越多，颜色越深。因此，全反式结构的类胡萝卜素颜色最深，随着反式双键的减少，颜色会变浅。自然界的类胡萝卜素一般都是全反式构型，偶有单反式或二反式结构存在。但在酸、热和光作用下，类胡萝卜素易发生顺反异构化，所以颜色常在黄色和红色范围内轻微变动。

类胡萝卜素还具有良好的抗氧化性。目前研究证明，叶黄素、番茄红素、虾青素等是良好的自由基清除剂，具有很强的抗氧化能力。

（3）在食品加工与贮藏中的变化 天然存在的类胡萝卜素大多与蛋白质结合，相对比较稳定，一般的食品加工过程，如冷冻、热烫、调节 pH 等方式，对类胡萝卜素的影响较小。但在脱水、光照、有氧等条件下，类胡萝卜素稳定性较差，易被氧化而褪色。

（4）类胡萝卜素的护色 通过驱氧避光保存，减少氧化、降解；保持适宜的水分活度，减少食品的比表面积，降低氧化分解速度等。

（5）几种重要的天然类胡萝卜素

① 胡萝卜素 胡萝卜素主要包含 α-胡萝卜素、β-胡萝卜素、γ-胡萝卜素，不仅可以着色，而且在人体内可以转化为维生素 A，具有很好的营养价值。

② 番茄红素 番茄红素结晶呈红色，是成熟番茄里的主要色素，也存在于西瓜、桃、柿子等果蔬中。研究发现，番茄红素具有很好的抗氧化、抑制肿瘤等作用。

③ 辣椒红素 辣椒红素是主要存在于红辣椒中的红色色素，具有较好的抗氧化效果。

④ 虾黄素 虾黄素是存在于虾、蟹、牡蛎及某些昆虫体内的一种类胡萝卜素。在活体组织中，虾黄素与蛋白质结合，呈蓝青色，也称虾青素。当久存或煮熟后，蛋白质变性，与色素分离，同时虾黄素发生氧化，变为红色的虾红素。煮熟、晒干的虾蟹呈红色就是虾黄素转化的结果。

3. 多酚类衍生物

（1）花青素 花青素是许多植物的花、果实、茎和叶等的鲜艳色彩的主要来源。目前已知的花青素类有 300 多种，但根据构成不同主要分为 20 种，其中，食物中重要的有 6 种，即天竺葵色素、矢车菊色素（花青素）、飞燕草色素（翠雀素）、芍药色素、3′-甲花翠素和锦葵色素（二甲花翠素）。

① 结构 天然花青素大多都以形成糖苷的形式存在，称花色苷，很少有游离的花青素存在。因此，花色苷主要由两部分组成，即花色苷元和糖。花色苷元是花青素的基本结构，是带有羟基或甲氧基的 2-苯苯并吡喃环的多酚化合物。花色苷元可与一个或多个单糖结合成花色苷，糖基部分可以是葡萄糖、鼠李糖、半乳糖、木糖、阿拉伯糖以及由这些单糖构成的二糖、三糖等。这些糖基有时被有机酸酰化，主要的有机酸包括对香豆酸、咖啡酸、阿魏酸、丙二酸、对羟基苯甲酸等。

② 性质 花青素是一种水溶性色素，它与亲水的糖结合后形成糖苷，即花色苷，水溶性较之前更好。一般花色苷比花青素稳定，且羟基数目增多降低稳定性，而甲基化程度提高

则提高稳定性，花色苷中甲氧基多时稳定性比羟基多时高。

花青素的颜色主要与分子结构有关，如图 2-12 所示，羟基数目增加会使颜色向紫蓝方向增强，而甲氧基数目增加会使颜色向红色方向加强。

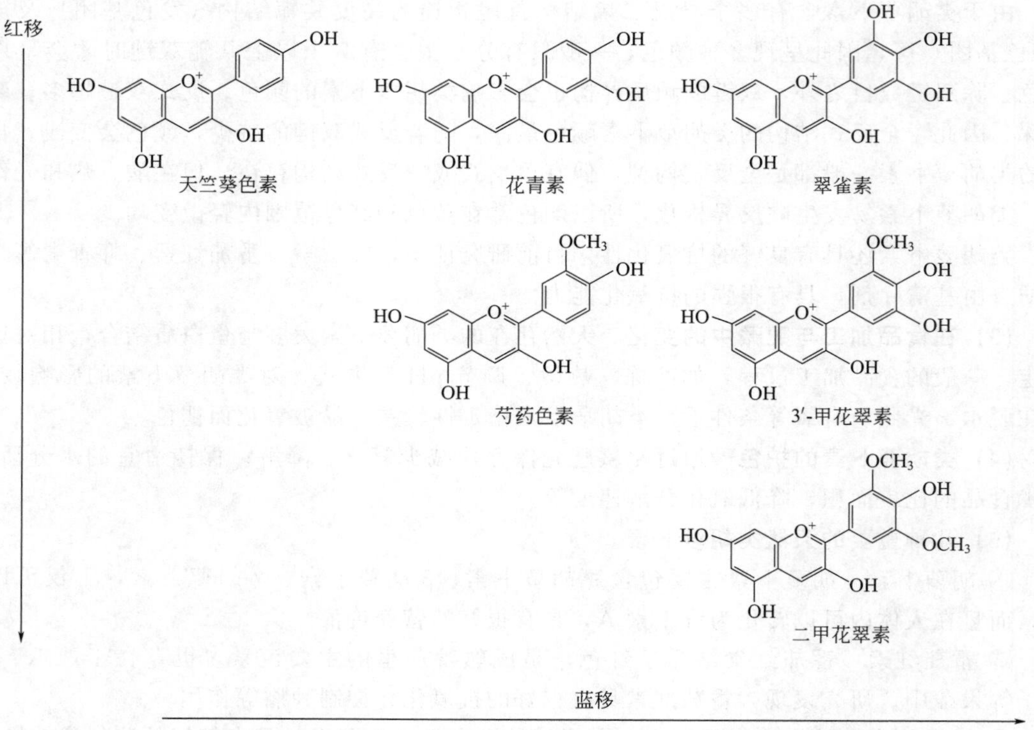

图 2-12　食品中常见花青素及取代基对其颜色的影响

③ 在食品加工与贮藏中的变化　因为花青素含有化学性质非常活泼的四价氧原子（吡喃环），所以花青素和花色苷的化学性质不稳定，在食品加工和贮藏中经常受到 pH、温度、光照、氧、氧化剂、金属离子、酶等因素影响而变色。

a. pH 对花青素的影响　在花色苷分子中，因其吡喃环上的四价氧原子表现出一定的碱性性质，而其所含酚羟基则表现出酸性性质。因此，在不同 pH 条件下，花色苷可能出现 4 种结构形式，即醌式、花样式、拟碱式、查尔酮式。蓝色的醌式碱可质子化生成红色的花样式结构，然后水解为无色的甲醇假碱（与无色查尔酮处于平衡状态）。以矢车菊色素为例，其在酸性中呈红色，在 pH 为 8~10 时呈蓝色，而在 pH＞11 时形成无色查尔酮。

b. 温度和光照对花青素的影响　高温对花色苷稳定性的影响较大，有利于生成无色的查尔酮，即有利于花色苷的降解褪色。总体而言，含甲氧基或含糖苷基多的花色苷比含羟基多的花色苷的热稳定性好。

虽然光照有利于活体植物形成花色苷，但是采摘过的果蔬在贮藏过程中受到光照之后会加速花色苷降解。

c. 氧化作用对花青素的影响　目前研究证实，若久置空气中，天然花色苷与氧气接触，或加入过氧化氢等氧化剂，易发生氧化反应，导致降解褪色。而抗坏血酸在被氧化时可产生 H_2O_2，也易诱导花色苷降解，进而进一步降解或聚合，在果汁中产生褐色沉淀。

d. 加成与缩合反应对花青素的影响　如图 2-13 所示，花青素可与食品中常见的亚硫酸

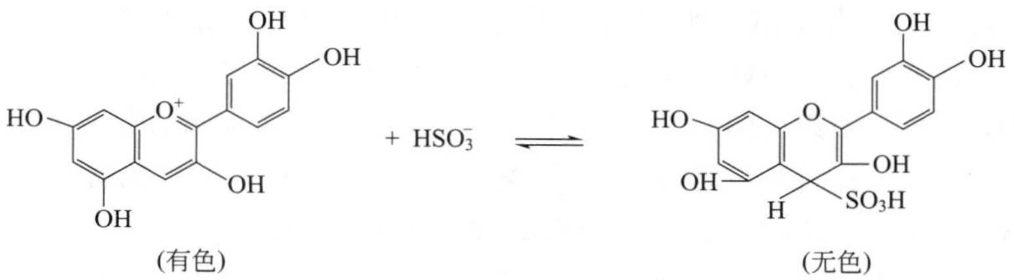

图 2-13　花青素与亚硫酸盐形成复合物

盐或二氧化硫发生加成反应，生成无色的化合物。

此外，花青素还可与抗坏血酸、氨基酸、糖衍生物等发生缩合反应，生成无色物质导致褪色。

e. 金属元素对花青素的影响　花色苷的相邻羟基可以与多价金属离子螯合，形成稳定的螯合物。研究表明，Al^{3+} 与花色苷形成的螯合物在一定范围内可增高其色价；Fe^{3+} 与花青素形成的夹心结构螯合物，会破坏其原有色泽从而转变为浓茶色。因此，为避免颜色改变，在含花色苷的果蔬加工、贮藏时尽量不能接触金属制品。

f. 糖及糖的降解产物对花青素的影响　在高浓度糖存在时，水分活度降低，花色苷生成拟碱式结构的速度减慢，故花色苷的颜色较稳定。在糖浓度较低的果汁等食品中，花色苷的降解加速，易生成褐色物质。一般果糖、阿拉伯糖、乳糖和山梨糖的这种作用比葡萄糖、蔗糖和麦芽糖更强。

g. 酶促变化　糖苷水解酶能将花色苷水解为稳定性差的花青素，加速花青素的降解。多酚氧化酶催化小分子酚类氧化，产生的中间产物邻醌能使花色苷转化为氧化花色苷及降解产物，导致褪色。

④ 花青素的护色

a. 避光驱氧贮藏，如真空包装、充入惰性气体等。

b. 短时热烫，使酶失去活性。

c. 加入亚硫酸盐。

（2）类黄酮　类黄酮色素是广泛分布于植物花、叶等组织中的一类水溶性色素，常为浅黄或无色，少数为橙黄色。关于植物性食品的黄色，类黄酮是除了类胡萝卜素之外的另一个重要来源。

① 结构　如图 2-14 所示为类黄酮色素的母核，其显著特征是含有 2-苯基苯并吡喃酮。

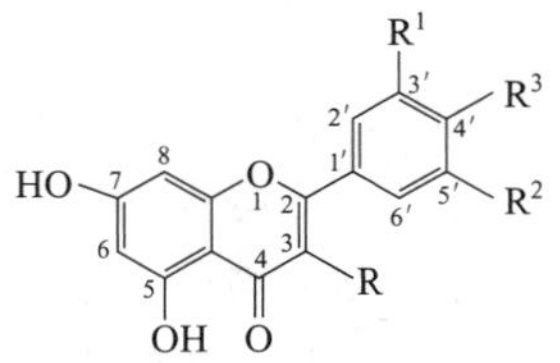

图 2-14　类黄酮色素母核的结构

类黄酮母核上发生取代反应的位置以及取代基种类和数量不同，即形成了不同的类黄酮色素。类黄酮大多也以糖苷的形式存在，连接的糖基主要有葡萄糖、半乳糖、鼠李糖、木糖等。

根据化学结构特点，类黄酮目前主要分为五类：第一类，黄酮、黄酮醇，如黄芩素、黄芩苷；第二类，黄烷酮类，如槲皮素、橙皮素；第三类，异黄酮类、异黄烷酮类；第四类，查尔酮类，如甘草查尔酮；第五类，橙酮类。

② 性质　类黄酮一般难溶于水而易溶于有机溶剂，但自然界天然类黄酮大多以形成糖苷的形式存在，便增加了水溶性，糖键越长，水溶性越好，羟基越多，水溶性也越好。类黄酮的颜色受羟基的位置和数目的影响，可形成深黄、灰黄等各种各样的黄色。类黄酮羟基显酸性，可与碱反应，具有酸的一些通性。如碱性条件下，类黄酮易形成黄色的查尔酮型结构，而酸性条件下易发生其逆反应，从而恢复到原来的结构和颜色。

③ 生理功能　类黄酮几乎都有如下几个重要功能：a. 抗氧化、抗衰老，如大多数类黄酮都有清除自由基的能力；b. 预防心脑血管疾病，如有些可以治疗冠心病，有些可以抗心律失常等；c. 抗病毒作用，如槲皮素；d. 抑制肿瘤作用，如槲皮素可诱导肿瘤细胞凋亡；e. 抗炎作用，如芦丁等。

④ 在食品加工与贮藏中的变化　在食品加工过程中，pH、金属离子和氧等因素会影响类黄酮的稳定性。

pH 增大时，原本无色的黄烷酮或黄酮醇之类的类黄酮可转变为有色物。例如，马铃薯、小麦粉、芦笋、荸荠等在碱性水中烫煮变黄的现象，其主要变化就是黄烷酮类转化为有色的查尔酮类。

多价金属离子可与类黄酮形成各种颜色的络合物，例如，与 Al^{3+} 络合后会增强黄色，但与铁离子络合后可呈蓝、蓝黑、紫、棕等不同颜色（与其分子中的羟基有关）。此外，若黄酮类色素久置于空气中，则易发生氧化而成为褐色沉淀，如鲜榨果汁久置后褐变。

⑤ 类黄酮的护色

a. 控制 pH，如用有机酸加以控制，在果蔬加工中加入柠檬酸的目的之一就在于调节pH，控制类黄酮色素的变化。

b. 避免与金属接触，驱氧贮藏。

(3) 儿茶素　儿茶素即茶多酚，是一种多酚类化合物，大量存在于茶叶中，使茶具有苦涩的味道。儿茶素在水和乙醇、甘油等溶剂中溶解度较高，但脂溶性不好。其耐热性较好，但耐氧性差，易氧化形成茶红素和茶黄素。如红茶加工过程中，由于酶促氧化，儿茶素易形成这两种氧化产物，它们是红茶颜色的主要来源。而在绿茶加工过程中，则要尽量避免这种氧化作用。

4. 醌类衍生物

醌类衍生物色素主要有苯醌、萘醌、蒽醌等形式，常见的种类有虫胶红、胭脂虫红、紫草素等。

(1) 虫胶红　虫胶红是一种动物色素，它是由紫胶虫雌虫分泌的树脂状紫胶中所含的一种色素成分。在我国主要产于云南、四川、台湾等地。

虫胶红色素有溶于水和不溶于水两大类，均属于蒽醌衍生物。溶于水的虫胶色素称为虫胶红酸，包括 A、B、C、D、E 五种组分。虫胶红酸为鲜红色液体或粉末，难溶于水、乙醇等溶剂，而易溶于氢氧化钠、碳酸钠等碱性溶液。

虫胶红色素溶液的颜色随 pH 而变化，pH 小于 4 为黄色，pH4～6 为橙色，pH6～7 时为鲜红，在 pH 达到 8 以上时显紫红色，即随 pH 增大，颜色也加深。但达到 pH 为 12 时，颜色又褪去。这主要是因为虫胶红酸易与碱金属以外的金属离子生成沉淀，在酸性时对光、热稳定，在强碱性溶液（pH＞12）中易褪色。因此，在含虫胶红色素的食品的加工和贮藏过程中，要控制适宜的 pH。

（2）**胭脂虫红** 胭脂虫红是胭脂虫雌虫体内产生的一种天然色素。天然胭脂虫红色素主要指的是胭脂虫红酸，也是一种蒽醌衍生物。

胭脂虫红酸是一种深红色液体或粉末，微臭，溶于水、乙醇、丙醇等，但不溶于油脂，因此限制了其应用。胭脂虫红酸性质较稳定，其颜色稳定性受光、热、氧化剂、还原剂的影响较小，但受 pH 影响稍大，酸性条件时呈现黄色、橙色，在 pH＞7 时呈红色、紫色。此外，大部分金属离子对胭脂虫红酸的影响也较小，只有钙离子、铁离子、锡离子等少量金属离子会使其颜色发生变化且易产生沉淀。因此，在含有胭脂虫红的食品的加工与贮藏过程中，应控制 pH 大于 7，且避免与钙、铁等金属接触。

（3）**紫草素** 紫草素是来源于紫草科紫草属植物（如东北紫草和西北紫草等）的萘醌类色素。天然紫草素常以酯的形式存在于紫草中，不溶于水而溶于乙醇等有机溶剂，在酸性条件下为红色，而在中性、碱性条件下为紫红色。光和热对其影响较小，但部分金属离子易与其反应产生沉淀。

已有研究证明，紫草素具有抗菌、消炎、止血等功能，是一种较好的红色色素。

你知道吗？

我国的茶文化历史悠久，古书记载的咏茶之句多不胜数。茶中的精华主要指的是茶多酚，它对人体有很好的保健功能。你知道茶多酚的功效有哪些吗？

扫二维码可见答案

5. 酮类衍生物

（1）**红曲色素** 红曲色素是由红曲霉菌丝产生的红色色素，一般是由用水浸透、蒸熟的米接种红曲霉发酵而产生的次级代谢产物。红曲色素主要含有 6 种成分，它们的结构相似，均为酮类衍生物。

红曲色素一般不溶于水，而溶于乙醇、乙醚、冰醋酸等有机溶剂。但在特定条件下也可生产出水溶性红曲色素，如增加培养基中的氨基酸、蛋白质含量，可能导致红曲色素与蛋白质结合从而提高其亲水性。红曲色素性质较稳定，几乎不受温度、pH、金属离子的影响，也不易被氧化或还原，但对光的耐受性不强，随光照时间延长，色价会下降。因此含红曲色素的食品应尽量避光保存。

（2）**姜黄色素** 姜黄色素是来源于姜黄根茎中的一种黄色色素，属于二酮类化合物，主要有姜黄素、脱甲基姜黄素、双脱甲基姜黄素 3 种形式，一般按 3∶1∶1.7 的比例存在。

姜黄色素主要显橙黄色，具有特殊的香辛气味，不溶于水而易溶于醇、醚等有机溶剂，在酸性环境中显黄色，而在 pH 较大的碱性环境中颜色加深，逐渐变为红色。姜黄色素着色能力较强，且不易被还原，但易受光、热等影响。虽钠、锌、铜等金属对其影响较小，但铁离子对其破坏较明显，易使其变色。因此，在含姜黄色素等的食品的加工与贮藏过程中，需保持低温、避光环境，且应去除铁的影响。

6. 其他类色素

除了前面几大类结构的天然色素外，还有一些其他结构的天然色素，如甜菜色素、高粱红、核黄素、焦糖色素等都是常见的天然食品色素。

（1）甜菜色素 甜菜色素是富含于红甜菜块茎中的天然植物色素，由红色的甜菜红素和黄色的甜菜黄素两种成分所组成。甜菜色素有异臭，易溶于水而难溶于乙醇等有机溶剂。甜菜色素溶液在 pH 为 3.0～7.0 范围内，一般显红色，且不易变色；pH 小于 3.0 或大于 7.0 时，溶液颜色由红变紫；当 pH 超过 10.0 时，甜菜红素转变成甜菜黄素，溶液颜色会快速变黄。

甜菜色素对光、热、氧、金属离子、氧化剂、还原剂的耐受性较差，这些因素可导致其降解、褪色。水分活度也影响甜菜色素的稳定性，其稳定性随水分活度的降低而增大。因此，在含甜菜色素的食品的加工和贮藏过程中，要注意避免光照、高温、氧、金属离子、氧化剂、还原剂等的作用。

（2）高粱红 高粱红是来源于紫色或红色高粱种子的红色色素，主要成分包含芹菜素、槲皮黄苷等几种黄酮化合物。其溶于水、乙醇而不溶于油脂、乙醚等有机溶剂。

高粱红对光、热、氧化剂的耐受性较好，但颜色受 pH 影响较大，酸性条件下颜色较浅，而在碱性条件下颜色逐渐加深。此外，高粱红色素易与铜离子、铁离子反应而变色。因此，在含高粱红色素的食品的加工和贮藏过程中，要尽量避免与铜、铁的接触。

（3）焦糖色素 焦糖色素是蔗糖、饴糖、淀粉水解产物等在高温下发生不完全分解并脱水聚合而形成的红褐色或黑褐色的混合物。如蔗糖，在 160℃ 下形成葡聚糖和果聚糖，在 185～190℃ 下形成异蔗聚糖，在 200℃ 左右聚合成焦糖烷和焦糖烯，200℃ 以上则形成焦糖块，焦糖色素即为上述各种脱水聚合物的混合物。

焦糖色素具有焦糖香味和愉快的苦味，易溶于水，在不同 pH 下呈色稳定，耐光性和耐热性较好，但要避免过大的 pH 环境。焦糖色素可用于罐头、糖果、饮料、酱油、醋等食品的着色，其用量无特殊规定。但值得注意的是，铵盐法制成的焦糖色素有一定毒性，因此限制使用铵盐法生产食用焦糖色素。

三、食品中的合成色素

合成色素，即人工合成的色素。合成色素按化学结构分类，可分为偶氮类色素和非偶氮类色素；按溶解性分类，可分为油溶性色素和水溶性色素。与天然色素相比，合成色素具有更好的鲜艳色泽、着色力、色调及稳定性。目前我国《食品安全国家标准 食品添加剂使用标准》（GB 2760—2014）中允许使用的合成色素主要有胭脂红、苋菜红、日落黄、诱惑红、赤藓红、柠檬黄、新红、靛蓝、亮蓝等。

1. 苋菜红

苋菜红又称为鸡冠花红、酸性红，属偶氮类色素，呈红色粉末或颗粒状，无臭味，可溶于水、甘油、丙二醇，微溶于乙醇，不溶于油脂。苋菜红对光、热、盐类、酸类的耐受性较好，比较稳定，但在碱液中不稳定，易变为暗红色。此外，铜、铁也易使其褪色，氧化剂、还原剂也易影响其稳定性，因此不适于发酵食品中应用。

对苋菜红的毒性试验显示，它可使受试动物致癌致畸，因此要严格控制其使用量。根据我国《食品安全国家标准　食品添加剂使用标准》规定，其在果蔬汁饮料、碳酸饮料、果冻等食品中最大使用量不能超过 0.05g/kg。

2. 胭脂红

胭脂红也是偶氮类色素，是苋菜红的异构体。胭脂红是一种无臭味的红色色素，可溶于水、甘油，难溶于乙醇，不溶于油脂。其对光、酸的耐受性较好，但高热、还原剂、碱等易影响其稳定性，如在碱性条件下易变为褐色。

胭脂红可用于饮料、糖果、配制酒、食品包装材料等的着色。根据我国《食品安全国家标准　食品添加剂使用标准》规定，其在果蔬汁饮料、碳酸饮料、膨化食品中最大使用量不能超过 0.05g/kg。

3. 诱惑红

诱惑红又称为阿落拉红、艳红，是一种水溶性合成色素，显鲜艳的红色，微溶于乙醇，不溶于油脂。该色素稳定性较好，对光、热的耐受性较好，但易受碱、氧化剂、还原剂等的影响。

目前研究显示，诱惑红可能影响人体的正常发育、身心健康，尤其对儿童的影响更加明显，可能导致儿童出现烦躁不安、多动、情绪激动等症状。诱惑红可用于糖果包衣、冰激凌、雪糕、糖果、糕点、饮料等的着色。根据我国《食品安全国家标准　食品添加剂使用标准》规定，其用于饮料中最大使用量为 0.1g/kg，用于冷冻饮品的最大使用量为 0.07g/kg。

4. 日落黄

日落黄是偶氮类色素。日落黄呈橘黄色，易溶于水、甘油，几乎不溶于乙醇，不溶于油脂。其对光、热的耐受性高，在酸性溶液中也不易变色，但是在碱性环境中易变色，呈棕红色。

根据我国《食品安全国家标准　食品添加剂使用标准》规定，日落黄可用于饮料、配制酒、糖果、虾（味）片，最大使用量不超过 0.10g/kg。

5. 柠檬黄

柠檬黄又称酒石黄，也是一种偶氮类合成色素，显橙黄色。其在水、甘油、丙二醇中的溶解性好，但在乙醇、油脂中的溶解性差。柠檬黄对光、热、酸、盐的耐受性较好，但是对氧和碱的耐受性差，如在碱性环境中易变为红色。

根据我国《食品安全国家标准　食品添加剂使用标准》规定，其用于饮料、配制酒、糖果、虾片时，最大使用量为 0.10g/kg。

6. 亮蓝

亮蓝又称蓝色1号，为红紫色粉末，带有金属光泽，无臭。亮蓝水溶液呈蓝色，且在甘油和乙醇中溶解性良好，对光、热、酸、碱的耐受性较好，性质较稳定。

根据我国《食品安全国家标准　食品添加剂使用标准》规定，亮蓝用于饮料、配制酒、果冻、糕点上彩装等食品中时，最大使用量为 0.025g/kg。

7. 靛蓝

靛蓝又称靛胭脂、酸性靛蓝，是一种历史悠久、应用广泛的可食用色素。其水溶液为蓝色，水溶性不高，在甘油、丙二醇中溶解性较好，微溶于乙醇，不溶于油脂。光、热、酸、碱、盐、氧化剂对其影响较大，易导致变色，但其着色能力强。因此，靛蓝常与其他色素配合使用，而非单独使用。

靛蓝的动物实验结果显示，其在消化道吸收较少，可适量用于食品、医药和日用化妆品的着色。根据我国《食品安全国家标准 食品添加剂使用标准》规定，其在饮料、配制酒中最大使用量不能超过 $0.10g/kg$。

8. 赤藓红

赤藓红又称樱桃红、新酸性品红，是一种红色色素。赤藓红可溶于水、甘油、乙醇等，但不溶于油脂。其稳定性不易受热、碱、氧化剂、还原剂影响，但受光、酸的影响较大，如在酸性较大的环境中易形成沉淀。

赤藓红的动物实验结果显示，其在消化道吸收较少，可适量用于饮料、糖果、配制酒等食品。根据我国《食品安全国家标准 食品添加剂使用标准》规定，在配制酒和果味饮料等食品中其最大使用量不能超过 $0.05g/kg$。

9. 新红

新红是一种偶氮类色素，其水溶液呈红色，水溶性好，但难溶于乙醇和油脂。动物毒性实验显示新红安全性良好，可用于饮料、糖果、配制酒等食品中。根据我国《食品安全国家标准 食品添加剂使用标准》规定，用于饮料、糖果、配制酒等食品中时其最大使用量不能超过 $0.05g/kg$。

目前对合成色素的已有研究，几乎都显示了其零营养价值。它多以煤焦油为原料来生产，部分色素显示有致癌、致畸、降低生育能力等隐患。不同国家允许用于食品着色的合成色素种类是不同的，总的发展趋势是尽量减少合成色素的使用。在使用合成色素时，一定要严格执行《食品安全国家标准 食品添加剂使用标准》，在配制色素溶液时要做到精确称量，正确配制和使用，且随配随用。

拓展阅读

天然超强抗氧化剂——虾青素

虾青素，其分子式为 $C_{40}H_{52}O_4$，全称 3,3′-二羟基-4,4′-二酮基-β,β′-胡萝卜素醇，广泛存在于雨生红球藻等藻类以及虾、蟹、蛙、鱼等水生生物和一些真菌中，是一种天然色素，其在医药、养殖、食品、化工等行业具有十分广阔的应用和发展前景。

1. 虾青素的功能价值
① 抗氧化作用。
② 增强免疫力。
③ 预防心血管疾病。
④ 抗癌作用。

⑤ 抗炎作用。

⑥ 保护神经作用。

⑦ 预防骨质疏松作用。

⑧ 降血糖作用。

2. 虾青素的来源

目前，虾青素的生产来源于两方面，一是化学合成，二是天然提取。

（1）化学合成　虾青素的化学合成方法主要有两种，一是间接合成法，即由其他类胡萝卜素氧化而来；二是直接合成法，即由常用的合成类胡萝卜素单体直接合成。此两类方法合成虾青素工艺均较复杂，且产物大多为顺式结构，而天然虾青素多为反式结构。因此，人工化学合成虾青素较少，目前的虾青素产品多为天然提取而来。

（2）天然提取

① 藻类　多种藻类如雪藻、衣藻、裸藻、伞藻等都含有虾青素，目前国内外报道最多的是雨生红球藻，若其生长过程中缺乏氮源，体内就会积累虾青素。

② 真菌　一些真菌如红法夫酵母、豁红酵母、深红酵母等，也可合成虾青素，其中法夫酵母被认为是积累虾青素量最高的真菌类，尤其是红法夫酵母被认为是目前真菌发酵生产中最为合适的虾青素来源。

③ 甲壳类动物　从甲壳类废弃料中提取回收虾青素成为生产天然虾青素的主要途径之一，既能增加经济收益，又可以收到较好的社会效益，如减弱废水的色度、减少污染，有利于水产养殖业的可持续发展。但甲壳动物（如虾、蟹）壳中的虾青素主要以酯的形式存在，因此虾青素的提取效率较低。

课后练习题

一、填空题

1. 天然色素根据化学结构可分为卟啉类衍生物、异戊二烯衍生物类、多酚类等。其中卟啉类衍生物类色素中重要的有_____和_____。

2. 在腌肉制作过程中，亚硝酸盐和肌红蛋白发生反应生成_____，是未烹调腌肉中的最终产物，它再进一步加热处理形成稳定的_____，这是加热腌肉中的主要色素。

3. 亚硝酸盐在腌肉制品中的作用有_____、_____、_____。

4. 叶绿素是_____溶性的，叶绿素 a、叶绿素 b 在自然界含量较高，高等植物中的叶绿素 a 与叶绿素 b 的比例为_____。

5. 类胡萝卜素按结构特征可分为_____、_____、_____和_____。由 C、H 两种元素组成的类胡萝卜素称为_____。

6. 花色苷的稳定性与其结构有关，其分子中的羟基数目增加则稳定性_____，甲基化程度提高则稳定性_____，同样_____也有利于色素稳定。

7. 红曲色素在肉制品中的作用是_____、_____、_____。

8. 肉中原来处于还原态的肌红蛋白和血红蛋白呈_____色，形成氧合肌红蛋白和氧合血红蛋白时呈_____色，形成高铁血红素时呈_____色。

9. 花青素多以_____的形式存在于生物体中，其基本结构为_____。

10. 食品中的色素分子都由_____和_____组成，色素颜色取决于其_____。

二、选择题

1. 黄酮类物质遇铁离子可变为（　　）。

A. 黄色　　　　　　　B. 无色　　　　　　　C. 蓝色　　　　　　　D. 绿色

2. 下列色素属于异戊二烯衍生物的是（　　）。

A. 花青素　　　　　　B. 虾青素　　　　　　C. 黄酮类化合物　　D. 类胡萝卜素

3. 叶绿素结构中的金属元素是（　　）。

A. 铁　　　　　　　　B. 镁　　　　　　　　C. 锌　　　　　　　　D. 硒

4. 下列色素属于脂溶性色素的有（　　）。

A. 花青素　　　　　　B. 叶绿素　　　　　　C. 黄酮类化合物　　D. 类胡萝卜素

5. pH 对花色苷的热稳定性有很大的影响，在（　　）pH 时稳定性较好。

A. 碱性　　　　　　　B. 中性　　　　　　　C. 酸性　　　　　　　D. 微碱性

6. 天然色素按照溶解性分为水溶性、醇溶性和脂溶性，下列属于水溶性的是（　　）。

A. 叶绿素 a　　　　　B. 花色苷　　　　　　C. 辣椒红素　　　　　D. 虾青素

7. 在有亚硝酸盐存在时，腌肉制品生成的亚硝基肌红蛋白为（　　）。

A. 绿色　　　　　　　B. 鲜红色　　　　　　C. 黄色　　　　　　　D. 褐色

8. 氧分压与血红素的存在状态有密切关系，若想使肉品呈现红色，通常使用（　　）氧分压。

A. 高　　　　　　　　B. 低　　　　　　　　C. 0　　　　　　　　D. 饱和

三、问答题

1. 食品中的天然色素按其化学结构可以分为哪几类？

2. 色素的发色原理是什么？

3. 试述叶绿素在食品加工与贮藏中的变化。

4. 氧气分压对肌红蛋白的相互转化有何影响？什么是肌红蛋白的氧合作用和氧化作用？肌红蛋白的氧合作用和氧化作用对肉色有何影响？

5. 虾蟹经烹煮后变色的原因是什么？

6. 常见的黄酮类色素有哪些？

7. 试述花青素在食品加工与贮藏中的变化。

8. 试论述在绿色蔬菜罐头生产中护绿的方法及其机理。

四、综合分析题

火腿的加工

火腿是用动物后腿腌制而成，是中国传统特色美食。其中以金华火腿最为有名。金华火腿的传统制作工艺是：鲜猪腿验收—初步修腿—上盐腌制—浸泡洗刷—晒腿修形—上架发酵—修正定型—堆叠成熟—闻香定级。

其中，关键步骤为：冬季上盐腌制，春季脱水晾晒，夏季发酵成熟，秋季堆叠定级。

请运用所学知识分析：

1. 火腿腌制过程中，肉的颜色如何变化？发生了哪些反应？

2. 加工中，为什么要脱水晾晒？

3. 肉制品如何护色？

4. 有时候肉制品在贮藏过程中会变绿，这是什么原因导致的？

项目 三

食品中的风味物质

知识目标

1. 了解食品风味的定义、分类、特点及呈味的生理学基础。
2. 掌握食品中各种呈味物质的呈味特点、香气形成途径及风味控制。

案例引入

2015 年 9 月 1 日，海南省食品药品监管局在海口市某水果批发市场查获疑似问题青枣 3.3t，人们称之为"糖精枣"，经检测含有糖精钠，含量为 0.3g/kg。经查，"糖精枣"是由青枣经热水漂烫，再浸泡于含有糖精钠、甜蜜素、苯甲酸钠等添加剂的水中制备而成。制成的"糖精枣"甜度增高、颜色变红。按照食品安全相关国家标准，糖精钠虽是一种合法的甜味剂，但严禁在青枣等新鲜水果中使用。因此，正确认识各种食品风味物质的结构、性质等具有重要意义。

一、概述

1. 食品风味的概念

食品的品质包含色、香、味、质构、营养和安全六个方面，其中色、香、味是食品给人的"第一印象"。香和味就是人们常说的风味，主要指的是食品带给人的嗅觉和味觉效应，即狭义的风味。而从广义上来说，我国《感官分析 术语》（GB/T 10221—2012）中对风味的定义为：风味是品尝过程中感知到的嗅感、味感和三叉神经感的复合感觉。它可能受触觉、温度、痛觉和（或）动觉效应的影响。

广义的食品风味是食物作用于人的感觉器官所产生的综合知觉，包含了化学感觉、物理感觉及心理感觉等各方面（见表 2-2）。因此，风味是一种主观感觉，易受个人的生理、心理、健康状况、习惯、地区或民族等因素影响。比如，不同国家由于生活习惯的差异，对味感的分类也有所不同，日本分为甜、酸、苦、辣、咸 5 味，欧美各国主要分为甜、酸、苦、辣、咸、金属味 6 味。而印度则分为甜、酸、苦、辣、咸、淡、涩、不正常味 8 味。中国的风味主要指甜、酸、苦、咸、辣、鲜、涩 7 味。

表 2-2 食品的感官反应分类

感官反应	分类
味觉：甜、苦、酸、咸等	化学感觉
嗅觉：香、臭等	化学感觉
触觉：硬、粘、热、凉等	物理感觉
运动感觉：滑、干等	物理感觉
视觉：色、形等	心理感觉
听觉：声音等	心理感觉

2. 风味物质的特点

风味物质是指能够改善口感，赋予食品特征风味的化合物，它们具有以下特点。

(1) 种类多 食品风味物质是由多种不同类别的化合物组成，如目前已分离鉴定茶叶中的香气成分达 500 多种，咖啡中的风味物质有 600 多种，白酒中的风味物质也有 300 多种。一般食品中风味物质越多，食品的风味越好。

(2) 作用浓度低 除少数几种味感物质作用浓度较高以外，大多数风味物质作用浓度都很低。虽然它们的浓度低，但对食品风味影响较大，对人的食欲产生极大作用。例如，马钱子碱在食品中的含量达到 1.6×10^{-6} mol/L 时，便会产生苦味；乙酸异戊酯含量达到 5×10^{-6} mol/L 时，就会产生香蕉的气味。

(3) 稳定性差 很多能产生嗅觉的物质易挥发、易热解、易与其他物质发生作用，因而在食品加工及工艺过程中细微的差别，将导致食品风味很大的变化。食品贮藏期的长短对食品风味也有极显著的影响。

(4) 分子结构缺乏规律性 风味物质等的分子结构缺乏普遍的规律性，结构的少许改变将引起风味的很大差别。很多相同风味的化合物，其分子结构也难以满足一定规律。

二、食品的味觉效应

1. 味觉生理基础

味觉是可溶性呈味物质刺激口腔内的味觉感受器，再通过味神经感觉系统传导到大脑的味觉中枢，最后通过大脑的综合神经中枢的分析而产生的一种感觉。在生理学上，只包含甜、酸、苦、咸四种基本味觉，分别由不同的味觉感受器产生。而辣味是口腔黏膜、鼻腔黏膜、皮肤和三叉神经受到刺激而引起的痛觉，涩味是指口腔内引起的收敛的感觉，鲜味则是一种独立的鲜美味，起风味增强的效果。

口腔内的味觉感受器主要指味蕾，此外还包含神经末梢。味蕾主要分布在舌头背部表面和边缘，少量散在于口腔和咽部黏膜表面。味蕾（如图 2-15 所示）由 40～150 个变长的椭圆形细胞组成，平均每 10 天更新一次。味蕾包含敏感细胞（即味细胞）、支持细胞和基底细胞，嵌入舌面的乳突中，顶部有味觉孔。味蕾顶端有微绒毛，是味觉感受的关键部位。味细胞底部连接着传递信息的神经纤维，当呈味物质刺激味细胞，产生兴奋作用，由味觉神经传入神经中枢，进入大脑皮质，从而产生味觉。味觉一般在 1.5～4.0ms 内完成。人的味蕾数目随年龄增长而减少，一般成人味蕾约有 9000 个。

由于舌头的不同部位味蕾结构有差异（图 2-16），因此，不同部位对不同的味感物质灵敏度不同，一般舌尖部对甜味较为敏感，而靠腮的两侧对酸敏感，舌两侧的前部对咸味敏感，舌根部则对苦味最敏感。

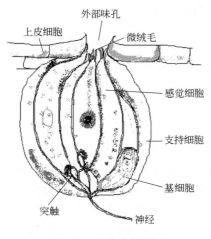

图 2-15　味蕾的解剖图

图 2-16　舌头不同部位对味觉的敏感性

你知道吗？

我们日常所说的味觉除了酸、甜、苦、辣、咸、鲜、涩等，还有麻味。你知道麻味是一种什么样的味觉吗？典型的麻味食物有哪些？

扫二维码可见答案

2. 味觉的影响因素

通常把人能感受到某种物质的最低浓度称为阈值。表 2-3 列出几种基本味感物质的阈值。物质的阈值越小，表示其敏感性越强。

表 2-3　几种基本味感物质的阈值

物质	食盐	砂糖	柠檬酸	奎宁
味道	咸	甜	酸	苦
阈值/%	0.08	0.5	0.0012	0.00005

除各种物质本身的影响外，人的味觉还受很多因素影响，如人体生理状态、物质之间的作用等。影响味觉的主要因素如下所述。

（1）呈味物质的结构　一般不同结构的呈味物质味感不一样。糖类，如葡萄糖、果糖等多呈甜味；酸类，如柠檬酸、抗坏血酸等多呈酸味；盐类，如氯化钾、氯化钠等多呈咸味；生物碱类多呈苦味。但也有例外，如糖精等非糖有机盐也有些呈甜味，草酸不呈酸味而是涩味，碘化钾是盐但不呈咸味而是苦味。因此，物质结构与其味感间的关系比较复杂。

（2）温度　味觉的敏感性易受温度影响。已有的研究表明，在 20～30℃味觉敏感度最高。高于或低于此温度范围，各种味觉都会减弱。

（3）浓度　在适当温度范围内，味感物质通常会有较好的味感，但在不合适的浓度下，味感物质易形成不太愉快的味感。而且，对不同味感的物质而言，浓度的影响也不尽相同。如甜味物质在不同浓度下甜味都较好，单纯的苦味一般都是不太愉快的味感，而咸味和酸味在低浓度时味感较好，但高浓度咸味、酸味物质则令人不愉快。

（4）溶解度　呈味物质只有溶解于食物溶液或口腔唾液中，才能扩散至味觉感受器而呈现味觉。因此，其溶解度大小和溶解速度快慢会影响味感产生和维持的时间。如甜味物质中，蔗糖易溶解，甜味的产生和消失均较快，而糖精则难溶解，但甜味维持时间长。

（5）个人的年龄、性别、生理及心理状况　由于味蕾一般随年龄增长而减少，所以当人的年龄增长到一定程度后，味觉敏感性会减弱，这在 60 岁以后的人群中比较明显。而且一些研究表明，不同性别的人对味觉的感受也不相同。一般男性对酸味的敏感度比女性高，而女性对咸味和甜味的敏感性比男性高。此外，味觉还受个人生理、心理状况的影响，如人体患有某些疾病时味觉迟钝，糖尿病人对甜味的敏感性下降，黄疸病人对苦味的敏感性下降；而当人处于饥饿状态时，人对各种味感的敏感性会升高，无论吃什么都会感觉格外香；当人情绪欠佳时，总感到没有味道，这是心理因素在起作用。

（6）各种呈味物质间的相互作用

① 对比作用　两种或两种以上的呈味物质共存时，对人的感觉或心理产生影响，使其中一种呈味物质的味觉变得更加协调可口，称为对比现象。这主要是强度的变化。如西瓜上加入少量食盐时，感觉甜味更甜爽；味精中含有少量食盐时，感觉鲜味更强。

② 相乘作用　两种具有相同味感的物质共同作用，其味感强度几倍于两者分别使用时的味感强度，叫相乘作用，也称协同作用。如味精与 5′-肌苷酸（5′-IMP）共同使用，能相互增强鲜味；甘草苷本身的甜度为蔗糖的 50 倍，但与蔗糖共同使用时，其甜度为蔗糖的 100 倍，相互增强了甜味。

③ 消杀作用　一种呈味物质能抑制或减弱另一种物质的味感叫消杀作用。例如：食盐、蔗糖、柠檬酸和奎宁之间，若将任何两种物质以适当比例混合，都会使其中的一种单独味感减弱。

④ 变调作用　如刚吃过苦味的中药，接着喝白开水，感到水有些甜味，这种味感本身发生变化的现象就称为变调作用。

⑤ 疲劳作用　当人受到某种味感物质的长时间刺激后，再接受相同味感物质的刺激，通常感觉味感强度下降，敏感性减弱，这种现象称为疲劳作用。如长期习惯吃味精的人，对鲜味物质的味觉敏感性下降。

三、食品的嗅觉效应

嗅觉是空气中的挥发性物质通过呼吸而刺激鼻腔中的嗅觉感受器，引起嗅觉神经冲动从而沿嗅神经传入大脑皮层引起的感觉。令人愉悦的嗅觉称为香味，而令人厌恶的嗅觉称为臭味。

1. 嗅觉生理基础

嗅觉感受器位于鼻腔顶部的嗅上皮中，嗅上皮中的嗅细胞是嗅觉器官的外周感受器，属于一种神经元。每个嗅细胞顶部有 6～8 条纤毛，细胞的底端是由纤维状嗅丝穿过筛骨的筛孔直接进入嗅球。当人呼吸时，空气中的挥发性物质进入鼻腔，被嗅上皮里的嗅黏液吸收、溶解，并扩散至嗅细胞的纤毛处，与纤毛表面的特异受体结合，通过 G 蛋白引起第二信使类物质增多，产生了使细胞去极化的钙离子流，以特定的离子传导机制穿过嗅细胞膜，将信息转换成电信号脉冲，经与嗅细胞相连的三叉神经的感觉神经末梢，进而传送到大脑，引起嗅觉（图 2-17）。

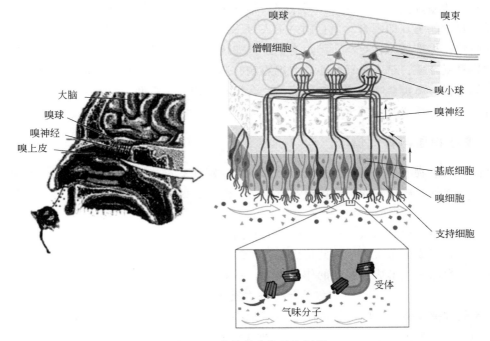

图 2-17 人类的嗅觉系统剖析

2. 嗅觉机理

对于嗅觉机理的研究，观点较多但都不够完善，目前较流行的主要是嗅觉立体化学理论、振动理论和酶学说。

（1）立体化学理论 立体化学理论是由 Moncrieff 于 1949 年首次提出，后经 Amoore 于 1952 年补充发展形成的。该理论认为嗅觉与其物质分子形状有关，嗅纤毛对嗅感物质的吸附具有选择性和专一性。具有不同分子形状的气味分子选择性地进入嗅黏膜上形状各异的嗅小胞，从而引起不同的嗅觉。该理论还提出了主导气味的概念，即不同物质的气味是由几种主导气味的不同组合而来。主导气味主要包含清淡气味、花香气味、薄荷气味、樟脑气味、辛辣气味、发霉气味、腐烂气味 7 种。

（2）振动理论 振动理论是 1937 年由 Dyson 首次提出，后经 Wright 进一步补充发展起来的。该理论认为嗅觉与其物质分子的振动频率（远红外电磁波）有关，嗅觉受体分子能与气味分子共振，而不同气味分子的振动频率不同，因此形成不同的嗅觉。

（3）酶学说 酶学说认为嗅觉和嗅黏膜上的酶有关，气味分子刺激了嗅黏膜上的酶使其催化能力、变构传递能力、变性能力等发生变化，不同气味分子引起酶的变化不同，从而产生不同嗅觉。

3. 嗅觉的特点

（1）敏感性高 人类的嗅觉是比味觉敏感性更高的一种感觉。乙醇的嗅觉感受浓度是味觉感受浓度的 1/24000。

（2）易疲劳、易适应 当一些气味分子长期刺激嗅觉中枢系统使其陷入负反馈状态时，感觉会受到抑制，从而对刺激感受的敏感性减弱。如香水芬芳但久闻不觉其香。

（3）个体差异大 不同的人，对于同一种气味物质的嗅觉敏感性不尽相同，甚至有少数个体缺乏嗅觉能力，即嗅盲。而且同一个人对不同气味物质的敏感性也不一样。一般认为，女性的嗅觉比男性敏感性更高，但也有例外，如优秀的调香师、评酒员中也有不少男性。

（4）易受环境、个人生理及心理状况影响 当人身体、心理状况不适时，嗅觉敏感度会下降。如感冒、鼻炎会降低嗅觉的敏感性，女性月经期、妊娠期、更年期也可能感觉嗅觉减退或过敏，心情烦躁时会感觉嗅觉减弱等。

4. 嗅感物质与香气值

食品的嗅感物质一般种类繁多，含量极少，稳定性差，并且大多数为非营养性成分。按气味物质的属性，嗅感物质可分为醇类、酯类、酸类、酮类、萜烯类、杂环类、含硫化合物和芳烃类等。

食品的嗅感一般是由很多种挥发性物质共同作用的结果，但某种食品的嗅感又是由主要的少数几种香气成分所决定，因此将这些主要的香气成分称之为主香成分。判断一种挥发性物质在某种食品香气形成中所起的作用大小，一般用物质的香气值大小来衡量，即

$$香气值＝呈香物质的浓度/阈值$$

如果某种挥发性物质的香气值小于 1，则该物质对食品香气的形成没有贡献，即不会引起人们的嗅感。如果挥发性物质的香气值越大，则它对食品香气形成的贡献越大。一般而言，食品中的主香成分比食品中的其他挥发性成分的香气值更高。

四、食品中的基本风味

1. 甜味和甜味物质

甜味是人们最喜欢的基本味感之一，常作为食品的基本味，用于改进食品的可口性和食用性。甜味物质中，人们最熟悉的糖类就是天然甜味物质的代表，除此之外，还有很多非糖的天然化合物、衍生物、合成化合物也有甜味，如山梨糖醇、甘露醇、木糖醇等多元醇，糖精、阿斯巴甜等合成甜味剂，以及氨基酸等。

（1）甜味理论 早期人们认为糖的甜味是由分子中含有的多个羟基产生的，但后来发现有很多不含羟基的物质也具有甜味。如：某些氨基酸、糖精甚至氯仿分子也具有甜味。

1967 年，沙伦伯格（Shallenberger）在总结前人研究基础之上而提出的甜味学说被广泛接受。该学说认为：甜味物质的分子中都含有一个能形成氢键的 AH 基团（如—OH、

=NH、—NH₂)，即质子供给基；同时，在距氢 0.25～0.4nm 的范围内，必须有另外一个电负性原子 B（可以是 O、N 原子），即质子接受基。而在甜味受体上也有 AH 和 B 基团，甜味物质的 AH/B 结构与甜味受体上的 AH/B 结构之间可通过氢键结合，便刺激了味觉神经，从而产生甜味感觉 [图 2-18(a)]。沙伦伯格的理论可应用于分析一个物质是否具有甜味，如氨基酸、氯仿、糖精、单糖等物质的 AH/B 结构，能说明该类物质具有甜味的原因 [见图 2-18(b)]。

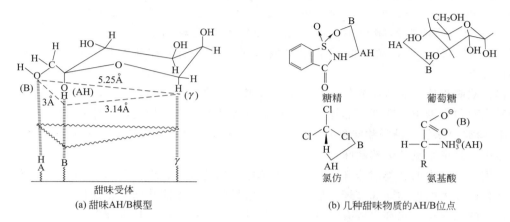

图 2-18　Shallenberger 甜味学说
1Å＝0.1nm

但 Shallenberger 理论不能解释具有相同 AH/B 结构的物质甜度相差很多的原因。如具有相同 AH/B 结构的糖或 D-氨基酸为什么甜度相差数千倍？后来克伊尔（Kier）又对 Shallenberger理论进行了补充。他认为在甜味化合物中除了存在 AH/B 结构之外，还可能存在一个疏水区域 γ，位于距 A 基团 0.35nm 和 B 基团 0.55nm 处。若有疏水基团 γ 存在，能增强甜度。因为该疏水基易与甜味感受器的疏水部位结合，加强了甜味物质与甜味感受器的结合。这些甜味理论为寻找新的甜味物质提供了方向和依据。

（2）影响甜味物质甜度的因素　甜味的强弱一般用"甜度"表示。但甜度只能靠人的感官品尝进行评定，一般是以在水中较稳定的蔗糖溶液作为甜度的基准物，如将 20℃ 时的 15％或 10％的蔗糖水溶液甜度定为 1（或 100），再以其他甜味物质的甜度与它比较，这样得到的甜度称为相对甜度。甜度除受个人生理、心理等主观因素的影响外，还受以下几种因素影响。

① 糖的结构的影响

a. 聚合度　总体而言，糖聚合度越高，甜度越小。单糖和低聚糖都具有甜味，其甜度从大到小的顺序是：葡萄糖、麦芽糖、麦芽三糖，而淀粉和纤维素虽然基本构成单位都是葡萄糖，但无甜味。

b. 糖异构体　异构体之间的甜度不同，如 α-D-葡萄糖＞β-D-葡萄糖。

c. 糖苷键　麦芽糖由两个葡萄糖通过 α-1,4-糖苷键形成，有甜味；而由两个葡萄糖以 β-1,6-糖苷键形成的龙胆二糖，不仅无甜味，而且还有苦味。

② 浓度的影响　糖类的甜度一般随着糖浓度的增加而增加。在相等的浓度下，几种糖的甜度从大到小的顺序是：果糖、蔗糖、葡萄糖、乳糖、麦芽糖。

③ 溶解性质的影响　甜味物质只有溶解于唾液或食品中才能接触味觉感受器而产生味感，因此其溶解性质可影响甜味。如常见的商品蔗糖结晶可分成细砂糖、粗砂糖、绵白糖，

一般绵白糖的甜度比白砂糖甜，细砂糖又比粗砂糖甜，它们产生甜度差异的原因主要是由于不同大小的结晶颗粒溶解速度不同。糖与唾液接触，晶体越小，表面积越大，与舌的接触面积越大，溶解速度越快，能更快感觉到甜味。

④ 温度对甜度的影响　温度可通过影响味觉敏感性和甜味物质结构两方面来影响甜度。一方面，味觉感受器一般在 30℃ 左右敏感性最高。而过高或过低的温度下，味觉会变得迟钝。另一方面，在较低的温度范围内，温度对大多数糖的甜度影响不大，尤其对蔗糖和葡萄糖影响很小；但对果糖甜度的影响较明显，当温度升高时，其甜度下降。这主要是由于高甜味的吡喃型果糖含量下降，而低甜味异构体呋喃型果糖含量升高的结果。

(3) 甜味物质　甜味物质的种类很多，按来源分成天然的和人工合成的两种，天然的甜味物质主要包含糖类甜味剂、非糖天然甜味剂及天然衍生物甜味剂，具体介绍如下。

① 糖类甜味剂　糖类甜味剂包括糖、糖浆、糖醇。糖类甜味剂广泛应用于各种食品和调味品中，是最常见的天然甜味剂。

应用于食品中的糖类甜味剂主要是少数单糖（如葡萄糖、果糖和木糖等）和寡糖，这是因为聚合度较大的糖类，如多糖一般无甜味。常见的糖浆类甜味剂主要是淀粉糖浆和果葡糖浆。常见的糖醇类甜味剂主要有木糖醇、山梨糖醇、麦芽糖醇、甘露醇等。

② 非糖天然甜味剂　非糖天然甜味剂在食品中较少单独使用，这是一类化学结构差别较大的甜味物质。常见的非糖天然甜味剂主要有甘草苷和甜叶菊苷。

③ 天然衍生物甜味剂　该类甜味剂是指本来不甜的天然物质，通过改性加工而成为甜味剂，主要有氨基酸衍生物、二肽衍生物（如阿斯巴甜，相对甜度 20～50）、二氢查尔酮衍生物、紫苏醛衍生物、三氯蔗糖等。

④ 人工合成甜味剂　人工合成甜味剂主要有糖精、甜蜜素等。

2. 酸味和酸味物质

酸味是由于舌头上的味蕾受到氢离子（H^+）刺激而引起的一种化学味感。酸味物质是食品和饮料中的重要成分或调味料。酸味早已被人们适应，适当的酸味能促进消化、防止腐败、增加食欲、改良风味。

酸味的强度可用品尝法或测定唾液分泌速度等方法评价。品尝法常用主观等价值（PSE）表示，指感受到相同酸味时酸味剂的浓度。一般而言，PSE 值越小，表示该酸味物质在同等条件下酸性越强。测定唾液分泌速度是指测定每一腮腺在 10min 内流出唾液的体积（mL）。

(1) 呈酸机理　目前的研究显示，H^+ 是酸味物质 HA 的定位基，阴离子 A^- 是助味剂。定位基 H^+ 与受体的磷脂头部发生交换反应，从而引起酸味。

一般来说，不同的酸具有不同的味感。酸味物质的酸味受到酸性基团的种类和性质、氢离子浓度、总酸度、酸的缓冲效应以及其他共存物的影响。例如，在相同的 pH 下，有机酸的酸味一般大于无机酸。有机酸种类不同，其酸味特性一般也不同。如酸味物质阴离子结构上增加疏水性不饱和键，将使其亲脂性增强，酸味增强；当溶液的氢离子浓度过低时（pH 大于 5.0～6.5）几乎不能感觉到酸味，而氢离子浓度过大时（pH 小于 3.0）酸味过强难以忍受；通常情况下，pH 相同而总酸度与缓冲效应较大的酸味物质，酸味更强；如果在酸味物质溶液中加入糖、食盐、乙醇时，酸味也会降低。

（2）酸味物质

① 食醋　又名乙酸，是我国最常用的酸味调料，不仅含有 3%～5% 的乙酸，还含有少量其他有机酸、氨基酸、糖、醇、酯等。它的酸味较温和，能去腥、解油腻，提味增鲜，生香发色，开胃爽口，增强食欲。

② 柠檬酸　又名枸橼酸，是在果蔬中分布最广泛的有机酸之一，为无色无臭的白色晶体，易溶于水及乙醇。柠檬酸的酸味圆润、滋美、爽快，入口即达最强酸感，后味延续时间短。其还具有良好的防腐性能和抗氧化增效功能，安全性高，广泛应用于清凉饮料、水果罐头以及糖果等的调配中。

③ 乳酸　又名 α-羟基丙酸，其酸味稍强于柠檬酸，在果蔬中较少存在，现多由人工合成，易溶于水及乙醇，在食品中应用广泛。

④ 苹果酸　又名 α-羟基丁二酸，多与柠檬酸共存于一切果实中，为无色或白色晶体，易溶于水和乙醇。作为酸味剂，其酸味比柠檬酸强，安全性高，常用于调配饮料和果冻及以水果为基础的一些食品，具有保持天然色泽的作用。

⑤ 酒石酸　又名 α,β-二羟基丁二酸，广泛存在于一些水果中，如葡萄和罗望子等，也是葡萄酒中主要的有机酸之一。它是一种无色晶体，易溶于水和乙醇。其酸味比苹果酸更强，约为柠檬酸的 1.3 倍，其用途与柠檬酸类似，多与其他酸合用，安全性高。

⑥ 抗坏血酸　即维生素 C，是一种水溶性维生素，广泛存在于果蔬中，具有爽快的酸味。其具有抗氧化、防褐变、解毒、防治坏血病、增强免疫力等功能，但易被光和空气氧化，常作为辅助酸味剂。

3. 苦味和苦味物质

苦味是食品中广泛存在的味感，单纯的苦味不令人愉快，但当它与甜、酸或其他味感物质调配适当时，能形成特殊的食品风味。如苦瓜、白果、莲子、茶、咖啡、啤酒都有苦味，但被人们视为美味，广泛受到人们的喜爱。苦味物质大多具有药理作用，对人的消化和味觉的正常活动十分重要。

（1）呈苦机理　关于苦味产生的机理，曾有人先后提出各种苦味分子识别的学说和理论。空间位阻学说认为，苦味与甜味一样，也取决于刺激分子的立体化学。内氢键学说认为内氢键能增加分子疏水性，且易和过渡金属离子形成螯合物，合乎一般苦味分子的结构规律。三点接触学说认为苦味分子和苦味受体之间与甜味一样，也是通过三点接触而产生苦味，只是苦味物质第三点的空间方向与甜味剂相反。而诱导适应学说是对苦味理论的进一步发展与完善，认为苦味受体是多烯磷脂在膜表面形成的"水穴"，它为苦味物质和蛋白质之间偶联提供了一个巢穴，凡能进入苦味受体任何部位的刺激物都会引起"洞隙弥合"，通过盐桥转换、氢键破坏、疏水键生成等方式改变其磷脂的构象，产生苦味信息。

（2）呈苦物质　植物性食品中常见的苦味物质是生物碱类、糖苷类、萜类、苦味肽等；动物性食品中常见的苦味物质是胆汁、苦味酸、甲酰苯胺、甲酰胺、苯基脲、尿素等；其他苦味物质有无机盐（钙离子、镁离子）、含氮有机物等。

① 茶碱、咖啡碱和可可碱　都是生物碱类苦味物质，属于嘌呤类的衍生物。咖啡碱主要存在于咖啡和茶叶中，在水中浓度为 $150～200mg/kg$ 时，显中等苦味。咖啡碱具有兴奋

中枢神经的作用，在医学上可用作心脏和呼吸兴奋剂、利尿剂，且可作解热镇痛剂，是复方阿司匹林的主要成分之一。可可碱和咖啡碱类似，主要存在于可可中，是可可产生苦味的原因。

② 啤酒中的苦味物质　主要来源于啤酒花和在酿造中产生的苦味物质。酒花的苦味物质主要是葎草酮，蛇麻酮的衍生物。在麦芽汁煮沸时，葎草酮异构化为异葎草酮，易使啤酒产生臭鼬鼠味和日晒味。在预异构化的酒花提取物中，酮的选择性还原可以阻止这种反应的发生，并且采用清洁的棕色玻璃瓶包装啤酒也不会产生臭鼬鼠味和日晒味。

③ 糖苷类　苦杏仁苷是存在于蔷薇科植物（如桃、李、杏）果核、种仁中的一种糖苷类物质，有苦味。新橙皮苷和柚皮苷是存在于柑橘、柠檬、柚子中的苦味物质，也是一种糖苷，在未成熟的水果中含量很多。

④ 蛋白质水解物和干酪　水解蛋白质和发酵成熟的干酪常有明显的令人厌恶的苦味，这是由肽类氨基酸侧链的疏水性引起的。肽的苦味与分子量有关，分子量低于 6000 的肽才可能有苦味；而大于 6000 的肽由于几何体积大，难以接近感受器位置。

⑤ 胆汁　是动物肝脏分泌并储藏于胆囊中的一种液体，苦味极强。这是在禽、畜、鱼等加工过程中稍不注意而破坏胆囊导致极苦的主要原因。胆汁中的主要苦味成分是胆酸、鹅胆酸、脱氧胆酸。

4. 咸味和咸味物质

咸味是中性盐呈现的味道，是人类的最基本味感之一。在所有中性盐中，氯化钠的咸味最纯正，未精制的粗食盐中因含有 KCl、$MgCl_2$ 和 $MgSO_4$，而略带苦味。在中性盐中，正负离子半径小的盐以咸味为主；正负离子半径大的盐以苦味为主；介于中间的盐呈咸苦味。苹果酸钠和葡萄糖酸钠也具有纯正的咸味，可用于无盐酱油和肾脏病人的特殊需要。氨基酸的内盐也都带有咸味，有可能成为潜在的食品咸味剂。

关于盐的咸味大小，通常有机阴离子碳链越长，咸味的感应能力会越弱。比如，氯化钠、丙酸钠、甲酸钠、酪酸钠四种盐咸味从大到小依次为氯化钠、甲酸钠、丙酸钠、酪酸钠。

5. 其他味感

鲜味、辣味、涩味、清凉味等味感虽然不属于基本味，但它们是日常生活中经常遇到的味感，对调节食品的风味有着重要的作用。现简介如下。

(1) 鲜味及鲜味物质　鲜味是一种特殊味感，鲜味物质与其他味感物质相配合时，可以强化其他风味，所以，各国都把鲜味物质列为风味增强剂或增效剂。

常用的鲜味物质主要有氨基酸、肽类、核苷酸类、有机酸类等。当鲜味物质使用量高于其阈值时，鲜味增强；低于其阈值时则增强其他物质的风味。氨基酸类与肽类鲜味物质主要有谷氨酸一钠（MSG）、谷氨酸-亲水性氨基酸二肽、三肽（如谷胱甘三肽、谷谷丝三肽）和水解蛋白等。核苷酸类鲜味物质有 5'-肌苷酸（IMP）、5'-鸟苷酸（GMP）、5'-腺苷酸（AMP）等。动物的肌肉中含有丰富的核苷酸，如 5'-肌苷酸使肉具有良好的鲜味，植物中含量少。

有机酸中也有一些鲜味物质，如琥珀酸及其钠盐都具有鲜味，广泛存在于禽、畜、鸟、兽和贝类中，在酱油、酱、黄酒中也有少量存在。麦芽酚和乙基麦芽酚，常作为风味增强剂在水果和甜味食品中添加，都是甜味增效剂，后者比前者效果更好。

（2）辣味和辣味物质 辣味是刺激口腔黏膜、鼻腔黏膜、皮肤、三叉神经而引起的一种痛觉和灼烧感。适当的辣味可增进食欲，促进消化液的分泌，在食品烹调中经常用作调味品。

辣椒、花椒、生姜、大蒜、葱、胡椒、芥末和许多香辛料都具有辣味，是常用的辣味物质，但其辣味成分和综合风味各不相同，分别有热辣味、辛辣味、刺激辣等。属于热辣味的有辣椒中的辣椒素，主要是一类碳链长度不等（$C_8 \sim C_{11}$）的不饱和脂肪酸香草基酰胺；胡椒中的胡椒碱、花椒中的山椒素都是酰胺化合物。属于辛辣味的有姜中的姜醇、姜烯酚、姜酮，肉豆蔻和丁香中的丁香酚，都是邻甲氧基酚基类化合物。属于刺激辣味的有蒜、葱中的蒜素、二丙基二硫化物、甲基丙基二硫化物，芥末、萝卜中的异硫氰酸酯类化合物等。

（3）涩味和涩味物质 涩味是涩味物质与口腔内的蛋白质发生反应而产生的收敛感觉与干燥感觉。因此，涩味不是由于涩味物质作用于相应味蕾所产生的味觉，而是由于刺激触觉神经末梢而产生的感觉。

食品中主要的涩味物质有：多酚类、铁、明矾、醛类等。多酚类因其可与蛋白质发生疏水结合，产生涩味。单宁是其中的重要代表物，单宁易同蛋白质发生疏水结合；同时它还含有许多能转变为醌式结构的苯酚基团，也能与蛋白质发生交联反应。这种疏水作用和交联反应都可能是形成涩感的原因。柿子、茶叶、香蕉、石榴等果实中都含有涩味物质。茶叶、葡萄酒中的涩味人们能接受，但未成熟的柿子、香蕉的涩味，人们较难接受，但随着果实的成熟，单宁类物质会形成聚合物而失去水溶性，涩味也随之消失。

（4）清凉风味 清凉风味是由一些化学物质刺激鼻腔和口腔中的特殊味觉感受器而产生的清凉感觉。例如，薄荷味是典型的清凉风味，包括薄荷、留兰香、冬青油等的风味。此类清凉风味物质很多，以薄荷醇和樟脑较为常见，它们既可产生清凉的味觉，又可产生清凉嗅觉。其中，薄荷醇广泛存在于薄荷的茎和叶，安全性高，是食品工业常用的清凉风味剂，广泛应用于清凉味的糖果和饮料中。

此外，一些糖和糖醇类结晶甜味剂也具有清凉风味，如葡萄糖、山梨醇、木糖醇等晶体因在唾液中溶解时需要吸收大量热量从而产生清凉风味。

五、各类食品中的风味物质

1. 植物源性食品中的风味物质

（1）水果的风味成分 水果的味感多以甜酸味为主，但不同质量的水果差别较大。其甜味物质主要是糖类，如葡萄糖、果糖等。酸味物质主要是有机酸，如柠檬酸、苹果酸、酒石酸等。除此之外，水果中常常也有一些不良味感成分，如单宁在水果中普遍存在而使水果产生涩感、一些水果中糖苷具有苦味等。

水果大都具有一定香味，其香味随水果品种、成熟度等变化而变化。水果的主要香气物质有：有机酸酯类、醛类、醇类、萜烯类、挥发性酚类、有机酸类、酮类等。各种水果的香气成分差异较大，成分十分复杂，见表 2-4。

表 2-4　几种水果中主要呈香物质

水果名称	主要香气物质
苹果	2-甲基丁酸乙酯、反己烯-2-醛、乙醛
桃	苯甲醛、苯甲醇、$C_6 \sim C_{11}$ 脂肪酸的内酯和其他酯类如 γ-十一内酯
葡萄	邻氨基苯甲酸酯、2-甲基-3-丁烯-2-醇、芳樟醇、香叶醇
香蕉	乙酸异戊酯、乙酸丁酯、丁酸戊酯
香瓜	烯醇、烯醛、酯类
菠萝	己酸甲酯、己酸乙酯、丁酸乙酯、呋喃酮、3-甲硫基丙酸甲酯
梨	顺-2-反-4-癸二烯酸的甲酯、乙酯
哈密瓜	(反,顺)-3,6-壬二烯醛
椰子	γ-壬内酯，γ-辛内酯

（2）蔬菜的风味成分　蔬菜的风味没有水果那样浓郁，类型也有别于水果，但有些蔬菜的风味独具特色。如葱、蒜、姜风味突出；萝卜、黄瓜、甘蓝具有特殊气味，各具不同风味。

① 百合科蔬菜　百合科蔬菜以其强烈而有穿透性的芳香为特征，重要的百合科蔬菜有洋葱、细香葱、大蒜、韭菜、芦笋等，风味成分主要是含硫化合物（硫醚、硫醇），如二烃基二硫化物、二烃基三硫化物、二烃基四硫化物等。

② 十字花科蔬菜　十字花科蔬菜具有辛辣的芳香气味，这种辛辣感觉包括刺激感（尤其对于鼻腔）和催泪作用。主要嗅觉物质也是含硫化合物，如硫醇、硫醚、异硫氰酸酯，其中异硫氰酸烯丙酯具有辛辣和芳香气味。这类蔬菜包括白菜、卷心菜、花茎甘蓝、芥菜、萝卜、花椰菜等。

③ 葫芦科和茄科蔬菜　葫芦科和茄科具有青鲜气味，特征气味物质有 C_6 和 C_9 不饱和醇、醛及吡嗪类化合物。

④ 伞形花科蔬菜　伞形花科蔬菜具有微刺鼻的芳香，含有萜烯类化合物。胡萝卜的嗅觉物质主要是萜烯类、醇、羰基化合物，芹菜特征香气化合物是二氢苯肽类化合物、2,3-丁二酮。

⑤ 食用菌类　食用菌中，蘑菇是最受欢迎的一种。鲜蘑菇的主香成分是辛烯醇，干蘑菇的主香成分是蘑菇精。香菇的主要风味化合物是半胱氨酸亚砜前体，即香菇酸，它在 S-烷基-L-半胱氨酸亚砜裂解酶的作用下生成香菇精。

⑥ 其他蔬菜　海藻芳香的主体成分是甲硫醚，腥气来自于三甲胺。莴苣的主要嗅觉成分是 2-异丙基-3-甲氧基吡嗪和 2-仲丁基-3-甲氧基吡嗪。

（3）茶叶的风味成分　茶叶的风味和特征是决定茶叶品质的重要因素，各种不同来源的茶叶，具有各自独特的风味。茶叶香气与原料品种、采摘季节、叶的鲜嫩程度、生长条件、加热温度、发酵程度等因素有关。

茶叶中香气物质十分复杂，从茶叶成品中分离鉴定的香气物质种类达到 600 多种，主要有醇类、醛类、酮类、酯类、酚类、含氮化合物、含硫化合物等，但新鲜茶叶中的香气物质只有 80 多种。因此，茶叶中的大部分香气物质是在加工中形成的，采用不同加工工艺制成的茶叶品种不同，香气也差别甚远。

① 绿茶的香气成分　绿茶香气中，清香、花香、烘炒香（板栗香）是常见的香型。绿

茶主要是经摊放、杀青、揉捻和干燥等工艺制成。工艺过程中香气变化明显，例如，适度摊放减少了苦涩味，提升了鲜度，同时有利于青气减弱、清香显现；干燥过程中，具有青草气的醇、醛、酯类物质进一步减少，同时糖与氨基酸发生美拉德反应生成较多的吡嗪、吡咯、糠醛类化合物，使茶叶具有烘炒香。

② 红茶的香气成分　红茶的制作过程可分为萎凋、揉捻、发酵、二次干燥等工艺过程。在红茶的加工过程中酚类物质被多酚氧化酶氧化成邻醌结构，经进一步发生化学反应生成茶黄素、茶红素等，在焙制干燥时发生美拉德反应，生成褐变产物，对红茶的色泽起着重要作用。

(4) 豆类的风味成分　大豆在加工前，挥发性成分较少，含量较高的有丙醇、己醇、3-甲基丁醇、$C_1 \sim C_3$ 的醛类及芳香族化合物。在加工过程中，易生成强烈的特征性豆青气，这主要和己醇、己醛等有关。在加热烘炒时产生吡嗪类、糠醇、5-甲基糠醛、苯乙醛、N-异酰基吡咯、愈创木酚等化合物。

2. 动物源性食品风味

(1) 畜禽肉类的风味　生肉一般都带有畜禽原有的生臭气味和血样的腥膻气味，风味物质主要由 H_2S、CH_3SH、C_2H_5SH、CH_3CHO、CH_3COCH_3、CH_3OH、C_2H_5OH、$CH_3CH_2COCH_3$、NH_3 等组成。生肉加工成熟肉之后，香气就会变得非常诱人，现已鉴定出近千种香气成分，形成熟肉香气的前体物质包括：糖类、氨基酸类、肽类和脂类等。脂肪是形成畜禽肉风味差异的主要物质，脂肪酸组成的差异、脂肪的酶促氧化产物的不同、脂溶性成分的不同（脂溶性维生素、脂蛋白等），都导致肉制品风味的不同。肉香通常是指肉加热的香气。

畜禽肉的肉香成分有：煮肉香气以硫化物、呋喃、苯环型化合物为主体；烤肉香以吡嗪、吡咯、吡啶等碱性组分与异戊醛为主；炒肉介于煮与烤之间；熏肉时烟料成分影响肉的风味，烟料的主要成分有酚类（愈创木酚、甲酚）、羰化物（醛、酮）以及脂肪酸类、醇类、糠醛等。熏制的温度也影响肉与烟料的成分。另外，腌料配方也明显影响腌肉的风味。

(2) 乳及乳制品　乳类包含牛乳、山羊乳、绵羊乳、马乳等。鲜乳或乳制品风味的好坏与加工、贮藏等关系密切。鲜乳的主要香气成分有低级脂肪酸和羰基化合物，如丁酮、丙酮、乙醛、甲硫醚等，其中主香成分是甲硫醚，含量稍高就会产生异味。

新鲜乳制品如管理不当，易产生不良嗅感，主要有以下几方面原因：

① 牛乳在脂肪酶催化下易水解产生低级脂肪酸（如丁酸），产生酸败味。

② 乳脂肪易发生自氧化产生辛二烯醛与壬二烯醛，当它们浓度达到 1mg/kg 时，人就能感受到氧化臭。微量的金属离子、抗坏血酸和光线等都能促进乳制品产生氧化臭，尤其是二价铜离子催化作用最强。

③ 日晒会使牛乳中的蛋氨酸通过光化学反应生成 β-甲硫基丙醛，β-甲硫基丙醛具有甘蓝气味，将其稀释，便产生牛乳的日晒味。

④ 乳品在贮藏过程中由于细菌的作用，亮氨酸分解成 3-甲基丁醛，使牛乳产生麦芽臭味。

奶粉和炼乳的加工是热加工工艺，各物质间的非酶褐变反应不可避免，特别是美拉德反应的产物与二次生成物，可使牛乳形成特有香气。另一方面，少量脂肪的氧化，也易使奶粉产生不新鲜气味，奶粉脂肪的氧化产物主要有糠醛、丁酸-2-糠醇酯、邻甲酚、苯甲醛、水杨醛等。

发酵乳制品主要有酸奶和奶酪。酸奶特征风味成分有 3-羟基丁酮、丁二酮，它们由乙酰乳酸分解而成，都有好的清香气味，酸奶的风味由乳酸味、乳糖的甜味及上述香气组成。奶酪品种有 400 种以上，一般熟化过程长，有各种微生物、酶参与反应。奶酪的加工处理方式不同，风味差别很大。奶酪主要味感物质有乙酸、丙酸、丁酸，香气物质有甲基酮、醛、甲酯、乙酯、内酯等。

（3）水产品的风味　水产品包括鱼类、贝类、甲壳类等动物种类，还包括水产植物等。每种水产品的风味因新鲜程度和加工条件不同而丰富多彩。

水产品的种类很多，新鲜度的差别也很大，大量研究证明，刚刚捕获的水产品具有令人愉快的植物般的清香和甜瓜般的香气。但随着新鲜度变化而改变的风味物质导致了鱼的风味有较大差异，过去一直认为鱼腥味与三甲胺有关系，但纯三甲胺通常只有氨味而无腥味，受酶的作用，三甲胺氧化物降解成三甲胺、二甲胺，在海产品中有相当数量的三甲胺氧化物。因此，海鱼的腥臭气比淡水鱼更强。很新鲜的鱼基本不含三甲胺，新鲜度降低，会形成腥臭气味。鱼臭是鱼表皮黏液和体内含有的各种蛋白质、脂肪等在微生物的作用下，生成了硫化氢、氨、甲硫醇、腐胺、尸胺、吲哚、四氢吡咯、六氢吡啶等化合物所致。

熟鱼和鲜鱼比较，挥发性酸、含氮化合物和羰基化合物的含量都有所增加，并产生熟鱼诱人的香气。熟鱼的香气形成途径与其他畜禽肉类相似，主要是通过美拉德反应、氨基酸降解、脂肪酸的热氧化降解以及硫胺素的热解等反应生成，各种加工方法不同，香气成分和含量都有差别，形成了各种制品的香气特征。

甲壳类和软体水生动物的风味，在很大程度上取决于非挥发性的味感成分，而挥发性的嗅感成分仅对风味产生一定的影响。例如蒸煮螃蟹的鲜味，可用核苷酸、盐和 12 种氨基酸混合便可重现，如果在这些呈味混合物基础上，加入某些羰基化合物和少量三甲胺，便制成酷似螃蟹的风味产品。

海参、海鞘类具有清香风味，其清香气味的特征化合物有 2,6-壬二烯醇、2,7-癸二烯醇、7-癸烯醇、辛醇、壬醇等，产生这些物质的前体物是氨基酸和脂肪。

青虾煮熟后的特征香气成分有乙酸、异丁酸、三甲胺、氨、乙醛、正丁醛、异戊醛和硫化氢等。

紫菜的头香成分在 40 种以上，其中重要的有羰基化合物、硫化物和含氮化合物。

3. 发酵食品

发酵食品的种类很多，酒类、酱油、醋、酸奶、面包等都是发酵食品。它们的风味物质非常复杂，主要由下列途径形成：①原料本身含有的风味物质；②原料中所含的糖类、氨基酸及其他类无味物质，经微生物的作用代谢而生成风味物质；③在制作过程和熟化过程中产生的风味物质。由于酿造选择的原料、菌种不同，发酵条件不同，产生的风味物质千差万别，形成各自独特的风味。

（1）白酒　酒的种类很多，风味各异。白酒的芳香物质已经鉴别出 300 多种，主要成分包括：醇类、酯类、酸类、羰基化合物、酚类化合物及硫化物等。以上这些物质按不同比例相互配合，构成各种芳香成分。按风味成分将白酒分成五种主要香型（表 2-5）。

表 2-5　白酒的香型

香型	代表酒	特征风味物质
浓香型	五粮液、泸州大曲	酯类含量高,以乙酸乙酯、乳酸乙酯、己酸乙酯最多
清香型	山西汾酒	几乎都是乙酸乙酯、己酸乙酯
酱香型	茅台	乙酸乙酯、乳酸乙酯、己酸乙酯比大曲少;丁酸乙酯增多
米香型	桂林三花	香味成分总量较少,乳酸乙酯、β-苯乙醇含量相对较高
凤香型	西凤酒	己酸乙酯含量高,乙酸乙酯和乳酸乙酯比例恰当

① 醇类化合物　白酒香气成分中含量最大的是醇类物质,其中以乙醇含量最多,它是通过糖类物质经酒精发酵得来。除此以外,还含有丙醇、2-甲基丙醇、正丁醇、正戊醇、异戊醇等。这些醇统称高级醇,又称高碳醇。高碳醇含量的多少,决定了白酒风味的好坏,它是形成白酒独特风味的重要成分之一。这些高碳醇来源于氨基酸发酵,制酒的原料中蛋白质含量要适宜,若含量过低,生成的高碳醇太少或比例不当,使得酒香平淡;若蛋白质含量过高,生成的高碳醇过多或者使各种物质配比不协调,也会导致酒香中的刺激性气味或苦味。

② 酯类化合物　白酒中的酯类化合物是一种最重要的香味成分,是构成各种白酒香型的关键成分。一般优质名牌白酒的酯类含量都较高,而普通白酒的含量较低。酯类化合物的来源主要有两种途径:一是酵母的生物合成,是酯类生成的主要途径;二是白酒在蒸馏和贮存过程中发生酯化反应生成。在常温下酯化速度很慢,往往十几年才能达到平衡。因此,陈酿酒比新酿造的酒香气浓。白酒的香型基本是按酯的种类、含量以及相互之间的比例进行分类的。例如:在浓香型白酒中,它的香气主要是由酯类物质所决定,酯类的绝对含量最多,其中己酸乙酯含量最丰富,香气也占主导;而清香型白酒的香味组分也以酯类化合物占绝对优势,以乙酸乙酯为主。

③ 酸类化合物　酸类化合物本身对酒香直接贡献不大,但具有调节体系口味和维持酯的香气的作用,也是酯化反应的原料之一。它们的种类很多,含量相对较高的有机酸有乙酸、乳酸,其次是丁酸、己酸、丙酸、戊酸等;还有一些二元酸、三元酸、羟基酸、羰基酸等。这些酸类一部分来源于原料,大部分是由微生物发酵而成。

④ 羰基化合物　羰基化合物也是白酒中重要的香气成分。茅台酒中羰基化合物最多,主要有乙缩醛、丙醛、糠醛、异戊醛、丁二酮等;大曲酒和汾酒中主要是乙缩醛和丙醛,其中汾酒含量低些;三花酒中羰基化合物的含量很少。大多数羰基化合物由微生物酵解而来。

⑤ 酚类化合物　某些白酒中含有微量的酚类化合物,如4-乙基苯酚、愈创木酚等。这些酚类化合物有两种来源,一方面可由原料中的成分在酵母或其他微生物发酵过程中生成,另一方面是贮酒桶的木质容器中的某些成分,如香兰素等溶于酒中,经氧化还原产生。

(2) 果酒　果酒中最重要的是葡萄酒,葡萄酒的种类很多,按颜色分为红葡萄酒(用果皮带色的葡萄制成)和白葡萄酒(用白葡萄或红葡萄果汁制成);按含糖量分为干葡萄酒(含糖量小于 4g/L)、半干葡萄酒(含糖量 4～12g/L)、半甜葡萄酒(含糖量 12～50g/L)和甜葡萄酒(含糖量大于 50g/L)。

葡萄酒的香气成分,包括芳香和花香两大类,芳香来自果实本身,是果酒的特征香气;

花香是在发酵、陈化过程中产生的。葡萄酒的香气物质有醇类、酯类、羰基化合物、有机酸类等，与糖类一起构成了它的特殊风味。

(3) 啤酒 啤酒的风味主要是指其香气和苦味。

在啤酒的香气中，测定的物质达 300 多种，主要有：醇类（如乙醇、高碳醇）、酯类（主要是乙酸乙酯）、羰基化合物（如乙醛、3-甲基-2-丁酮）、酸类（如焦谷氨酸、柠檬酸、乳酸、苹果酸、琥珀酸、乙酸）、硫化物（主要是二氧化硫）等。各种物质综合作用形成了啤酒的香气。此外，啤酒中还含有约 0.5% 的二氧化碳，有助于啤酒香气的和谐。

啤酒的独特苦味，是由酒花中所含的苦味物质和酿造过程中新产生的苦味成分共同形成。苦味物质大多为葎草酮类和蛇麻酮类衍生物。

啤酒花和酒的香气、酒花的苦味和酒内适当的酸甜味感以及二氧化碳的刺激感等，共同形成了啤酒的特征风味。

(4) 酱油 酱油是以大豆、小麦等为原料经曲霉分解后，由乳酸菌、酵母等长期发酵，生成氨基酸、糖类、酸类、羰基化合物和醇类等成分，共同构成了酱油的独特风味。酱油的主要香气物质有：酯类、酸类、醇类、醛类、呋喃类、吡嗪类、羰基化合物及其硫化物等。

酱油的整体风味是由它的特征香气和氨基酸与肽类所产生的鲜味、食盐的咸味、有机酸的酸味等共同组成的综合味感。

4. 焙烤食品

很多食物在焙烤时都会散发特有的香气，这主要来源于糖类的热解反应、糖与氨基酸之间的美拉德反应、油脂分解等。糖类是焙烤食品香气物质的重要前体，单独高温加热就可生成呋喃衍生物、酮类、醛类、丁二酮等多种香气物质。若有氨基酸存在时，糖与氨基酸经美拉德反应不仅可以生成棕黑色的色素，还能形成多种吡嗪类香气物质。香气物质随氨基酸种类、pH 不同而不同。如缬氨酸、亮氨酸、赖氨酸与葡萄糖一起适度加热都可产生诱人的香气，而胱氨酸、色氨酸则产生臭味。

面包等面制品的香气除来自酵母发酵产生的醇、酯以外，还来自美拉德反应生成的多种羰基化合物。花生、芝麻等坚果类焙炒时也可产生诱人的香味，炒花生的香气成分除了羰基化合物，还有吡嗪化合物和甲基吡咯，而芝麻香气的特征成分主要是含硫化合物。

六、食品加工中食品风味形成的途径和风味控制

1. 风味化合物形成的途径

食品风味物质多种多样，其来源主要包括两方面：酶催化的反应和非酶反应。其中，酶催化形成食品风味物质的反应途径主要是指生物合成与微生物发酵作用，如苹果、香蕉、葱、蒜、姜等原材料中的香气物质就是通过生物合成途径形成的。而非酶反应主要指食品加工过程中各种物理化学因素作用生成风味物质的反应，如高温分解反应等。咖啡和面包烘烤时的香气、鱼和肉在烧煮时出现的香气物质主要都是通过非酶反应产生的。

(1) 酶催化的反应

① 生物合成 食品的香气物质大部分来源于其原料在生长、成熟过程中的生物合成作用，生物体在正常生长期内由酶催化的这种反应一般可形成较好的风味，如桃、苹果、梨和

香蕉等随着果实的逐渐成熟，香气逐渐变浓。食物中的香气成分主要是以氨基酸、脂肪酸、羟基酸、单糖、糖苷、色素等为前体，通过进一步的生物合成而形成。

② 微生物的发酵作用　发酵食品及其调味品的风味成分主要是由微生物作用于发酵基质中的碳水化合物、蛋白质、脂肪和其他物质产生的，主要有醇、醛、酮、酸、酯等物质。发酵产生风味物质的方式主要有两种：一种是原料中的某些物质经微生物发酵而直接形成风味物质，如醋的酸味、酱油的香气等；另一种是微生物发酵形成的一些非香气物质在产品的熟化和贮藏过程中进一步转化而成香气成分，如白酒的香气。

(2) 非酶反应　在食品加工中，加热是最常见的工序，也是形成食品风味的主要途径。风味前体物质可发生各类反应，从而形成不同的风味物质。加热产生风味物质的反应主要有美拉德反应，焦糖化反应，碳水化合物、氨基酸、脂肪、维生素 B_1、维生素 C、类胡萝卜素等的热降解，及油脂氧化等。

① 美拉德反应　美拉德反应是高温加热食品时形成香气的主要途径。其反应产物复杂，既与参与反应的氨基酸及单糖的种类有关，也与受热的温度、时间、pH、水分等因素有关。当温度较低、受热时间较短时，反应产物通常是 Strecker 醛、内酯类和呋喃类化合物。当温度较高、受热时间较长时，反应产物中香气物质增加，如吡嗪类、吡咯类、吡啶类等。

氨基酸与不同糖作用时，将降解产生不同的香气物质。如苯丙氨酸与麦芽糖反应产生令人愉悦的焦糖甜香味，苯丙氨酸与果糖反应却产生令人不快的焦糖味，但有二羟丙酮存在时，则产生紫罗兰香气。甲硫氨酸与二羟丙酮作用形成类似烤土豆（马铃薯）的气味，而甲硫氨酸与葡萄糖反应，呈现烤焦土豆味。

② 热降解反应　热降解反应既包括碳水化合物、蛋白质、油脂等食品基本组分的热降解，也包括维生素 B_1、维生素 C、类胡萝卜素等非基本组分的热降解。

糖的热降解反应有：裂解、分子内脱水、异构，反应产生低分子醛、酮、焦糖素等。氨基酸的热降解反应主要为含硫氨基酸和杂环氨基酸的降解（面包、饼干、烤玉米与谷物的香气）。含硫氨基酸降解产物有硫化氢、乙醛、氨、噻唑、噻吩及含硫化合物，很多是熟肉的香气成分。杂环氨基酸主要是指脯氨酸和羟脯氨酸，受热生成面包、饼干、烤玉米与谷物似的香气成分吡咯和吡啶类化合物。油脂热降解反应主要为脂肪酸的热氧化降解，生成各种醛、醇、烃、酮、酯、脂肪酸等。控制合适的温度与反应时间，基本组分的相互作用可产生很好的香气。

非基本组分主要是指食品中含量相对低的组分，如维生素、色素等。在食品加工中维生素类物质的降解，虽然损失了营养，但有些能产生较好的风味。如抗坏血酸（维生素 C）在热加工中生成糠醛，糠醛再进一步转化，产生的物质具有较好的香气，是烘烤后的茶叶、花生及熟牛肉中的重要香气成分。

2. 风味控制

食品贮藏和加工过程中，易发生各种物理化学变化，常导致食品风味的变化。有些食品加工过程可以提高食品香气，如烤面包、炒瓜子、油炸食品等过程香气四溢。但有些加工过程却使食品香气丢失或出现不好的风味，如脱水制品的焦煳味、果汁巴氏杀菌产生的蒸煮味等。因此，为了提高食品质量，在食品加工中控制其风味十分重要，这里主要介绍香气的控制与增强。

（1）食品香气控制

① 原料选择　一般而言，不同种类、不同成熟度、不同产地的原料有不同的香气，有时同一原料的不同品种香气也不一样。如呼吸高峰期采收的水果比呼吸高峰前的水果香气更好。

② 加工工艺　同样的原料若经不同的加工工艺处理可得到不同香味的产品。如茶叶的加工工艺不同，制成的茶品种、风味都不同。

③ 贮藏条件　不同贮藏条件对风味的影响不同。如茶叶贮存不当，易发生氧化反应，导致陈味产生。

④ 包装方式　包装方式常通过影响食品内部的某些代谢从而导致食品香气变化。如真空、脱氧、充氮包装都能有效减缓包装茶的品质劣变，也能明显抑制高油脂食品的香气劣变。

⑤ 物质之间的相互作用　有些食品成分能与香气物质发生一定的相互作用，如蛋白质与香气物质之间有较强结合，导致牛乳与异味物质接触易产生不愉快的气味。

你知道吗？

中国的茶文化历史悠久，你知道依据原料和工艺的不同，茶主要分为哪些种类吗？

扫二维码可见答案

（2）食品香气增强

① 添加回收的香气成分或食用香精　香气回收是指先将香气物质在低温下萃取，再把回收的香气重新添加至产品中，保持原来的香气。添加香精即食物调香，目前天然香精用得较多。

② 添加香味增强剂　香味增强剂是指一类本身没有香气或很少有香气，但能显著提高或改善原有食品香气的物质。提香原理是通过提高感受器对香气物质的敏感性而降低香气感受阈值。目前应用较多的有 5′-肌苷酸、5′-鸟苷酸、L-谷氨酸钠、麦芽酚、乙基麦芽酚等。其中麦芽酚和乙基麦芽酚使用最多，它们呈现焦糖香气，在酸性条件下增香提香效果较好，碱性条件下易形成盐而使香味减弱。它们广泛用于糖果、饼干、面包、果汁、罐头、汽水、冰激凌等食品中。

③ 添加香气物质前体　添加香气物质前体比直接添加香气物质的香气更加自然。如红茶制作时，添加胡萝卜素、维生素 C 能增加其香气。

④ 酶处理技术　风味酶可以通过两种途径提香：一是促进食品中的香气前体物质转化为香气成分，如红茶制作中，多酚氧化酶和过氧化物酶可显著改善其香气；二是促进键合态香气物质转化为游离态，从而提香，如绿茶饮品制作中添加果胶酶可促进大量芳樟醇和香叶醇释放。

食品风味相关立法与管理现状

食品中的风味物质在食品工业中已被广泛应用，因此对其的安全性评价及管理显得极其重要。各国法规对风味物质的定义及范围不尽相同，最主要的不同之处在于食用香料的一般归类。在一些国家，食用香料被归为食品添加剂类，如美国、日本和中国；而在欧洲，食用香料被认为是一种特殊的食品类型。

联合国粮农组织（FAO）和世界卫生组织（WHO）是公认的有权对风味物质进行评价的国际组织，但是由于没有立法的权利，因此它们仅仅提供建议，很多国家会将它们的建议纳入各国的法律中。自 1960 年以来，美国香料与提取物生产者协会（FEMA）开始对食用香料的安全性进行评价。评价标准包括食用香料在食品中的自然存在状态、暴露量（使用量）、化学特性、代谢和药代动力学、毒理学数据，以及 FDA 红皮书中对食品添加剂安全评价原则的应用等。FEMA GRAS（一般认为安全）是指在当前的使用水平下是安全的。FEMA GRAS 得到美国 FDA 的充分认可，已作为国家法规在执行，是美国 FDA 评价食品添加剂的安全性指标。

美国 FDA 关于食品风味的一些定义为：人造风味料或人造调味品意味着有传递风味功能的物质，主要是指人工合成的而非源于天然的材料，并非来源于香料、水果或果汁、蔬菜或蔬菜汁、可食用酵母、香草、树皮、芽、根、叶或者类似的植物材料、肉、鱼、家禽、蛋、奶酪品或发酵产品；香料是指除了已作为传统食品的物质如洋葱、大蒜、芹菜外的任何有芳香味的植物物质，它们在食品中的作用是调味性而非营养性的，包括多香果粉、茴芹、罗勒属植物、月桂树叶子、香菜种、碎米荠属植物、芹菜种、山萝卜、桂皮、丁香、胡荽、孜然芹种、莳萝种子、茴香种、葫芦巴、姜、山葵、豆蔻香料、牛至属植物、芥末粉、肉豆蔻、牛至、红辣椒、欧芹、黑胡椒粉、白胡椒粉、红胡椒粉、迷迭香、干藏红花粉、鼠尾草、味美、大茴香、龙嵩叶、百里香、姜黄等；天然风味或天然调味品意指香精油、树脂油、提取物或萃取物、蛋白质水解产物、蒸馏或烧烤产品、热裂解或酶解产物，它们包含的风味成分源于某种香料、水果或果汁、蔬菜或蔬菜汁、可食用酵母、香草、皮、芽、根、叶或类似的植物材料、肉、海产食品、家禽、蛋、奶酪产品、发酵食品等，它们在食品中的功能是风味而不是营养。

美国的 FDA 名单和 FEMA 名单不仅适用于美国，它在世界上也有广泛的通用性，如中国也在原则上采用它们。我国将食用香料的管理纳入食品添加剂范畴，允许使用的食品香料名单以肯定形式列入国家标准 GB 2760—2014《食品安全国家标准　食品添加剂使用标准》中。我国允许使用的食品香料中，大部分有 FEMA 编号。目前我国规定食品添加剂应当在技术上确有必要且经过风险评估证明安全可靠，方可列入允许使用的范围，并且国家对食品添加剂的生产实行许可制度。所有的食品添加剂，包括食品香料都需要经过安全评估，方可根据要求使用。

课后练习题

一、填空题

1. 口腔内的味觉感受器主要是_____，其次是_____。

2. 一般舌头的前部对_____味最敏感，舌尖和边缘对_____味最敏感，靠腮的两侧对_____味最敏感，舌的根部对_____味最敏感。

3. 香气值是指_____。

4. 食物中的天然苦味化合物，植物来源的主要是_____、_____、_____等，动物性的主要是_____。

5. 鲜味物质可以分为_____类、_____类、_____类。不同鲜味特征的鲜味剂的典型代表化合物有 L-_____一钠（MSG），5′-_____（5′-IMP）、5′-_____（5′-GMP）、_____一钠等。

6. 食品中的涩味物质主要是_____等多酚化合物。

7. 生成红茶风味化合物的前体主要有_____、_____、_____等。

8. _____是日常生活中食醋的主要成分，_____为食品加工中使用量最大的酸味剂，_____与人工合成的甜味剂共用时，可以很好地掩盖其后苦味。

二、选择题

1. 味蕾主要分布在舌头的（　　　）、上腭和喉咙周围。

A. 表面　　　　　B. 内部　　　　　C. 根部　　　　　D. 尖部

2. 咖啡碱、茶碱、可可碱都是（　　　）类衍生物，是食品中重要的生物碱类苦味物质。

A. 嘧啶　　　　　B. 嘌呤　　　　　C. 蝶呤　　　　　D. 吡啶

3. 贝类鲜味的主要成分是（　　　）。

A. L-谷氨酸钠　　B. 5′-肌苷酸　　C. 5′-鸟苷酸　　D. 琥珀酸钠

4. 清明前后采摘的春茶特有的新茶香是（　　　）与青叶醇共同形成的。

A. 二硫甲醚　　　B. 二硫乙醚　　　C. 二硫丙醚　　　D. 二硫丁醚

5. 不同的动物的生肉有各自的特有气味，主要是与其所含（　　　）有关。

A. 微量元素　　　B. 碳水化合物　　C. 蛋白质　　　　D. 脂肪

6. 羊肉有膻味与肉中的（　　　）支链脂肪酸有关。

A. 甲基　　　　　B. 乙基　　　　　C. 丙基　　　　　D. 丁基

7. （　　　）是一种迟效性酸味剂，在需要时受热产生酸，用于豆腐生产作凝固剂。

A. 醋酸　　　　　B. 柠檬酸　　　　C. 苹果酸　　　　D. 葡萄糖酸-δ-内酯

8. （　　　）是海产鱼腐败臭气的主要代表，与脂肪作用就产生了所谓的"陈旧鱼味"。

A. 氨　　　　　　B. 二甲胺　　　　C. 三甲胺　　　　D. 氧化三甲胺

9. （　　　）酸味温和爽快，略带涩味，主要用于可乐型饮料的生产中。

A. 柠檬酸　　　　B. 醋酸　　　　　C. 磷酸　　　　　D. 苹果酸

三、问答题

1. 食品风味包括哪些基本要素？

2. 风味物质的相互作用有哪些现象？试举例说明。

3. 食品味觉是如何产生的？

4. 食品风味物质的形成主要有哪几种途径？

四、综合题

烤肉自古至今一直是广受欢迎的菜品之一，通常用猪肉、牛肉、羊肉等动物肉类作为主要原料经过调料腌渍后烤制而成。

原料：猪肉、牛肉、羊肉等；

腌料：糖、盐、料酒、姜、葱、酱油等。

请用所学知识解释：

1. 烤肉风味形成的主要途径及控制方法是什么？

2. 各种原料在烤肉风味形成中所起的作用是什么？

项目 四
食品添加剂

知识目标

1. 了解各类食品添加剂的概念、分类和作用。
2. 掌握常用食品添加剂的性能及应用特点。

案例引入

人类使用食品添加剂的历史相当悠久，早在东汉时期，我国就已经开始使用凝固剂——盐卤来点制豆腐，而调味剂味精，更是厨房里的必备之物。如今食品添加剂已经进入粮油、肉禽、果蔬加工等各个领域，包括饮料、调料、酿造、面食、乳制品等各个食品工业部门，事实也证明，没有添加剂就没有现代食品工业。

一、概述

由于食品工业的迅速发展，食品添加剂已经成为现代食品工业原料的重要组成部分，并且已经成为食品工业技术进步和科技创新的重要推动力。正是因为食品添加剂的使用才使我们目前的食品丰富多彩和易于接受，可以说现代生活已经离不开食品添加剂。在食品添加剂的使用中，除保证其发挥应有的功能和作用外，最重要的是应保证食品的安全。

1. 食品添加剂的定义

我国《食品安全国家标准 食品添加剂使用标准》（GB 2760—2014）中食品添加剂的定义是：为改善食品品质和色、香、味，以及为防腐、保鲜和加工工艺的需要而加入食品中的人工合成或者天然物质。食品用香料、胶基糖果中基础剂物质、食品工业用加工助剂也包括在内。

使用食品添加剂的目的是为了保持食品质量、增加食品营养价值以及保持或改善食品的功能性质、感官性质和简化加工过程等。

联合国的食品法典委员会（CAC）发布的《食品添加剂通用法典标准》（GSFA）对食品添加剂的定义为：其本身通常不作为食品消费，不用作食品中常见的配料物质，无论其是否具有营养价值，在食品中添加该物质的原因是出于生产、加工、制备、处理、包装、装箱、运输或储藏等食品的工艺需求（包括感官），或者期望它或其副产品（直接或间接地）成为食品的一个成分，或影响食品的特性。该定义的范围不包括污染物，或为了保持或提高食物的营养质量而添加的物质。

食品添加剂法规特别禁止用添加剂来掩盖食品的缺陷，欺骗消费者，损害消费者利益。此外，在采用合理工艺及良好管理的条件下，生产的食品能获得类似于有添加剂的效果，就不应使用添加剂。

2. 食品添加剂的分类

食品添加剂按其来源可分为两类：①从动植物或微生物中提取的天然食品添加剂；②利用各种化学反应合成的食品添加剂。目前开发的重点是天然食品添加剂。

按食品添加剂的功能和用途分类，根据《食品安全国家标准　食品添加剂使用标准》（GB 2760—2014）规定，将食品添加剂分为 22 个大类，它们是酸度调节剂、抗结剂、消泡剂、抗氧化剂、漂白剂、膨松剂、胶姆糖基础剂、着色剂、护色剂、乳化剂、酶制剂、增味剂、面粉处理剂、被膜剂、水分保持剂、防腐剂、稳定剂和凝固剂、甜味剂、增稠剂、食品用香料、食品工业用加工助剂、其他（上述功能类别中不能涵盖的其他功能）。

关于食品添加剂的分类各个国家都有自己的分类方法，有的分得较粗，有的分得较细；食品添加剂在开发和应用过程中，它的分类也在不断地变动和完善。例如，欧洲共同体曾将食品添加剂分为 9 类，而日本将食品添加剂分为 25 类。FAO/WHO 于 1984 年曾将食品添加剂细分为 95 类，而于 1994 年又改为 40 类。

3. 食品添加剂的作用

食品添加剂的作用很多，基本可以归结为以下几个方面：

① 增加食品的保藏性能，延长保质期，防止微生物引起的腐败和由氧化引起的变质。

② 改善食品的色、香、味和食品的质构。如色素、香精、各种调味品、增稠剂和乳化剂等。

③ 有利于食品的加工操作，适应机械化、连续化大生产。如用葡萄糖酸内酯作为豆腐凝固剂，有利于大规模生产安全、卫生的盒装豆腐。

④ 保持和提高食品的营养和保健价值。如营养强化剂、食品功能因子等。

⑤ 满足特殊人群的需要。如糖尿病患者不能吃糖，则可用无营养甜味剂或低热能甜味剂。

4. 食品添加剂在食品中的应用

现代食品工业的发展已离不开食品添加剂，当前食品添加剂已经进入到粮油、肉禽、果蔬加工等各个领域，也是烹饪行业必备的配料，并已进入了家庭的一日三餐。如：方便面中含有叔丁基对羟基茴香醚（BHA）、2,6-丁基羟基甲苯（BHT）等抗氧化剂，海藻酸钠等增稠剂，味精、肌苷酸等风味剂，磷酸盐等品质改良剂。豆腐中含有凝固剂：$CaCl_2$、$MgCl_2$、$CaSO_4$、葡萄糖酸-δ-内酯，消泡剂单甘酯等。酱油中含有防腐剂，如尼泊金酯、苯甲酸钠，还有食用色素酱色等。饮料中含有酸味剂，如柠檬酸；甜味剂，如甜菊苷、阿斯巴甜；香精，如橘子香精；色素，如胭脂红、亮蓝、柠檬黄、β-胡萝卜素等。冰激凌中含有乳化剂，如聚甘油脂肪酸酯、蔗糖酯、司盘（Span）、吐温（Tween）、单甘酯等；增稠剂，如明胶、羧甲基纤维素钠（CMC-Na）、瓜尔豆胶；还含有色素、香精、营养强化剂等。面包中含有面粉改良剂如溴酸钾、过硫酸铵、二氧化氯、维生素 C 等，含有乳化剂如吐温-60、琥珀酸单甘油酯、硬脂酰乳酸钠等。从某种意义上讲，没有食品添加剂，就没有近代的食品工业。

5. 食品添加剂的安全性和卫生管理

（1）食品添加剂的安全性　食品添加剂的使用存在着不安全的因素，因为有些食品添加剂不是传统食品的成分，对其生理生化作用人们还不太了解，或还未做长期全面的毒理学试验等。

有些食品添加剂本身虽不具有毒害作用，但由于产品不纯等因素也会引起毒害作用。这是因为合成食品添加剂时可能带入残留的催化剂、副反应产物等工业污染物。对于天然的食品添加剂也可能带入人们还不太了解的动植物中的有毒成分，另外天然物在提取过程中也存在被化学试剂或微生物污染的可能。早期使用的从煤焦油中合成的数十种色素，现在大多被发现具有致癌性而禁止使用。

任何一种新食品添加剂都应对其进行毒理学评价，按照《食品安全国家标准　食品安全性毒理学评价程序》（GB 15193.1—2014）规定，分为四个阶段：第 1 阶段，急性毒性试验；第 2 阶段，蓄积试验、致突变试验及代谢试验；第 3 阶段，亚慢性毒性试验；第 4 阶段，慢性毒性试验。

（2）食品添加剂的卫生管理　为了确保人民的身体健康，防止食品中有害因素对人体产生危害，我国对食品添加剂的生产、销售和使用都进行了严格的卫生管理，如颁布有《中华人民共和国食品安全法》《食品添加剂生产监督管理规定》《食品生产企业卫生规范》《食品添加剂新品种管理办法》《食品安全国家标准　食品添加剂使用标准》等，这些法律和法规及标准，对于我国食品添加剂的安全使用起到了积极的作用。

《食品安全国家标准　食品添加剂使用标准》中明确指出了允许使用的食品添加剂品种、使用的目的（用途）、使用的食品范围以及在食品中的最大使用量或残留量，有的还注明使用方法等。

因此，消费者对食品添加剂的安全性应该有一个全面的正确认识，目前允许使用的食品添加剂虽不能宣称绝对安全，但都是经过严格的毒理学试验的，只要依法严格执行《食品安全国家标准　食品添加剂使用标准》，其安全还是可以得到保证的。

6. 食品添加剂使用的基本要求

① 不应对人体产生任何健康危害；

② 不应掩盖食品腐败变质；

③ 不应掩盖食品本身或加工过程中的质量缺陷，或以掺杂、掺假、伪造为目的而使用食品添加剂；

④ 不应降低食品本身的营养价值；

⑤ 在达到预期的效果下，尽可能降低在食品中的用量；

⑥ 食品工业用加工助剂一般应在制成最后成品之前除去，有规定食品中残留量的除外。

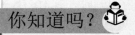

你知道食品添加剂的合理使用、滥用、违法添加是如何界定的吗？

扫二维码可见答案

二、食品中常见的添加剂

1. 防腐剂

自从人类食物有了剩余，就有了食品保藏的问题。自古以来，人们就常采用一些传统的保藏方法来保存食物，如晒干、盐渍、糖渍、酒泡、发酵等。现在更是有了许多工业化的和高技术的方法如罐藏、脱水、真空干燥、喷雾干燥、冷冻干燥、速冻冷藏、真空包装、无菌包装、高压杀菌、电阻热杀菌、辐照杀菌、电子束杀菌等。在下列情况有时考虑采用化学防腐剂：当一些食品不能采用热处理方法加工时；作为其他保藏方法的一个补充以减轻其他处理方法的强度，同时使产品的质构、感官或其他方面的质量得到提高。

防腐剂是具有杀死微生物或抑制其增殖作用的物质，或者说是一类能防止由微生物所引起的食品腐败变质，延长食品保存期的物质。防腐剂可以分为狭义上的防腐剂，即主要起抑菌作用的防腐剂，以及主要起杀菌作用的杀菌剂。然而这两类物质很难有明确的界线。

根据防腐剂的来源和组成可分为化学合成的和天然的、有机的和无机的。有机的防腐剂主要有：苯甲酸及其盐类、山梨酸及其盐类、对羟基苯甲酸酯类、丙酸及其盐类等。无机的防腐剂主要指二氧化硫及亚硫酸盐类、亚硝酸盐等。

对防腐剂的要求是具有显著的杀菌或抑菌作用，但又不影响人体胃肠道正常的微生物菌群，还要求用量少，不影响食品的品质和感官性状等。

由于化学防腐剂使用方便、成本极低，目前条件下还有相当广泛的应用。

（1）防腐剂简介　常用的化学防腐剂包括盐、糖和酸，它们很久之前就开始应用于食品加工和保藏，目前仍有一定的应用。目前常用的主要有苯甲酸类、山梨酸类、丙酸类、尼泊金酯类等。

① 苯甲酸及其钠盐　苯甲酸又称为安息香酸，天然存在于蔓越橘、洋李和丁香等植物中。其纯品为白色有丝光的鳞片或针状结晶，质轻，无臭或微带安息香气味，相对密度为1.2659，沸点为249.2℃，熔点为121～123℃，100℃开始升华，在酸性条件下容易随同水蒸气挥发，微溶于水，易溶于乙醇。由于苯甲酸难溶于水，一般在应用中都是用其钠盐。加入食品后，在酸性条件下苯甲酸钠转变成具有抗微生物活性的苯甲酸。

苯甲酸作为食品防腐剂被广泛地使用，pH 为 3 时其抑菌作用最强，在 pH 大于 5.5 时，对很多霉菌和酵母菌没有什么效果，抗微生物活性的最适 pH 范围是 2.5～4.0。因此，它最适合使用于碳酸饮料、果汁、果酒、腌菜和酸泡菜等食品。在 pH 为 4.5 时，其对一般微生物的完全抑制的最小浓度为 0.05%～0.1%。

依据我国《食品安全国家标准　食品添加剂使用标准》（GB 2760—2014），苯甲酸作为防腐剂，其使用范围和最大使用量（以苯甲酸计，g/kg）为：醋、酱油、咖啡、茶等 1.0，蜜饯凉果 0.5，果酒 0.8，碳酸饮料 0.2。

苯甲酸进入机体后，大部分在 9～15h 内与甘氨酸化合成马尿酸，剩余部分与葡糖醛酸结合形成葡糖苷酸，并全部从尿中排出（图 2-19）。用 ^{14}C 示踪试验证明，苯甲酸不会在人体内蓄积，由于解毒过程在肝脏中进行，因此苯甲酸对肝功能衰弱的人可能是不适宜的。

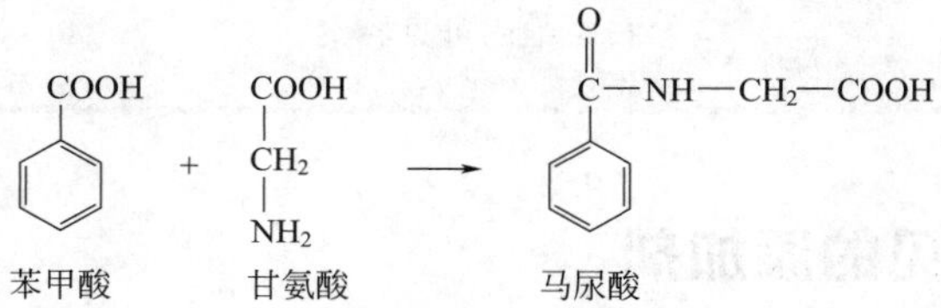

图 2-19　苯甲酸与甘氨酸结合成易于排泄的马尿酸

② 山梨酸及其钾盐　山梨酸的化学名称为 2,4-己二烯酸，又名花楸酸。山梨酸为无色针状结晶，无嗅或稍带刺激性气味，耐光、耐热，但在空气中长期放置易被氧化变色而降低防腐效果。其沸点为 228℃（分解），熔点为 133～135℃，微溶于冷水，而易溶于乙醇和冰醋酸，其钾盐易溶于水。

山梨酸对霉菌、酵母菌和好气性细菌均有抑制作用，但对厌氧芽孢杆菌与嗜酸杆菌几乎无效。其防腐效果随 pH 升高而降低。山梨酸能与微生物酶系统中的巯基结合，从而破坏许多重要酶系，达到抑制微生物增殖及防腐的目的。一般而言，pH 高至 6.5 时，山梨酸仍然有效，这个 pH 值远高于丙酸和苯甲酸的有效 pH 范围。

山梨酸是一种不饱和脂肪酸，在机体内正常地参加代谢作用，氧化生成二氧化碳和水，所以几乎无毒。FAO/WHO 专家委员会已确定山梨酸的每日允许摄入量（ADI）为 25mg/kg 体重。山梨酸及它的钠、钾和钙盐已被所有的国家允许作为添加剂使用。

山梨酸的使用方法有直接加入食品、涂布于食品表面或用于包装材料中。依据我国《食品安全国家标准　食品添加剂使用标准》（GB 2760—2014），其使用范围和最大使用量（以山梨酸计，g/kg）为：果酒 0.6，果酱、酱油、面包、蛋糕、醋等 1.0，肉灌肠类、蛋制品 1.5，熟肉制品 0.075。

③ 对羟基苯甲酸酯类　对羟基苯甲酸酯类又叫尼泊金酯类，其结构见图 2-20，是食品、药品和化妆品中广泛使用的抗微生物制剂。我国允许使用的是尼泊金乙酯和丙酯。美国许可使用对羟基苯甲酸的甲酯、丙酯和庚酯。对羟基苯甲酸酯类为无色结晶或白色结晶粉末，几

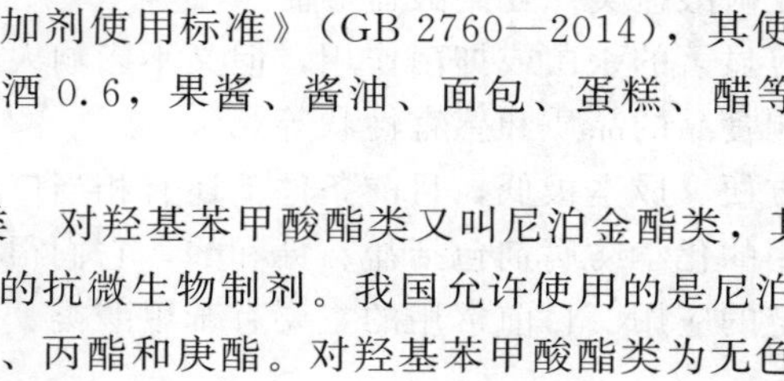

对羟基苯甲酸甲酯　　　　对羟基苯甲酸庚酯

图 2-20　对羟基苯甲酸酯类

乎无嗅，稍有涩味；难溶于水，可溶于氢氧化钠溶液及乙醇、乙醚、丙酮、冰醋酸、丙二醇等溶剂。

对羟基苯甲酸酯类对霉菌、酵母菌和细菌有着广泛的抗菌作用。其对霉菌、酵母菌的作用较强，但对细菌特别是对革兰阴性杆菌及乳酸菌的作用较差。对羟基苯甲酸酯在烘焙食品、软饮料、啤酒、橄榄、果酱和果冻以及糖浆中被广泛使用。它们对风味几乎无影响，但能有效地抑制霉菌和酵母菌（0.05％～0.1％，按重量计）。随着对羟基苯甲酸酯的碳链的增长，其抗微生物活性增加，但水溶性下降，碳链较短的对羟基苯甲酸酯因溶解度较高而被广泛使用。与其他防腐剂不同，对羟基苯甲酸酯类的抑菌作用不像苯甲酸类和山梨酸类那样受pH的影响。在pH为7或更高时，对羟基苯甲酸酯仍具活性，这显然是因为它们在这些pH时仍能保持未离解状态的缘故。苯酚官能团使分子产生微弱的酸性。即使在杀菌温度，对羟基苯甲酸酯的酯键也是稳定的。对羟基苯甲酸酯具有很多与苯甲酸相同的性质，它们也常常一起使用。

④ 丙酸及丙酸钙　丙酸的抑菌作用较弱，但对霉菌、需氧芽孢杆菌或革兰阴性杆菌有效，其抑菌的最小浓度在pH为5.0时，为0.01％；pH为6.5时，为0.5％。丙酸防腐剂对酵母菌不起作用，所以主要用于面包和糕点的防霉。

丙酸和丙酸盐具有轻微的干酪风味，能与许多食品的风味相容。丙酸盐易溶于水，其钠盐（150g/100mL H_2O，100℃）的溶解度大于其钙盐（55.8g/100mL H_2O，100℃）。

丙酸钙为白色颗粒或粉末，有轻微丙酸气味，对光、热稳定，160℃以下很少破坏，有吸湿性，易溶于水，20℃时可达40％。在酸性条件下其具有抗菌性，pH小于5.5时抑制霉菌较强，但比山梨酸弱，在pH为5.0时具有最佳抑菌效果。丙酸钠极易溶于水，易潮解，水溶液呈碱性，常用于西点中。

丙酸盐常被用于防止面包和其他烘焙食品及干酪产品中霉菌的生长。丙酸在烘焙食品中的使用量为0.32％（白面包，以面粉计）和0.38％（全麦产品，以小麦粉计），在干酪产品中的用量不超过0.3％，除烘焙食品外，已建议将丙酸用于不同类型的蛋糕、馅饼的皮和馅、白脱包装材料的处理、麦芽汁、糖酱、经热烫的苹果汁和豌豆。丙酸盐也可作为抗霉菌剂用于果酱、果冻和蜜饯中。在哺乳动物中，丙酸的代谢则与其他脂肪酸类似，按照目前的使用量，尚未发现任何有毒效应。国外一些国家无最大使用量规定，而定为"按正常生产需要"使用。

依据我国《食品安全国家标准　食品添加剂使用标准》（GB 2760—2014），丙酸类防腐剂其使用范围和最大使用量（以丙酸计，g/kg）为：豆类制品、面包、糕点、醋、酱油2.5，生面湿制品0.25，原粮1.8。

⑤ 亚硫酸盐及二氧化硫（SO_2）　二氧化硫在食品工业中的使用已有很长的历史，尤其是作为葡萄酒制造中的消毒剂。在美国，亚硫酸处理（使用SO_2或亚硫酸盐）仍继续被用于葡萄酒工业，它用于处理脱水水果和蔬菜的主要目的是保持颜色和风味，而抑制微生物活力是次要的。亚硫酸盐及二氧化硫亦为酸性防腐剂。一些酵母菌比乳酸菌和乙酸菌更耐亚硫酸盐处理，这个性质使得亚硫酸盐在葡萄酒工业中特别有用。

⑥ 乙酸和乙酸盐　乙酸常以醋的形式加入食品，醋含有2％～4％或者更多的乙酸。醋能降低食品的pH和产生风味。乙酸钠、二乙酸钠、乙酸钙和乙酸钾能产生乙酸，也常用于食品中。

醋被加入番茄沙司、色拉调料和用于腌制黄瓜，它也被用于一些腌制肉和腌制鱼中。为了控制面包中丝状黏质的形成，也使用一些乙酸盐。

在 pH 为 5.0 或更低时，乙酸能抑制大多数细菌，其中包括沙门菌和葡萄球菌等在食品中生长的病原体。乙酸抑制酵母菌和霉菌的先决条件是较低的 pH。比起许多其他的有机酸，乙酸能更有效地抑制大多数细菌。乙酸的抗细菌活力依赖于未离解的酸分子。

化学合成防腐剂均有一定的毒性，如对其使用标准不注意，则容易产生毒副作用。随着生活水平的提高，人们对食品的安全要求越来越高。对此，除开发符合这些要求的新型化学合成食品防腐剂以外，更应充分利用天然的食品防腐剂。现已发现许多天然产品含有防腐成分，国内外研究非常活跃，如发现一些植物精油具有防腐作用，大蒜、洋葱等的辛辣物质具有抗菌性，从一些昆虫中可以提取出具有杀菌能力的抗菌肽。目前的问题是多数抗菌性能还不强，抗菌性不广，有些纯度不够高，有异味和杂色，有些成本还太高。因此，开发高效低成本的天然食品防腐剂仍然是重要的研究方向。

（2）影响防腐剂防腐效果的因素

① pH　苯甲酸及其盐类、山梨酸及其盐类均属于酸性防腐剂。食品 pH 对酸性防腐剂的防腐效果有很大的影响，pH 越低防腐效果越好。

一般地说，使用苯甲酸及苯甲酸钠适用于 pH 为 4.5 以下，山梨酸及山梨酸钾在 pH 为 6 以下，对羟基苯甲酸酯类使用范围为 pH4～8。

酸性防腐剂的防腐作用主要是依靠溶液内的未电离分子。如果溶液中氢离子浓度增加，电离被抑制，未电离分子比例就增大，由于未电离分子比较容易渗透微生物细胞膜到达微生物细胞内部，所以低 pH 时防腐作用较强。

② 溶解与分散　防腐剂必须在食品中均匀分散，如果分散不均匀就达不到较好的防腐效果。所以防腐剂要充分溶解而分布于整个食品中，但有的情况下并不一定要求完全溶解。例如某些果冻，当相对湿度增高时，霉菌从表面开始繁殖，如果使防腐剂在表面充分分散，当相对湿度上升而表面水分增加时，防腐剂就溶解，只要达到抑制霉菌的浓度就可以发挥防腐效果。

③ 热处理　一般情况下加热可增强防腐剂的防腐效果，在加热杀菌时加入防腐剂，杀菌时间可以缩短。例如在 56℃ 时，使酵母营养细胞数减少到十分之一需要 180min，若加入对羟基苯甲酸丁酯 0.01%，则缩短为 48min，若加入 0.5%，则只需要 4min。

④ 并用　各种防腐剂都有各自的作用范围，在某些情况下两种以上的防腐剂并用，往往具有协同作用，而比单独作用更为有效。例如饮料中并用苯甲酸钠与二氧化硫，有的果汁中并用苯甲酸钠与山梨酸，可达到扩大抑菌范围的效果。

防腐剂的优点是使用方便，无需特殊设备，较经济，对食品结构影响较小；缺点是存在安全性问题，低浓度时抑菌作用有限。

2. 抗氧化剂

（1）抗氧化剂简介　抗氧化剂是指能阻止或推迟食品氧化，提高其稳定性和延长其贮存期的一类食品添加剂。

食品的劣变常常是由于微生物的生长活动以及一些酶促反应和化学反应引起的，而在食品的贮藏期间所发生的化学反应中以氧化反应最为广泛。特别是对于含油较多的食品来说，氧化是导致食品质量变劣的主要因素之一。油脂氧化可影响食品的风味和引起褐变，破坏维生素和蛋白质，甚至还能产生有毒有害物质。

抗氧化剂按来源可分为天然的和人工合成的；按溶解性可分为油溶性的和水溶性的。油溶性的抗氧化剂主要用来抗脂肪氧化。水溶性的抗氧化剂主要用于食品的防氧化、防变色和防变味等。

根据作用机理可将抗氧化剂分成两类，第一类为主抗氧化剂，是一些酚型化合物，又叫酚型抗氧化剂，它们是自由基接受体，可以延迟或抑制自动氧化的引发或停止自动氧化中自由基链的传递。食品中常用的主抗氧化剂是人工合成品，包括丁基羟基茴香醚（BHA）、二丁基羟基甲苯（BHT）、没食子酸丙酯（PG）以及叔丁基对苯二酚（TBHQ）等。有些食品中存在的天然组分也可作为主抗氧化剂，如生育酚是通常使用的天然主抗氧化剂。第二类抗氧化剂又称为次抗氧化剂，这些抗氧化剂通过各种协同作用减慢氧化速率，也称为协同剂，如柠檬酸、抗坏血酸、酒石酸以及卵磷脂等。

（2）常用油溶性抗氧化剂

① 丁基羟基茴香醚　丁基羟基茴香醚又称为叔丁基-4-羟基茴香醚，简称为 BHA（图 2-21）。丁基羟基茴香醚为白色或微黄色蜡样结晶状粉末，具有典型的酚味，当油受到高热时，酚味相当明显。它通常是 3-BHA 和 2-BHA 两种异构体的混合物，熔点为 48～63℃，随混合比不同而异，沸点为 264～270℃。

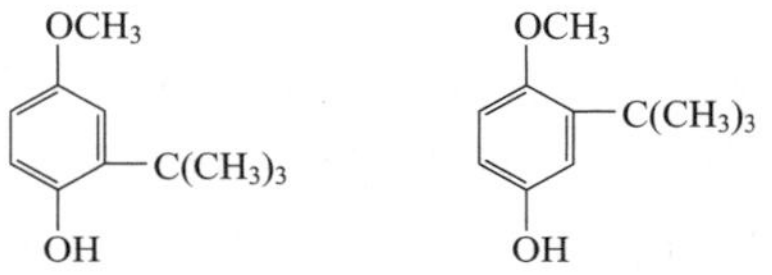

图 2-21　叔丁基羟基茴香醚

BHA 对热相当稳定，在弱碱性的条件下不容易被破坏，这就是它在焙烤食品中仍能有效使用的原因。它与金属离子作用不着色。

BHA 是高含油饼干中常用的抗氧化剂之一。BHA 还可延长咸干鱼类的贮存期。BHA 除了具有抗氧化作用外，还具有相当强的抗菌作用。依据我国《食品安全国家标准　食品添加剂使用标准》（GB 2760—2014），BHA 使用范围和最大使用量（g/kg）为：油炸面制品、饼干、方便米面制品、膨化食品、杂粮粉等 0.2，胶基糖果 0.4。

② 二丁基羟基甲苯　二丁基羟基甲苯又称 2,6-二叔丁基对甲酚，简称 BHT（图 2-22）。BHT 为白色结晶或结晶性粉末，无味，无臭，熔点为 69.5～71.5℃，沸点为 265℃，不溶于水及甘油，能溶于有机溶剂。其性质类似 BHA，对热稳定，与金属离子不反应着色；具有升华性，加热时能与水蒸气一起挥发。BHT 抗氧化作用较强，耐热性较好，普通烹调温度对其影响不大，用于长期保存的食品与焙烤食品效果较好。其价格只有 BHA 的 1/8～1/5，为我国主要使用的合成抗氧化剂品种。

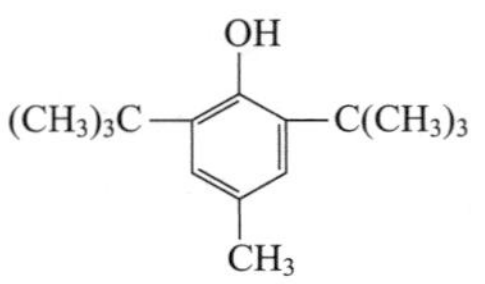

$C_{15}H_{24}O(220.36)$

图 2-22　二丁基羟基甲苯

依据我国《食品安全国家标准　食品添加剂使用标准》（GB 2760—2014），BHT 使用范围和最大使用量（g/kg）为：油炸面制品、饼干、方便米面制品、膨化食品等 0.2，胶基糖果 0.4。BHT 可用于油脂、油炸食品、干鱼制品、饼干、速煮面、干制品、罐头等。一般多和 BHA 混用并可以柠檬酸等有机酸作为增效剂。如在植物油的抗氧化中使用的配比为：BHT、BHA、柠檬酸之比为 2：2：1。

③ 没食子酸丙酯　没食子酸丙酯又称五倍子酸丙酯，简称 PG，纯品为白色至淡褐色的针状结晶，无臭，稍有苦味，易溶于乙醇、丙酮、乙醚，难溶于水、脂肪、氯仿。其水溶液有微苦味，pH 约为 5.5，对热比较稳定，无水物熔点为 $146\sim150℃$。它易与铜、铁等离子反应显紫色或暗绿色，潮湿和光线均能促进其分解。

没食子酸丙酯对猪油抗氧化作用较 BHA 和 BHT 都强些，其加增效剂柠檬酸后抗氧化作用更强，但不如与 BHA 和 BHT 混合使用时的抗氧化作用强，混合使用时，再添加增效剂柠檬酸则抗氧化作用最好。但在含油面制品中其抗氧化效果不如 BHA 和 BHT。

虽然 PG 在防止脂肪氧化上是非常有效的，然而它难溶于脂肪，这给它的使用带来了麻烦。如果食品体系中存在水相，那么 PG 将分配至水相，使它的效力下降。此外，如果体系含有水溶性铁盐，那么加入 PG 会产生蓝黑色。因此，食品工业已很少使用 PG 而优先使用 BHA、BHT 和 TBHQ。

依据我国《食品安全国家标准　食品添加剂使用标准》（GB 2760—2014），PG 使用范围和最大使用量（g/kg）为：脂肪、油和乳化脂肪制品、基本不含水的脂肪和油、坚果与籽类罐头、油炸面制品、方便米面制品、饼干、膨化食品等 0.1，胶基糖果 0.4。

④ 生育酚混合浓缩物　生育酚是自然界分布最广的一种抗氧化剂，它是植物油的主抗氧化剂。它存在于小麦胚芽油、大豆油、米糠油等的不可皂化物中，工业上用冷苯处理，再加乙醇除去沉淀，然后经真空蒸馏制得。

生育酚混合物为黄色至褐色、几乎无臭的透明黏稠液体，相对密度 $0.932\sim0.955$，溶于乙醇，不溶于水，可与油脂任意混合，对热稳定。因所用原料油与加工方法不同，成品中生育酚总浓度和组成也不一样。品质较纯的生育酚浓缩物含生育酚的总量可达 80% 以上。

一般情况下，生育酚对动物油脂的抗氧化效果比对植物油的效果好。有关猪油的实验表明，生育酚的抗氧化效果几乎与 BHA 相同。

⑤ 特丁基对苯二酚　特丁基对苯二酚简称 TBHQ。TBHQ 为白色结晶，较易溶于油，微溶于水，溶于乙醇、乙醚等有机溶剂，热稳定性较好，熔点 $126\sim128℃$，抗氧化性强。虽然 BHA 或 BHT 对防止动物脂肪的氧化是有效的，但是对于防止植物油的氧化效果较差。然而，TBHQ 在植物油中的抗氧化效果比 BHA、BHT 强 $3\sim6$ 倍。它在这些高度不饱和油脂的抗氧化上比 PG 有更好的性能，此外在铁离子存在时也不会产生不良颜色，在油炸土豆片中使用，能保持良好的持久性。TBHQ 还具有抑菌作用，500mg/kg 可明显抑制黄曲霉毒素的产生。

依据我国《食品安全国家标准　食品添加剂使用标准》（GB 2760—2014），TBHQ 使用范围和最大使用量（g/kg）为：脂肪、油和乳化脂肪制品、基本不含水的脂肪和油、坚果与籽类罐头、油炸面制品、方便米面制品、饼干、月饼、膨化食品等 0.2。

（3）常用水溶性抗氧化剂

① L-抗坏血酸及其钠盐　L-抗坏血酸及其钠盐又称维生素 C，它可由葡萄糖合成，它的水溶液受热、遇光后易破坏，特别是在碱性及重金属存在时更能促进其破坏，因此，在使用时必须注意避免与金属和空气接触。

抗坏血酸常用作啤酒、无醇饮料、果汁等的抗氧化剂，可以防止褪色、变色、风味变劣和其他由氧化而引起的质量问题。这是由于它能与氧结合而作为食品除氧剂，此外它还有钝化金属离子的作用。正常剂量的抗坏血酸对人体无毒害作用。

抗坏血酸呈酸性，对于不适于添加酸性物质的食品，例如牛乳等可采用抗坏血酸钠盐。由于成本等原因，一般用 D-异抗坏血酸作为食品的抗氧化剂，在油脂抗氧化中也用抗坏血酸的棕榈酸酯。

② 植酸　植酸大量存在于米糠、麸皮以及很多植物种子皮层中。它是肌醇的六磷酸酯，在植物中与镁、钙或钾形成盐。

植酸有较强的金属螯合作用，除具有抗氧化作用外，还有调节 pH 及缓冲作用以及除去金属的作用。植酸也是一种新型的天然抗氧化剂。

植酸为淡黄色或淡褐色的黏稠液体，易溶于水、乙醇和丙酮，几乎不溶于乙醚、苯、氯仿，对热比较稳定。

（4）天然抗氧化剂　天然抗氧化剂的毒性远远低于人工合成的抗氧化剂。因此，近年来从自然界寻求天然抗氧化剂的研究已引起各国科学家的高度重视。目前，世界各国开发的大量天然抗氧化剂产品，以其安全、无毒等优点受到人们的普遍欢迎。天然抗氧化剂主要有天然维生素 E、红辣椒提取物、香辛料提取物、甘草抗氧化物、大豆卵磷脂、番茄红素、核桃仁乙醇提取物、茄子提取物、银杏叶提取物、糖醇类抗氧化剂等。

茶叶中含有大量酚类物质，如儿茶素类（即黄烷醇类）、黄酮、黄酮醇、花色素、酚酸、多酚缩合物等，其中儿茶素是主体成分，占茶多酚总量的 $60\% \sim 80\%$。从茶叶中提取的茶多酚为淡黄色液体或粉剂，略带茶香，有涩味，具有很强的抗氧化和抗菌能力，按脂肪量的 0.2% 使用于人造奶油、植物油和烘焙食品时，抗氧化的效率相当于 0.02%BHT 所达到的水平。此外，茶多酚还具有多种保健作用（降血脂、降胆固醇、降血压、防血栓、抗癌、抗辐射、延缓衰老等作用），现已批准为食用抗氧化剂，在很多食品中得到应用。

加热单糖和氨基酸的混合物产生的褐变产物具有相当高的抗氧化活性。最有效的抗氧化剂形成于褐变反应的早期阶段，此时还没有生成典型的褐色色素。各种氨基酸和糖的组合所形成的褐变反应产物显示几乎相同的抗氧化活性。在防止人造奶油氧化时，还原糖和氨基酸的褐变反应产物与生育酚显示协同抗氧化效果。

已发现的天然抗氧化成分还有许多，但要应用于食品工业还有许多技术问题需要解决，如原料的易得性、提取技术改进、产品性能优化、成本的进一步降低等。

（5）抗氧化剂使用注意事项

① 适宜的添加时机　从抗氧化剂的作用机理可以看出，抗氧化剂只能阻碍脂质氧化，延缓食品开始败坏的时间，而不能改变已经变坏的后果，因此抗氧化剂要尽早加入。

例如，油炸食品通常能吸收大量的脂肪，因此，必须不断地将新鲜脂肪加入油炸锅，与此同时，新鲜的抗氧化剂也被引入，以取代因水蒸气蒸馏而造成的损失。

② 适当的使用量　和防腐剂不同，添加抗氧化剂的量和抗氧化效果并不总是呈正相关，当其超过一定浓度后，不但不再增强抗氧化作用，反而具有促进氧化的效果。

③ 抗氧化剂的协同作用　凡两种或两种以上抗氧化剂混合使用，其抗氧化效果往往大于单一使用之和，这种现象称为抗氧化剂的协同作用。一般认为，这是由于不同的抗氧化剂可以分别在不同的阶段终止油脂氧化的链式反应。另一种协同作用即主抗氧化剂同其他抗氧化剂和金属离子螯合剂复合使用。上述两种协同作用已被实践证明，并在油脂抗氧化中普遍采用。

④ 溶解与分散　抗氧化剂在油中的溶解性影响抗氧化效果，如水溶性的抗坏血酸可以用其棕榈酸酯的形式用于油脂的抗氧化。油溶性抗氧化剂常使用溶剂载体将它们并入油脂或含脂食品，常用的溶剂有乙醇、丙二醇、甘油等。抗氧化剂加入到纯油中，可将它以浓溶液的形式在搅拌条件下直接加入（60℃），并必须在排除氧的条件下搅拌一段时间，就能保证抗氧化剂体系能均匀地分散至整个油脂中。

⑤ 金属助氧化剂和抗氧化剂的增效剂　过渡金属，特别是那些具有合适的氧化还原电位的三价或多价的过渡金属（Co、Cu、Fe、Mn、Ni）具有很强地促进脂肪氧化的作用，被称为助氧化剂。所以必须尽量避免这些离子的混入，然而由于土壤中存在或加工容器的污染等原因，食品中常含有这些离子。

通常在植物油中添加抗氧化剂时，同时添加某些酸性物质，可显著提高抗氧化效果，这些酸性物质叫做抗氧化剂的增效剂，如柠檬酸、磷酸、抗坏血酸等，一般认为这些酸性物质可以和促进氧化的微量金属离子生成螯合物，从而起到钝化金属离子的作用。

⑥ 避免光、热、氧的影响　使用抗氧化剂的同时还要注意存在的一些促进脂肪氧化的因素，如光，尤其是紫外线，极易引起脂肪的氧化，可采用避光的包装材料，如铝复合塑料包装袋来保存含脂食品。

加工和贮藏中的高温一方面促进食品中脂肪的氧化，另一方面可加大抗氧化剂的挥发，例如 BHT 在大豆油中经加热至 170℃，90min 就会完全分解或挥发。

大量氧气的存在会加速氧化的进行，实际上只要暴露于空气中，油脂就会自动氧化。避免与氧气接触极为重要，尤其是对于具有很大比表面积的含油粉末状食品。一般可以采用充氮包装或真空密封包装等措施，也可采用吸氧剂或称脱氧剂，否则任凭食品与氧气直接接触，即使大量添加抗氧化剂也难以达到预期效果。

3. 发色剂

添加适量的化学物质与食品中某些成分作用，使制品呈现良好的色泽，这种添加剂叫发色剂，又叫呈色剂或固色剂。发色剂本身无着色作用而区别于色素。能促进发色剂作用的物质称为发色助剂。

在肉类腌制中最常使用的发色剂是硝酸盐及亚硝酸盐，发色助剂为 L-抗坏血酸钠及烟酰胺等。

(1) 常用发色剂和发色助剂　亚硝酸钠（$NaNO_2$）为常用的发色剂，使用时常和氯化钠等配成腌制混合盐。硝酸钠（$NaNO_3$）属危险品，与有机物接触易燃烧、爆炸，也可作为一种发色剂使用。烟酰胺为发色助剂，添加量为 $0.01 \sim 0.022g/kg$，其机制被认为是和肌红蛋白结合生成稳定的烟酰胺肌红蛋白，使之不被氧化成高铁肌红蛋白。L-抗坏血酸和D-异抗坏血酸钠是常用的发色助剂。

(2) 发色剂在肉制品加工中的作用　发色剂可使肉制品具有诱人的均一的红色，而如果用色素染色，则不易染着均匀，肉的内部常不易染上。亚硝酸钠除了可以发色外，还是很好的防腐剂，特别是对于肉毒梭状芽孢杆菌在 pH 为 6 时具有显著的抑制作用。另外，亚硝酸盐的使用还可增强肉制品的风味。气相色谱分析显示，发色处理后肉中的一些挥发性风味物质明显增多。亚硝酸盐发色还具有抗脂肪氧化的作用，具体机理还不太清楚，可能是和卟啉铁结合后，降低了铁催化脂肪氧化的作用。

(3) 关于致癌问题　亚硝酸盐除了具有急性毒性外，动物试验和人群调查早已确证该物质有致癌性。虽然尚无直接证据证实肉类腌制中的亚硝酸盐引起人类癌症，但应予高度重视。而鉴于它们对肉制品的多种作用，目前还没有理想的替代品。为保障人民的身体健康，在肉制品加工中应严格控制亚硝酸盐及硝酸盐的使用量。依据我国《食品安全国家标准 食品添加剂使用标准》（GB 2760—2014），硝酸钠在肉制品中最大使用量为 0.50g/kg，亚硝酸钠在肉制品中的最大使用量为 0.15g/kg。

实际上亚硝酸盐在人们生活中普遍存在，目前肉制品中仍使用亚硝酸盐，许多植物材料中也存在硝态氮化合物，在细菌及其他还原条件下形成亚硝酸盐，这是由于过度施肥和不当加工造成。另外，环境污染、水源污染，也会造成多种食品含有一定量的亚硝酸盐。

4. 漂白剂

（1）漂白剂简介 漂白剂是指使食品褪色或使食品免于褐变的一类物质。漂白剂可分为两类，一类是氧化型，如过氧化氢、过硫酸铵、过氧化苯甲酰、二氧化氯等；另一类是还原型，如亚硫酸氢钠、亚硫酸钠、低亚硫酸钠、无水亚硫酸钾、焦亚硫酸钾等。以还原型漂白剂的应用较为广泛，这是因为它们在食品中除了具有漂白作用外，还具有防腐、防褐变、防氧化等多种作用。

（2）几种还原型漂白剂简介 二氧化硫（SO_2）又叫亚硫酸酐，是具有强烈刺激性气味的气体，溶于水而成亚硫酸，加热则又挥发出 SO_2。硫黄燃烧可产生二氧化硫气体。

无水亚硫酸钠（Na_2SO_3）为白色粉末，空气中徐徐氧化成硫酸盐，高温分解成硫化钠和硫酸钠。其 1% 水溶液 pH 为 8.4～9.4，遇酸释放出二氧化硫。

结晶亚硫酸钠（$Na_2SO_3 \cdot 7H_2O$）比无水亚硫酸钠更不稳定，150℃失去结晶水而成为无水亚硫酸钠。

（3）漂白剂使用注意事项 按《食品安全国家标准 食品添加剂使用标准》，使用二氧化硫及各种亚硫酸制剂是安全的。但"吊白块"处理食品是非法的，因为吊白块不是食品添加剂，它是一种工业用拔染剂，其主要毒性成分是甲醛。

亚硫酸盐类溶液很不稳定，易挥发、分解而失效，所以要临用现配，不可久贮。金属离子能促进亚硫酸的氧化，而使色素氧化变色。亚硫酸类制剂只适合植物性食品，不允许用于鱼肉等动物性食品，因亚硫酸能掩盖其腐败迹象。亚硫酸类制剂需过量使用，一定的残留可抑制变色和具防腐作用，但不能在食品中残留过多，故必须按规定使用。含二氧化硫量高的食品会对铁罐腐蚀，并产生硫化氢，影响产品质量。

二氧化硫和亚硫酸盐经代谢成硫酸盐后，从尿液排出体外，并无任何明显的病理后果。但由于有人报道某些哮喘病人对亚硫酸或亚硫酸盐有反应，以及二氧化硫及其衍生物潜在的诱变性，人们正在对它们进行再检查。SO_2 具有明显的刺激性气味，经亚硫酸盐或 SO_2 处理的食品，如果残留量过高就可产生可觉察的异味。

5. 调味剂

调味剂主要指直接改善食品味觉的一类添加剂，一般包括鲜味剂、酸味剂、甜味剂、咸味剂等。具体已在本模块项目三中进行了简单介绍。

（1）鲜味剂 鲜味剂又叫风味增强剂，常用的鲜味剂有：L-谷氨酸一钠盐、5′-呈味核苷酸、蛋白质水解物、酵母提取物、肉类抽提物等。

① 谷氨酸的一钠盐（MSG） MSG 即人们通常所说的味精，1866 年首次分离，1908 年

日本东京大学池田教授指出该物质是鲜味成分。1909 年开始上市出售。MSG 早期由面粉中提取，目前由微生物发酵淀粉原料制成。全世界 20 多个国家生产 MSG，年产 40 万吨，我国是最大的味精生产国之一。

② 呈味核苷酸 日本学者从分析一些食品，如海带、蟹肉、鲜肉等的鲜味成分入手，发现了氨基酸、核苷酸是这些食品鲜味的关键成分。如牛肉鲜味的主要成分是苏氨酸、赖氨酸、谷氨酸、肌苷酸。多项研究表明，食品中的鲜味成分离不开核苷酸和氨基酸。

呈味核苷酸主要是指 $5'$-肌苷酸（$5'$-IMP）、$5'$-鸟苷酸（$5'$-GMP）。$5'$-GMP 的鲜味感强度大于 $5'$-IMP。一些风味核苷酸类常与谷氨酸一钠一起使用，因为共同应用时具有增效作用。另外，风味核苷酸具有加强肉类风味的作用，对牛肉、鸡汤、肉类罐头最为有效。风味核苷酸也可使各种味更加柔和，还可抑制食品中的不良气味，如硫黄气味、罐头中的铁腥味等。

③ 其他鲜味剂 水解动物蛋白一般以酶法生产为主，该物质可和其他化学调味剂并用，形成多种独特风味。其产品中氨基酸占 70％以上。水解植物蛋白以大豆蛋白、小麦蛋白、玉米蛋白等为原料，水解度一定范围内（如分子量小于 500）其水解产物不会有苦味。酵母提取物由自溶法和酶法生产，产品富含 B 族维生素，含 19 种氨基酸，另含风味核苷酸，而后者风味更好。酵母提取物不仅是鲜味剂也是增香剂，在方便面调料和火腿肠等肉制品中都有广泛的应用。由于各种鲜味剂之间有协同增效作用，适当混合可以使风味更好，成本更低，如目前各类鸡精就属于混合鲜味剂。

（2）酸味剂 酸味剂是以赋予食品酸味为主要目的的食品添加剂。它能给予爽快的酸味刺激，增进食欲。酸味剂还有调节 pH、防腐、防褐变、软化纤维素、溶解钙、溶解磷等促进消化吸收的功能。目前世界上用量最大的酸味剂是柠檬酸，全世界的生产能力约为 50 万吨，我国约为 3 万吨，富马酸和苹果酸的需求将会有很大发展。

由于有机酸种类的不同，其酸味特性一般也不同。常用的酸味物质有：食用醋酸、柠檬酸、苹果酸、酒石酸、乳酸、抗坏血酸、葡萄糖酸、磷酸等。有机酸在食品中的使用也常常用于食品防腐。

（3）甜味剂 目前的甜味剂种类较多，可以分为合成甜味剂和天然甜味剂；营养型甜味剂和非营养型的甜味剂；以及高强度甜味剂等。高强度甜味剂主要是指那些甜度较高，用量小，不给予食品以体积、黏度和质地，它们常常要和营养型甜味剂或增容剂混合使用。

天然非营养型甜味剂日益受到重视，也是甜味剂的发展趋势。WHO 指出，糖尿病患者已达到 5000 万以上，美国人中有 1/4 以上要求低卡食物，在蔗糖替代品中，美国主要使用阿斯巴甜达 90％以上。日本以甜菊糖为主，欧洲人对安赛蜜（AK 糖）比较感兴趣。这三种非营养型甜味剂在我国均可使用。

糖醇类甜味剂由于无活性的羰基，化学稳定性较好，150℃以下无褐变，熔化时无热分解。由于糖醇溶解时吸热，所以糖醇具有清凉感，粒度越细，溶解越快，感觉越凉越甜，其中山梨醇清凉感最好，木糖醇次之。糖醇只有一部分可被小肠吸收，欧洲法规中将多元醇的热量定为 2.4kcal/g（1cal＝4.1840J）。糖醇可通过非胰岛素机制进入果糖代谢途径，实验证明不会引起血糖升高，所以是糖尿病患者的理想甜味剂。

糖醇不被口腔细菌代谢，具有非龋齿性。糖醇安全性好，1992 年我国已批准山梨醇、麦芽糖醇、木糖醇、异麦芽糖醇等作为食品添加剂。

木糖醇是由木糖氢化而得到的糖醇，木糖是由木聚糖水解而得。木聚糖是构成半纤维素的主要成分，存在于稻草、甘蔗渣、玉米芯和种子壳（稻壳、棉籽壳）中，经水解，用石灰中和，滤出残渣，再经浓缩、结晶、分离，精制而得。木糖有似果糖的甜味，甜度为蔗糖的0.65，它不被微生物发酵，不易被人体吸收利用，可供糖尿病和高血压患者食用。木糖醇和蔗糖甜度相同，含热量也一样，具有清凉的甜味，人体对它的吸收不受胰岛素的影响，可以避免人体血糖升高，所以木糖醇是适宜于糖尿病患者的甜味剂。

拓展阅读

食品添加剂与非法添加物不要混淆

　　有人提出"食品添加剂已经成为食品安全的最大威胁"。这是一种错误的说法，在消费者中造成了一定的恐慌，应该澄清，食品添加剂和非法添加物是两个不同的概念，我国和大多数国家一样，对食品添加剂都实行严格的审批制度，凡是已被批准使用的，其安全性是有保证的。往往是一些非法添加物混淆了人们的视线。譬如，苏丹红一号就是一个典型的事例，在社会上造成了很大的影响。但苏丹红一号属于国家禁止使用的非法添加物，与食品添加剂毫无关系。

　　因此，要把食品添加剂与非法添加物区分开来，引起食品安全问题的大多数是国家禁止在食品中使用的非法添加物，如瘦肉精、吊白块等，不要一看到添加到食品中的物质出现了安全问题就想当然地认为是食品添加剂造成的。

　　其实，我们应科学公正地看待食品添加剂，食品添加剂工业是伴随着食品工业的发展而发展的，它可以有效地改善食品的色、香、味、形等品质，以及延长食品的贮存期。人们一日三餐的主食和副食品几乎都在使用食品添加剂，如膨化食品中放入膨松剂、乳制品中加入牛磺酸、饮料中含有防腐剂等，人们在生活中拒绝食品添加剂既不现实也不可能。

　　食品添加剂对人体产生危害往往是因为超量食用，大多数可以说是几十倍的超量，才会引起人体病变，只要严格地按照国家标准规定的添加量在食品中正确使用食品添加剂，对人体是不会造成危害的。

　　如何避免购买食品添加剂超标的劣质食品呢？购买时，要选择知名企业的食品。小食品作坊生产的食品切不可轻易购买。还要注意观察食品外包装标识是否规范，生产日期和保质期是否齐全，一些罐头、饮料等颜色是否过于鲜艳。在罐头中除了用于装饰用的红樱桃可以添加着色剂外，其余的罐头不可添加着色剂。对于腌制品和熏制品，应注意不可过多食用。

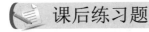 课后练习题

一、填空题

1. 生产经营和使用食品添加剂，必须符合_____和卫生管理办法的规定。

2. 苯甲酸有杀菌和抑菌作用，其效力随酸度增强而_____，在碱性环境中_____抗菌作用。

3. 丙酸及其盐类在酸性介质中对各类霉菌、好氧芽孢杆菌或革兰阴性杆菌有较强的抑

制作用，而对_____几乎无效。

4. 尼泊金酯类对食品均有防止腐败的作用，其中_____的防腐作用最好。

5. 在焙烤制品中可以直接使用于面包、糕点的防腐剂是_____和_____。

6. 肉类食品中亚硝酸钠添加量为_____。

7. 亚硝酸盐类发色剂的作用有_____、_____和_____。

二、选择题

1. 食品添加剂中，又被称为花楸酸的是（　　）。

A. 苯甲酸　　　　　B. 脱氢醋酸　　　　　C. 山梨酸　　　　　D. 丙酸

2. 下列物质不是防腐剂的是（　　）。

A. 苯甲酸　　　　　B. 丁基羟基茴香醚　C. 山梨酸　　　　　D. 丙酸

3. 下列物质不是酸性防腐剂的是（　　）。

A. 苯甲酸类　　　　B. 丙酸类　　　　　C. 山梨酸类　　　　D. 对羟基苯甲酸酯类

4. 用于植物油抗氧化效果较好的是（　　）。

A. AP　　　　　　　B. TBHQ　　　　　　C. BHA　　　　　　D. BHT

5. 下列抗氧化剂中，使用时应注意避免铜、铁离子的是（　　）。

A. 没食子酸丙酯　　B. 丁基羟基茴香醚　C. 异抗坏血酸　　　D. 特丁基对苯二酚

6. 下列物质不是油溶性抗氧化剂的是（　　）。

A. 没食子酸丙酯　　B. 丁基羟基茴香醚　C. 抗坏血酸　　　　D. 特丁基对苯二酚

7. 能产生一种令人愉快的，兼有清凉感的酸味的酸味剂是（　　）。

A. DL-苹果酸　　　　B. 富马酸　　　　　C. 柠檬酸　　　　　D. 磷酸

8. 下列增稠剂中，耐酸性最好的是（　　）。

A. 琼脂　　　　　　B. 淀粉　　　　　　C. 明胶　　　　　　D. 果胶

9. 在油炸食品中，最佳的乳化剂是（　　）。

A. 卵磷脂　　　　　B. 脑磷脂　　　　　C. 肌醇磷脂　　　　D. 大豆磷脂

10. 大豆磷脂在口香糖中起到的作用是（　　）。

A. 防腐　　　　　　B. 增稠　　　　　　C. 乳化　　　　　　D. 营养强化剂

三、问答题

1. 食品添加剂在食品中的作用有哪些？

2. 食品添加剂使用的基本要求是什么？

3. 影响防腐剂使用效果的因素有哪些？

4. 简述抗氧化剂使用的注意事项。

5. 在果汁饮料类的实际生产中，如何正确使用食品添加剂？

四、综合题

饼干和口香糖是人们熟知的休闲零食，其配料如下。

饼干：小麦粉、白砂糖、小麦麸皮、食用棕榈油、起酥油、食用玉米淀粉、鸡蛋、人造奶油、大豆色拉油、可可粉、膨松剂、奶粉、食盐、食用巧克力香料、维生素 A、维生素 B_2、维生素 D、碳酸钙。

口香糖：白砂糖、胶姆糖基础剂、葡萄糖浆、甘油、香料、大豆磷脂、甜味素、绿茶提取物、安赛蜜、抗氧化剂、柠檬黄铝色淀、亮蓝铝色淀。

请根据其配料回答以下问题：

1. 饼干配料中添加的食品添加剂有哪几种？
2. 口香糖配料中添加的食品添加剂有哪几种？
3. 碳酸钙在饼干中起什么作用？
4. 大豆磷脂在口香糖中起什么作用？

项目五
食品中的有害成分

💡 **知识目标**

1. 了解各类食品中有害成分的概念、来源及种类。
2. 了解食品生产加工中有毒、有害物质的产生途径及预防措施。

💡 **案例引入**

随着生活水平的不断提高，人们越来越认识到健康安全饮食的重要性，但食物中毒及各类食品安全事件依然时有发生。据报道，在山东省德州市，2018年4月26日，临邑县某小区一老年男性食用变质的食物出现呕吐；2018年5月2日，陵城区某小区一中年女性食用蘑菇后出现呕吐、全身无力；2018年11月3日，临邑县某村一中年女性食芸豆后头晕伴恶心3小时余。究其原因，均是由于食用的上述食物中含有对人体健康有害的物质，从而导致人体中毒。因此，了解食品中有害成分的性质与特点十分必要。

一、概述

食品中除营养成分和一些能赋予食品应有的色、香、味等感官性状的成分外，还常含有一些无益或有害成分，即已经证明人和动物在摄入达到某个充分数量时可能带来相当程度危害的成分，称为嫌忌成分或有毒物质。当这些有害成分的含量超过一定限度时，即可造成对人体健康的损害。有些有害物质毒性较高，较小剂量即可造成损害；而有些有害物质毒性较低，较大剂量才能呈现毒性作用。

这些有害成分有些来源于食品原料本身，有些来源于食品的加工过程，也有些来源于食品贮藏时的变质及病原菌的繁殖，还有些来源于环境污染等。所以，根据来源有害成分可以分为天然物、衍生物、污染物、添加物四大类。根据结构有害物质（成分）又可分为有机毒物和无机毒物。而且不同的有害成分由于化学结构和理化性质不同，对机体的毒性也有差异。比如，有机毒物中，烃类不饱和度高的毒性较大，芳香烃、卤代烃毒性较大。硝基和亚硝基化合物毒性很强，一般硝基越多则毒性越强。芳香胺、偶氮苯类及腈类毒性明显。部分醇、酚、醚、醛和酮类有毒。无机毒物的毒性无一定规律，如金属毒物的毒性受其结合状态、化合价态等影响，无机酸碱中强酸与强碱的毒性较大。

因此，研究这些有毒有害物质的来源、性质及特点，并设法避免或除去，以保证食品的安全性十分重要。

二、食品中各类有害成分

1. 植物性食品原料中的有害成分

（1）有毒植物蛋白及氨基酸

① 凝集素　凝集素是指在豆类及一些豆状种子（如蓖麻）中含有的一种能使红细胞凝集的蛋白质，也称为植物红细胞凝集素。已知凝集素有很多种类，其中大部分是糖蛋白，含糖量为 4%～10%，其分子多由 2 个或 4 个亚基组成，并含有二价金属离子。含凝集素的食物生食或烹调不足时会引起食者恶心、呕吐等症状，严重者甚至死亡。所有凝集素在湿热处理时均被破坏，在干热处理时则不被破坏。因此，可采取湿热处理、热水抽提等措施去毒。

a. 大豆凝集素　大豆凝集素是一种糖蛋白，分子量为 110000，糖类占 5%，主要成分是甘露糖和 N-乙酰葡萄糖胺。实验证明，吃生大豆的动物比吃熟大豆的动物需要更多的维生素、矿物质以及其他营养素，其原因还不清楚，但已发现这与肠道吸收的能力有关。在常压下蒸汽处理 1h，或高压蒸汽处理 15min，大豆凝集素可以失活。

b. 菜豆属豆类凝集素　菜豆属中已发现有凝集素的有菜豆、绿豆、芸豆等。有不少因生吃此类食物或烹调不充分而中毒的报道。用高压蒸汽处理 15min，可以使菜豆凝集素完全失活。其他豆类如扁豆、蚕豆等也有类似毒性。

c. 蓖麻毒蛋白　蓖麻籽不是食用种子，但人、畜有生食蓖麻子或油的，轻者中毒呕吐、腹泻，重则死亡。蓖麻中的毒素成分是蓖麻毒蛋白，它的毒性极大，在小白鼠的毒理实验中发现其毒性比豆类凝集素要大 1000 倍。用蒸汽加热处理可以去毒。

② 消化酶抑制剂　消化酶抑制剂也称蛋白酶抑制剂，常存在于豆类、谷类、马铃薯等食物中，比较重要的有胰蛋白酶抑制剂和淀粉酶抑制剂两类，它们都是蛋白质类物质。

a. 胰蛋白酶抑制剂　存在于大豆等豆类及马铃薯块茎中，分布极广。它可以与胰蛋白酶或胰凝乳蛋白酶结合，从而抑制了酶水解蛋白质的活性，使胃肠消化蛋白质的能力下降。由于胰蛋白酶抑制剂与胰蛋白酶的结合，使得胰蛋白酶含量减少，从而反射性地引起胰脏大量制造胰蛋白酶，结果造成胰脏肿大，严重影响人体健康。

b. 淀粉酶抑制剂　在小麦、菜豆、芋头、未成熟的香蕉和杧果等中含有这种类型的酶抑制剂。它可以使淀粉酶的活性钝化，影响淀粉的消化，从而引起消化不良等症状。

一般而言，热处理可有效消除蛋白酶抑制剂的作用。为破坏大豆中的蛋白酶抑制剂，通常采用高压蒸汽处理或浸泡后常压蒸煮的办法，或是微生物发酵的方法。相比之下，薯类和谷类中的蛋白酶抑制剂对热较为敏感，一般烹调条件均可使其失活。

③ 毒肽　一些真菌中含有剧毒肽类，误食后可造成严重的后果。最典型的毒肽是存在于毒蕈中的鹅膏菌毒素和鬼笔菌毒素。鹅膏菌毒素是环辛肽，鬼笔菌毒素是环庚肽。这两种毒肽的毒性机制基本相同，都是作用于肝脏。鹅膏菌毒素的毒性大于鬼笔菌毒素。1 个质量约 50g 的毒蕈所含的毒素足以杀死一个成年人。误食毒蕈数小时后即可出现中毒症状，初期出现恶心、呕吐、腹泻和腹痛等胃肠炎症状，后期则是严重的肝、肾损伤。一般中毒后 3～5 天死亡。

④ 有毒氨基酸及其衍生物

a. 山黧豆毒素　山黧豆毒素主要有两类：一类是致神经麻痹的氨基酸毒素；另一类是致骨骼畸形的氨基酸衍生物毒素。

典型的山黧豆中毒症状是肌肉无力，不可逆的腿脚麻痹，甚至死亡。这种病常由于大量摄食山黧豆而暴发性地发生。

b. β-氰基丙氨酸　存在于蚕豆中，是一种神经毒素，能引起与山黧豆中毒相同的症状。

c. 刀豆氨酸　它是存在于刀豆属中的一种精氨酸同系物，在许多植物体内是抗精氨酸代谢物。焙炒或煮沸 15～45min 可破坏大部分刀豆氨酸。

d. L-3,4-二羟基苯丙氨酸（L-DOPA）　L-DOPA 广泛存在于植物中，但蚕豆的豆荚中含量丰富，以游离态或糖苷态存在，是蚕豆病的主要病因。症状是急性溶血性贫血症，食后 5～24h 发病，急性发作期可长达 24～48h，然后自愈。蚕豆病的发生多数是由于摄食过多的毒蚕豆（无论煮熟、去皮与否）所致。但 L-DOPA 也是一种药物，能治震颤性麻痹症等。

（2）毒苷类　存在于植物性食物中的毒苷主要有氰苷、硫苷和皂苷三类。

① 氰苷类　许多植物性食物如杏、桃、李、枇杷等的核仁，以及木薯块根和亚麻籽中都含有氰苷。杏仁中含有苦杏仁苷，木薯和亚麻籽中含有亚麻苦苷。机体摄入苦杏仁苷后，在酶的作用下分解为龙胆二糖、苯甲醛和氢氰酸（HCN），亚麻苦苷则分解为 D-葡萄糖、丙酮和氢氰酸。氢氰酸被机体吸收后，其氰离子则与细胞色素氧化酶的铁辅基结合，从而破坏细胞色素氧化酶传递电子的作用，导致细胞呼吸停止，使组织丧失能量供应。中毒后的临床症状为意识紊乱、肌肉麻痹、呼吸困难、抽搐和昏迷窒息甚至死亡。

② 硫苷类　甘蓝、萝卜、芥菜等十字花科蔬菜及洋葱、大蒜等葱蒜属植物中的主要辛味成分是硫苷类物质。过多摄入硫苷类物质可抑制机体生长发育，并且在血碘低时阻碍甲状腺对碘的吸收利用，使甲状腺发生代谢性肿大。因此，它们也被称为致甲状腺肿因子。致甲状腺肿因子是异硫氰酸化合物的衍生物，它是由含有羟基的硫苷类物质经过水解、环化而形成的。

油菜、芥菜、萝卜等植物的可食部分中致甲状腺肿因子含量很少，但在其种子中的含量较高，可达茎、叶部的 20 倍以上。在综合利用油菜籽饼粕、开发油菜籽蛋白资源时，必须除去致甲状腺肿因子。

③ 皂苷类　皂苷存在于许多植物性食物中，在苜蓿、大豆和其他豆类等食物中含量较高。这类物质能溶于水，搅拌后产生泡沫，因而称为皂苷。皂苷有破坏红细胞、引起溶血的作用，对冷血动物有极大毒性。但食品中的皂苷对人、畜在经口服用时多数没有毒性（如大豆皂苷等），只有少数是剧毒的（如茄苷）。

皂苷按配基的不同有三萜烯类苷、螺固醇类苷和固醇生物碱类苷三类。大豆皂苷属于三萜烯类苷；薯芋皂苷属于螺固醇类苷；马铃薯、茄子等茄属植物中含有的茄苷（龙葵素）、茄解苷属于固醇生物碱类苷。其中，茄苷是一种胆碱酯酶抑制剂，人、畜摄入过量会引起中毒。在发芽马铃薯牙眼四周和见光变绿部位，茄苷的含量很高，不能食用。茄苷对热稳定，一般烹煮也不会受到破坏。

（3）有毒酚类及有机酸类

① 毒酚　毒酚中最具有代表性的是棉酚。棉酚是棉籽中所含的有毒物质，可损害人体的肝、肾、心等脏器和中枢神经系统，并可降低生殖能力。食用棉籽油的地区易发生棉酚中毒。棉酚的毒性可以用湿热处理、碱处理、尿素处理、氨处理等方法除去。在湿热处理过程中，棉酚分子中的羰基与蛋白质分子中赖氨酸的氨基结合为结合棉酚，是无毒的，但蛋白质的营养价值大大降低。可采用溶剂萃取等方法除去棉酚。

② 有机酸 有机酸中最有代表性的是草酸。草酸及其盐类广泛存在于蔬菜中，在菠菜、苋菜、马齿苋等植物中含量较高。草酸为二元羧酸，能溶于水，食用时因凝固口腔蛋白而使人产生涩感。草酸可与钙结合为不溶性的草酸钙沉淀，因此草酸摄入过多时可扰乱钙的代谢，干扰骨骼发育和泌乳。在摄入草酸量大时，易出现草酸尿盐症，草酸钙结晶可堵塞肾小管而造成肾损伤或结石。草酸对消化道也有一定的刺激和腐蚀作用。因而，食用草酸含量高的蔬菜应经热烫，可除去大部分草酸。

（4）有毒生物碱类 生物碱是指存在于植物中的含氮碱性化合物，它们大多具有毒性，但也是植物的重要药用成分。

① 毒蝇碱 毒蝇碱主要存在于丝盖伞属和杯伞属等毒伞属蕈类中。它是一种简单的胺，与 5-羟色胺有比较近似的结构。中毒症状一般食用后 $15 \sim 30 \text{min}$ 出现，最突出的症状是大量出汗，严重者发生恶心、呕吐和腹痛，并有致幻作用。

② 裸盖菇素及脱磷酸裸盖菇素 存在于裸盖菇、斑褶菇等蕈类中。斑褶菇在我国各地都有分布，生于粪堆上，故称粪菌。误食该菇后出现精神错乱、狂歌乱舞、大笑、极度愉快，有的烦躁苦闷。

③ 秋水仙碱 存在于鲜黄花菜中。秋水仙碱本身无毒，在胃肠中吸收缓慢。但在体内被氧化成氧化二秋水仙碱时则有剧毒。食用较多量的炒鲜黄花菜后，$0.5 \sim 4.0 \text{h}$ 发病，表现为恶心、呕吐、腹痛、腹泻、头昏等。如果食用鲜黄花菜，必须先经水浸或开水烫，然后再炒熟。黄花菜干制品无毒。

（5）有毒亚硝酸盐类 小白菜、菠菜、韭菜、芹菜等绿叶蔬菜中常含较多的硝酸盐，尤其是施用硝酸盐氮肥过多或施氮肥不久后就收获的蔬菜中，硝酸盐的含量更多。硝酸盐在人体内能被还原成亚硝酸盐。腌制泡菜、腐败的蔬菜或存放过久的熟蔬菜都有可能使其中的硝酸盐还原成亚硝酸盐。亚硝酸盐进入血液后，能使血细胞中的低铁血红蛋白转化成高铁血红蛋白，而使红细胞失去携带氧的功能，出现组织缺氧现象。亚硝酸中毒，轻者呼吸困难、循环衰竭、昏迷等，重者可致死。亚硝酸盐在人体内还可转化成有致癌作用的亚硝胺化合物。

2. 动物性食品中的有害成分

动物性食品中有毒成分多存在于水产品中。水产动物毒性成分可分为两类：一类是鱼类毒素；另一类是贝类毒素。这些毒性成分一般是大分子蛋白质或小分子季铵化合物等。

（1）河豚毒素 河豚又名鲀，是一种滋味鲜美但含有剧毒的鱼类，其产品繁多，盛产于我国沿海及长江下游一带。

河豚的有毒成分是河豚毒素，河豚毒素纯品为无色结晶，微溶于水，易溶于稀乙酸，不溶于无水乙醇或其他有机溶剂中；在 pH7 以上及 pH3 以下不稳定，可分解成河豚酸，但毒性并不消失；极耐高温，通常罐藏杀菌温度（116℃）都不能使其完全失活，加热到 220℃ 经 $20 \sim 60 \text{min}$ 可使毒素全部破坏。

河豚毒素因部位、季节不同而有差异，河豚的肝脏和卵巢有剧毒，其次是肾脏、血液、眼睛、腮和皮肤。虽然新鲜洗净的肌肉一般无毒，但有些河豚的肌肉有毒。如果鱼死后较久，内脏毒素溶于体液能逐渐渗入到肌肉中。

河豚毒素不仅可经消化道吸收，还可经外表皮吸收。中毒的特点是发病急速而且剧烈，一般食入几分钟后，感觉手指、唇和舌刺痛，然后出现恶心、呕吐、腹泻等胃肠道症状，接着出现神经麻痹，最后因呼吸中枢和血管神经中枢麻痹而死亡。

（2）鱼类组胺毒素　组胺是鱼体中的游离组氨酸在组氨酸脱羧酶催化下，发生脱羧反应而形成的。食用含大量组胺的鱼肉后可发生中毒现象。

鱼体组胺的形成与鱼的种类和微生物有关。一般活动能力强的鱼，如金枪鱼、鲭鱼、鲍鱼、沙丁鱼等，皮下肌肉血管发达，血红蛋白高，有青皮红肉特点，死后在常温下放置较长时间易受到含有组氨酸脱羧酶的微生物污染而形成组胺。所以当鱼体不新鲜或腐败时，组胺含量都很高。

组胺中毒是由于组胺使毛细血管扩张和支气管收缩所致，主要表现为面部、胸部以及全身皮肤潮红和眼结膜充血等症状。

（3）贝类毒素　海产贝类毒素中毒虽然是由于摄食贝类而引起，但此类毒素本质上并非贝类代谢物，而是贝类的食物双鞭甲藻中的毒性成分岩藻毒素，又称石房蛤毒素。岩藻毒素易溶于水，耐热，炒煮温度下不能分解。它是一种神经毒素。已毒化的贝体自身生长良好，但被人食用后几分钟即出现中毒症状，开始是口唇、舌和指尖麻木，继而腿、臂和颈部麻木，然后全身运动失调。中毒机理是毒素抑制了呼吸和心血管调节中枢，严重者最后由于呼吸衰竭而死亡。

一般有毒的贝类在清水中放养1～3周，并常换水，可将毒素排净。淡水藻类的蓝绿藻也能产生类似的毒素。

3. 微生物毒素

很多食品中污染的微生物在代谢中也可产生有害物质，常见的主要是细菌毒素和霉菌毒素。

（1）细菌毒素　食品中常见的细菌毒素主要是沙门菌毒素、葡萄球菌肠毒素、肉毒杆菌毒素等。其中，沙门菌毒素和葡萄球菌肠毒素中毒症状为恶心、呕吐、腹泻等肠胃炎症状，而肉毒杆菌毒素主要作用于周围神经系统引起肌肉麻痹甚至窒息死亡。

（2）霉菌毒素　目前已发现的霉菌毒素有150多种，不同的霉菌毒素作用部位有差异。其中有些是肝脏毒素，如黄曲霉毒素；有些是肾脏毒素，如橘青霉素；有些是神经毒素，如黄绿青霉素；也有些是造血组织毒素，还有些具有致癌作用。

4. 化学毒素

（1）重金属　重金属，即密度在 $4.0g/cm^3$ 以上的金属。它们易与蛋白质、酶结合成不溶性盐而使蛋白质变性，从而影响人体的正常功能性蛋白，使人体出现中毒症状甚至死亡。重金属主要来源如下所述。

① 自然环境　如果土壤、水或空气中某些金属元素含量高，在这种环境里生长的动、植物体内往往也有较高含量的这些金属元素。例如，环境中的工业污染，可经土壤、水、食物链等多种途径传递到动植物食品原料中。

② 加工及贮藏　食品在生产加工时所使用的机械、管道、容器或加入的某些食品添加剂中的金属元素及其盐类，在一定条件下可能影响该金属在食品中的含量。例如，机械摩擦可使其金属尘埃渗入食物。食品中常见的重金属主要是汞、镉、铅等，需要注意检测。

（2）农药、兽药残留　在农业和畜禽养殖业中，由于农药、兽药的广泛使用，在一定条件下不可避免地可造成它们在食品原料中的残留。因此，食品的农药、兽药残留一定要控制在安全范围内。

农药品种很多，根据用途可分为杀虫剂、杀菌剂、除草剂、杀螨剂等，其中残留毒性较大的是有机磷、有机氯、有机汞及无机砷等的制剂。有机磷和有机氯农药主要对神经系统有毒性，有些农药还有致癌、致畸作用。

兽药残留主要是指抗生素类药物和抗寄生虫药物残留。抗生素类兽药残留常见的是磺胺类抗菌药，可导致人体过敏、中毒等反应；抗寄生虫兽药残留常见的有苯并咪唑类驱虫药残留，易引起肝脏毒性。兽药在动物体内的分布和残留与兽药投放时的状态（如食前、食后）、给药方式（是随饲料投喂还是随饮水投喂，是强制投喂还是注射等）和兽药种类都有很大的关系，兽药在动物不同的器官和组织中的含量是不同的。一般地，在对兽药有代谢作用的脏器，如肝脏、肾脏中，其兽药浓度较高。

你知道吗？

你知道铅对人体有哪些危害吗？

扫二维码可见答案

三、食品加工、贮藏过程中产生的有毒、有害物质

1. N-亚硝基化合物

(1) 食品中 N-亚硝基化合物的形成　当因加工需要而向食品中加入硝酸盐和亚硝酸盐后，亚硝酸盐通过与二级胺或三级胺相互作用形成 N-亚硝基化合物，在酸性条件下更加容易形成。其生成量取决于各种因素，如胺的碱性、反应物的浓度、pH 值、温度和有无催化剂及抑制剂等。

食品在明火中用热空气干燥，也是 N-亚硝基化合物形成的途径之一。食品与食品容器或包装材料的直接接触也可以使挥发性亚硝胺进入食品。

食品中的硝酸盐和各种可亚硝基化的胺类，常常大量进入人们胃中。由于硫氰酸根离子是人体唾液的正常成分，它在人体胃内可明显地加快体内 N-亚硝基化合物的形成速度。

(2) 毒性　许多 N-亚硝基化合物都有潜在致癌性。人体摄入 0.3～0.5g 亚硝酸盐可引起中毒，3g 就可致死。

2. 多环芳烃（PAH）

(1) 来源　在工业生产和其他人类活动中，由于木材、煤、石油的不完全燃烧及垃圾焚烧等，产生大量 PAH 并排放到环境中。熏制食品和香烟烟雾也是 PAH 的来源之一。

食品可被空气污染，也可由直接热气干燥或烟熏制造时被污染。一般只有在较高温度时才能由蛋白质、碳水化合物或脂肪生成可检出量的 PAH。肉及肉制品在烤、烧、煎炸过程中所形成的 PAH 量与其烹调条件有关。如果避免火焰与食品直接接触、低温长时间烹调及使用低脂肉，可减少 PAH 形成。

（2）毒性 PAH 属于脂溶性化合物，可通过肺、胃肠道和皮肤吸收。人类 PAH 的主要接触途径包括：①通过肺部和呼吸道吸入含 PAH 的气溶胶和微粒；②摄入受污染的食物和饮水进入胃肠道；③通过皮肤与携带 PAH 的物质接触。

PAH 分布广泛，几乎在所有的脏器、组织中均可发现，但以脂肪组织中最丰富。PAH 能够通过胎盘屏障，已在胎儿组织中检出过。PAH 在体内存在不久，代谢迅速。但某些 PAH 经代谢被活化成为能够与 DNA 结合的活性代谢产物，特别是二醇环氧化物，从而导致基因突变，诱发肿瘤。目前已发现 10 多种 PAH 具有致癌作用，其中研究较多的是苯并芘。

3. 杂环胺

（1）食品中杂环胺的污染 早期的检测发现，几乎所有经过高温烹调的肉类均具有致突变性，而不含蛋白质或氨基酸的食品致突变性很低。通过化学检测，发现烹调的鱼和肉类食品是膳食杂环胺的主要来源。

杂环胺的污染受食品烹调方法、烹调温度和烹调时间的影响较大，一般随着温度和时间的增加而增加。而长时间高温烧烤最容易产生杂环胺。用间接的热对流加热食物的烤、烘等烹调方式，可使富含蛋白质的食物生成一定的致突变物，而热辐射、热传导、煎、烤的烹调方式可增加致突变物的生成量，同时食物组分也会对其产生影响。一般来说，蛋白质含量高的食物比碳水化合物含量高的食物产生的杂环胺要多。而富含蛋白质的食物因种类不同，产生的致突变性也存在差别。一旦食物中水分丧失，易产生大量的杂环胺。

所有的杂环胺都是前致突变物，必须经过代谢活化才能产生致癌、致突变性。经口给予杂环胺很快经胃肠道吸收，并通过血液分布于身体的大部分组织。肝脏是杂环胺的重要代谢器官，一些肝外组织（如肠、肺和肾等）也有一定的代谢能力。

（2）毒性 杂环胺可在体外和动物体内与 DNA 形成加合物，这是致癌、致突变性的基础。形成 DNA 杂环胺还可导致心肌发生灶性细胞坏死伴慢性炎症、间质纤维化等。

4. 油脂氧化及有害加热产物

（1）油脂氧化及有害加热产物的生成过程 油脂在空气中氧气的作用下首先产生氢过氧化物，根据油脂氧化过程中氢过氧化物产生的途径可分为自动氧化、光氧化和酶促氧化（见模块一项目四）。

氢过氧化物极不稳定，易分解，通过不同的途径形成烃、醇、醛、酸等化合物，这些化合物具有异味，即所谓的哈喇味。酸价、羰基价都是检测油脂品质劣变的较为灵敏的指标。油脂的理化指标显示，煎炸油的品质随煎炸时间的增加而下降，煎炸时间越长，品质破坏越大。

油脂在长时间高温下会发生聚合和热氧化聚合，生成环聚合物及甘油脂聚合物等有毒成分。高温下油脂还能发生部分水解，然后再缩合成分子量较大的醚型化合物，增加油脂的黏度，这对人体是有害的。

油脂在煎炸过程中由于与空气接触且又处于高温下，氧化酸败的速度很快，不仅生成大量氢过氧化物，而且在高温下聚合形成黏稠的胶状聚合物，影响油脂的消化吸收。煎炸油在高温下会部分水解生成甘油和脂肪酸，甘油在高温下生成丙烯醛，具有强烈的辛辣气味，对鼻、眼黏膜有较强的刺激作用，长时间吸入，会损害人体的呼吸系统，引起呼吸道疾病。

（2）油脂氧化及有害加热产物的毒性 酸败油脂会产生大量的分解产物——过氧化脂质，它能引起动物黄脂病，导致肝变性、脂肪肝。过氧化脂质进入人体后，极易袭击细胞膜和酶而引起一系列的连锁反应，比如癌症的诱发、动脉粥样硬化、细胞的衰老等。

酸败油脂和脂肪氧化后会产生毒性，并降低其营养价值。油脂酸败聚合也能产生毒性，热聚合与氧化聚合不同，它不会产生难闻的气味，人们易忽视。

（3）防止油脂氧化及有害加热产物污染食品的措施 可以通过密闭、避光、低温贮藏以及避免铁、铜等器皿接触等方法来避免油脂的氧化酸败，延长贮藏时间。正确贮藏应将油脂贮存于干燥、避光、低温处。

控制油温和加热时间也能减少油脂的氧化酸败程度。油脂不宜高温使用，一般认为油脂在超过180℃时容易发生氧化，因此油温最好控制在180℃以下。同时加热时间也不宜过长，一般不超过60s最好。

5. 氯丙醇

氯丙醇是甘油的氯化衍生物，包括3-氯丙烷-1,2-二醇（3-MCPD）和2-氯丙烷-1,3-二醇（2-MCPD）、1,3-二氯-2-丙醇（1,3-DCP）、2,3-二氯-1-丙醇（2,3-DCP）及其脂肪酸酯。

（1）氯丙醇污染来源

① 酸水解植物蛋白 食品中氯丙醇的污染首先在酸水解植物蛋白中发现，许多风味食品在添加酸水解植物蛋白的生产过程中易污染氯丙醇。常见的氯丙醇是3-MCPD。

② 酱油 在传统发酵酱油和以酸处理或酸水解植物蛋白为原料的低级别酱油中，酸处理可以产生污染水平非常严重的3-MCPD；采用落后的工艺，并对大豆直接采用酸水解或者添加酸水解植物蛋白，其终产品中不仅含有相当高浓度的3-MCPD，还含有相当量的1,3-DCP。

③ 包装材料 因包装材料的迁移，食品和饮料中也有低水平的3-MCPD污染。目前正在开发第三代树脂，以显著减低3-MCPD。

（2）毒性 3-MCPD可以通过血-睾丸屏障和血-脑屏障，并在体液中广泛分布。3-MCPD可引起精子活性降低和雄性生殖能力的损害，同时对中枢神经系统也有损害作用，尤其是脑干。1,3-DCP在各种体外试验（细菌和哺乳动物体系）中均显示具有明显的致突变性和遗传毒性。

拓展阅读

世界卫生组织公布的最佳食品榜和十大垃圾食品

一、最佳食品榜

（1）最佳水果 木瓜、草莓、橘子、柑子、猕猴桃、杧果、杏、柿子、西瓜；

（2）最佳蔬菜 红薯、芦笋、卷心菜、花椰菜、芹菜、茄子、甜菜、胡萝卜、荠菜、金针菇、雪里蕻、大白菜；

（3）最佳肉食 鹅肉、鸭肉、鸡肉；

（4）最佳护脑食物 菠菜、韭菜、南瓜、葱、椰菜、菜椒、豌豆、番茄、胡萝卜、小青菜、蒜苗、芹菜等蔬菜，糙米饭、核桃、花生、开心果、腰果、松子、杏仁豆壳类食品；

（5）最佳汤食 鸡汤尤其适于冬春季饮用；

（6）最佳食油 玉米油、米糠油、芝麻油，植物油与动物油按比例1∶0.5调配食用。

二、十大垃圾食品

（1）油炸食品；

（2）罐头类食品；

（3）腌制食品；

（4）加工的肉类食品（火腿肠等）；

（5）肥肉和动物内脏类食物；

（6）奶油制品；

（7）方便面；

（8）烧烤类食品；

（9）冷冻甜点包括冰激凌、雪糕等；

（10）果脯、话梅和蜜饯类食物。

课后练习题

一、填空题

1. 食品中的有害成分依据来源分为_____、_____、_____、_____。

2. 食品中兽药残留常见的有_____和_____两大类。

3. 消化酶抑制剂是指_____。

4. 苯并芘属于_____类有害成分。

5. 河豚毒素是一种_____毒素。

二、选择题

1. 在食品的有害成分中，下列（　　）属于化学毒素。

A. 沙门菌毒素　　　B. 河豚毒素　　　C. 苦杏仁苷　　　D. 重金属

2. 人体摄入（　　）亚硝酸盐可引起中毒。

A. 0.1～0.2g　　　B. 0.3～0.5g　　　C. 0.6～0.8g　　　D. 0.9～1.0g

三、问答题

1. 苯并芘污染食品的途径是什么？

2. 食品中氯丙醇及其危害是什么？

3. 烧烤、油炸及烟熏等食品加工中产生的有毒有害成分的有害性有哪些？

4. 食品中硝酸盐、亚硝酸盐、亚硝胺的来源与危害是什么？

四、综合题

花生、葵花籽、核桃、杏仁等都是人们日常喜欢的坚果类零食。烘炒的坚果，不仅营养丰富，而且香气四溢。常见的烘炒工艺包括：

原料清理——→预处理——→烘炒——→筛选——→包装

根据所学知识回答：

1. 在烘炒工艺中，清理原料时需要注意清除发霉的坚果，发霉的坚果易产生什么有害成分？具体有什么危害？

2. 经烘炒后，还需要对坚果进行筛选，要去除过度烘炒而变得果仁坚硬、焦糊味重、颜色深黑的坚果，这样的坚果里有什么有害成分？具体有什么危害？

模块三

食品化学实验实训

实训一

水分活度与食品腐败的关系

1. 学会用康卫氏法或水分活度仪测定食品水分活度。
2. 理解食品水分活度大小与腐败难易程度的关系。

【原理】

食品水分活度（A_w）越大越容易腐败。将不同水分活度（A_w）的食品放在自然条件下，观察其腐败情况，分析并总结水分活度大小与食品腐败难易程度的关系。食品的水分活度（A_w）采用《食品安全国家标准　食品水分活度的测定》（GB 5009.238—2016）中的第一法或者第二法测定。

1. 康卫氏皿扩散法（第一法）原理

在密封、恒温的康卫氏皿中，试样中的自由水与水分活度（A_w）较高和较低的标准饱和溶液相互扩散，达到平衡后，根据试样质量的变化量，求得样品的水分活度。

2. 水分活度仪扩散法（第二法）原理

在密闭、恒温的水分活度仪测量仓内，试样中的水分扩散平衡。此时水分活度仪测量仓内的传感器或数字化探头显示出的响应值（相对湿度对应的数值）即为样品的水分活度（A_w）。

【试剂与样品】

标准饱和盐溶液：溴化锂饱和溶液（水分活度为 0.064，25℃）、氯化镁饱和溶液（水分活度为 0.328，25℃）、氯化钴饱和溶液（水分活度为 0.649，25℃）、硫酸钾饱和溶液（水分活度为 0.973，25℃）等。

饼干、面粉、蛋糕、肉松、香菇干品、香菇鲜品等。

【仪器和设备】

康卫氏皿（带磨砂玻璃盖）、称量皿（直径 35mm、高 10mm）。
天平（感量 0.0001g 和 0.1g）、恒温培养箱（精度±1℃）、电热恒温鼓风干燥箱、水分活度测定仪。

【操作步骤】

1. 样品制备

将饼干样品粉碎，混匀，置于密闭的玻璃容器内，备用。蛋糕、肉松、香菇干品、香菇鲜品等，在室温 18～25℃、相对湿度 50％～80％的条件下，迅速掰成或者切成约小于 3mm×3mm×3mm 的小块，不得使用组织捣碎机，分别置于密闭的玻璃容器内，备用。

2. 水分活度（A_W）测定

(1) 康卫氏法（第一法）

① 加入标准饱和盐溶液　分别选取上述 4 种标准饱和盐溶液各 12.0mL，注入康卫氏皿的外室，每只扩散皿装一种。

② 样品称量　在预先恒重且精确称量的称量皿中，迅速称取试样约 1.5g（精确至 0.0001g），迅速放入盛有标准饱和盐溶液的康卫氏皿的内室中。

③ 加盖密封并平衡　沿康卫氏皿上口平行移动盖好涂有凡士林的磨砂玻璃片，放入 25℃±1℃的恒温培养箱内，恒温 24h。

④ 称量并计算　取出盛有样品的称量皿，立即称量（精确至 0.0001g）。样品质量的增减量按下式计算：

$$X = \frac{m_1 - m}{m - m_0} \tag{3-1}$$

式中　X——样品质量的增减量，g/g；

　　　m_1——25℃扩散平衡后，样品和称量皿的质量，g；

　　　m——25℃扩散平衡前，样品和称量皿的质量，g；

　　　m_0——称量皿的质量，g。

⑤ 绘图并得出结果　以计算出的每只康卫氏皿中样品质量的增减量作为纵坐标，以所选饱和盐溶液（25℃）的水分活度（A_W）数值为横坐标，绘制二维直线图。

取横坐标截距值，即为该样品的水分活度（A_W）测定值。参见图 3-1。

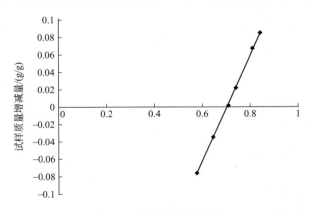

图 3-1　测定二维直线图

⑥ 按照上述方法测定不同试样的水分活度。

(2) 水分活度仪法 (第二法)

① 水分活度仪校正　在室温 18～25℃、相对湿度 50％～80％的条件下，用饱和盐溶液校正水分活度仪。

② 水分活度测定　称取 1g（精确至 0.01g）样品，迅速放入样品皿中，封闭测量仓，在温度 20～25℃、相对湿度 50％～80％的条件下测定。每间隔 5min 记录水分活度仪的响应值。当相邻两次响应值之差小于 $0.005A_W$ 时，即为测定值。仪器充分平衡后，同一样品重复测定 3 次。

3. 观察食品腐败

称取约 20g 的各种样品置于洁净的小烧杯中，敞开在常温的室内，每天观察食品腐败的情况，并且记录。食品腐败程度用－、＋、＋＋、＋＋＋标示。

【结果与分析】

1. 比较同种样品分别用康卫氏法和水分活度仪法测定的水分活度（A_W）数值。

2. 根据各种样品前五天的腐败情况记录，结合测定出的各种样品水分活度（A_W）结果，分析水分活度（A_W）与食品水分含量高低、腐败难易程度之间存在什么关系。

实训 二
淀粉的性质

💡 能力目标

1. 学会检测淀粉不同水解阶段主要产物的方法。
2. 理解淀粉水解后与碘反应出现不同颜色的原因。

【原理】

淀粉在酸性条件下，加热会水解成可溶性淀粉、糊精、麦芽糖、葡萄糖等。利用淀粉与碘反应呈蓝色，糊精遇碘呈蓝紫、紫、橙等颜色，判断淀粉水解的阶段和糊精种类等。利用班氏试剂的呈色反应，判断还原糖的存在。

【试剂与样品】

班氏试剂（Benedict's solution）：取 173g 柠檬酸钠和 100g 无水碳酸钠溶解于 800mL 水中，再取 17.3g 结晶硫酸铜溶解在 100mL 水中，慢慢将此溶液加入上述溶液中，最后用水稀释到 1000mL，当溶液不澄清时可过滤之。

100g/L NaOH 溶液、200g/L H_2SO_4 溶液、100g/L Na_2CO_3 溶液、酒精、碘-碘化钾溶液等。

玉米淀粉、马铃薯淀粉或者番薯淀粉，配制成 1g/L 淀粉溶液。

【仪器和设备】

试管、试管架、量筒、烧杯、白瓷板、酒精灯、水浴锅等。

【操作步骤】

1. 淀粉与碘的反应

（1）取 5 滴 1g/L 淀粉溶液于白瓷板的孔内，加 2 滴碘-碘化钾溶液，观察颜色，并且记录。

（2）取 3 支试管分别编号，各加入 2mL 1g/L 淀粉溶液、2 滴碘-碘化钾溶液，摇匀，按照下面操作，观察颜色变化，并且记录。

一号试管：在酒精灯上加热，观察颜色变化。然后冷却，再观察颜色变化。

二号试管：加入 5 滴 100g/L NaOH 溶液，观察颜色变化。

三号试管：加入 5 滴酒精，观察颜色变化。

2. 淀粉水解反应

(1) 取 15mL 1g/L 淀粉溶液于 100mL 小烧杯中，加入 5mL 200g/L H_2SO_4 溶液，置于水浴锅水浴至溶液呈透明。

(2) 每隔 2min 取透明液 2 滴在白瓷板上进行碘实验，直至不产生颜色反应为止。

(3) 另取 1 支试管，加入 1mL 与碘反应不呈颜色的上述淀粉水解液，滴加 3～4 滴 100g/L Na_2CO_3 溶液进行中和。然后加入 2mL 班氏试剂，水浴数分钟。观察颜色变化并记录。

【结果与分析】

1. 说明淀粉与碘反应的颜色变化。
2. 解释淀粉水解过程与碘反应的颜色变化现象。

实训 三

果胶提取与果酱制备

能力目标

1. 学会从水果皮中提取并精制果胶的方法。
2. 学会用提取的果胶制作果酱的方法。

【原理】

果胶广泛存在于果蔬中，尤其是未成熟的水果皮中。水果皮原料经酸处理后，加热至90℃，可将不溶性的果胶转化为可溶性果胶。然后用乙醇处理提取液，使果胶沉淀，再用乙醇洗涤沉淀，以除去可溶性糖类、脂肪、色素等物质。提取的果胶可以制作果酱、果冻、糖果等。

【试剂与样品】

0.25%（体积分数）盐酸（HCl）、95%（体积分数）乙醇、蔗糖、柠檬酸、柠檬酸钠、稀氨水、活性炭、硅藻土等。

新鲜的柑橘皮、橙皮或柚子皮。

【仪器和设备】

搪瓷盆、烧杯、天平、电炉、菜刀、砧板等。

【操作步骤】

1. 果胶的提取

（1）原料预处理 称取新鲜柑橘皮（或橙皮、柚子皮等）20g，用清水洗净后，放入250mL 搪瓷盆（或烧杯）中，加入 120mL 水，加热至 90℃保持 5~10min，使酶失活。用水冲洗后切成 3~5mm 大小的颗粒，用 50℃左右的热水反复漂洗，直至水为无色、果皮无异味为止。每次漂洗必须把果皮用尼龙布挤干，再进行下一次漂洗。

（2）酸水解提取 将预处理过的果皮粒放入烧杯中，加入约 0.25%的盐酸 60mL，以浸没果皮为宜，pH 调整为 2.0~2.5，加热至 90℃煮 45min，趁热用尼龙布（100 目）或四层纱布过滤。

(3) 脱色 在滤液中加入 0.5%～1.0% 活性炭于 80℃ 加热 20min 进行脱色和除异味，趁热抽滤，如抽滤困难可加 2%～4% 的硅藻土作助滤剂。若柑橘皮漂洗干净，提取液为清澈透明，则不用脱色。

(4) 沉淀 待提取液冷却后，用稀氨水调节至 pH3～4，在不断搅拌下加入 95% 乙醇，加入乙醇的量约为原体积的 1.3 倍，使酒精浓度达 50%～60%（可用酒精计测定），静置 10min。

(5) 过滤、洗涤、烘干 用尼龙布过滤，果胶用 95% 乙醇洗涤两次，再在 60～70℃ 烘干，称重。

2. 柠檬味果酱的制取

(1) 将果胶 0.2g（干品）浸泡于 20mL 水中，软化后在搅拌下慢慢加热至果胶全部溶化。

(2) 加入柠檬酸 0.1g、柠檬酸钠 0.1g 和蔗糖 20g，在搅拌下加热至沸腾，继续熬煮 5min，冷却后即成果酱。

【结果与分析】

1. 根据水果皮和提取出的果胶的量，计算果胶的得率。
2. 分析影响果胶提取率的因素。

实训 四

糖类的非酶褐变

能力目标

1. 学会制作焦糖色素的方法。
2. 能够正确使用分光光度计测定褐色物质的吸光度。

【原理】

在没有酶参与的情况下，发生的褐变称为非酶褐变。糖类在受热的情况下，会发生焦糖化反应或者美拉德反应。

焦糖化反应：糖类在无氨基化合物存在下，加热到其熔点以上，经聚合、缩合生成黑褐色色素物质的过程。

美拉德反应：在焙烤、油炸等条件下，单糖或还原糖与氨基化合物发生的羰氨反应，产生具有特殊气味的棕褐色缩合物的过程。

【试剂与样品】

蔗糖、食盐（NaCl）、6％HAc、95％乙醇、25％葡萄糖溶液、25％甘氨酸溶液、10％盐酸、10％氢氧化钠溶液、25％谷氨酸钠溶液、25％蔗糖溶液等。

【仪器和设备】

蒸发皿、容量瓶、试管、分析天平、电炉、分光光度计等。

【操作步骤】

1. 焦糖的制备

称取蔗糖 25g 放入蒸发皿中，加入 1mL 水，在电炉上加热到 150℃左右后关掉电源，恒温 10min 左右即得到深褐色的焦糖，稍冷，加入蒸馏水溶解，冷却后移入 250mL 容量瓶中，定容。

2. 比色

吸取上述 10％焦糖溶液 5mL，稀释至 50mL，配成 1％焦糖溶液。分别吸取 5mL 1％焦糖溶液于 4 支试管中，依次分别向 4 支试管中添加 5mL 水、1.8g NaCl 和 5mL 水、5mL 6％HAc、5mL 95％乙醇，混匀，在 520nm 波长下比色测定，记录吸光度值。

3. 美拉德反应

(1) 取 3 支试管，各加 25％葡萄糖溶液和 25％甘氨酸溶液 5 滴。然后向第一支试管中加 10％盐酸溶液两滴；向第二支试管中加 10％氢氧化钠溶液两滴；第三支试管中不加酸碱。将三支试管同时放入沸水浴中加热片刻，比较各试管中溶液变色快慢和颜色深浅。

(2) 取 3 支试管，向第一支试管中加入 25％甘氨酸溶液和 25％蔗糖溶液各 5 滴；向第 2 支试管中加入 25％谷氨酸钠溶液和 25％蔗糖溶液各 5 滴；向第三支试管加入 25％甘氨酸溶液和 25％葡萄糖溶液各 5 滴。将三支试管同时放入沸水浴中加热，比较各试管中溶液变色快慢和颜色深浅。

【结果与分析】

1. 分析焦糖溶液在不同条件下的不同的色度。
2. 分析影响美拉德反应的因素。

实训 五

蛋白质的等电点

☀ 能力目标

1. 学会测定酪蛋白的等电点。
2. 能够运用等电点的知识分析蛋奶制品的常见特性。

【原理】

蛋白质是两性电解质，当调节溶液的酸碱度，使蛋白质分子所带正负电荷相等时，在电场中蛋白质分子既不向阳极移动，也不向阴极移动，这时溶液的 pH 即是蛋白质的等电点。蛋白质在等电点时，因蛋白质分子所带净电荷为零，在静电引力作用下，失去胶体的稳定条件而发生沉淀现象。

【试剂与样品】

1.00mol/L 醋酸、0.10mol/L 醋酸、0.01mol/L 醋酸。

0.5％酪蛋白溶液：称取 2.5g 酪蛋白于烧杯中，加入 40℃ 的蒸馏水，再加入 50mL 1mol/L 氢氧化钠溶液，微热搅拌至溶解。将溶解好的蛋白质溶液转移至 500mL 容量瓶中，加入 50mL 1mol/L 醋酸溶液，摇匀定容。

新鲜牛乳、食用醋、茶叶水、苏打水、柠檬汁等。

【仪器和设备】

试管、吸管、滴管、容量瓶、锥形瓶、水浴锅等。

【操作步骤】

1. 蛋白质等电点测定

(1) 取 5 支同规格的试管，分别编号，依次精确加入 0.6mL 0.01mol/L 醋酸、0.3mL 0.10mol/L 醋酸、1.0mL 0.10mol/L 醋酸、9.0mL 0.10mol/L 醋酸、1.6mL 1.00mol/L 醋酸，用蒸馏水调整到 10.0mL。

(2) 向上述 5 支试管中各加入 1.0mL 0.5％酪蛋白溶液，然后逐一振荡，混匀。

(3) 静置 15min，仔细观察溶液的混浊情况。混浊度可用－、＋、＋＋、＋＋＋标示。

（4）测定各溶液相应的 pH 值。

2. 牛乳中蛋白质的变性沉淀

（1）取 4 份 5mL 新鲜牛乳分别置于 4 支试管中。

（2）向 4 支试管中依次分别加入 5mL 食用醋、5mL 茶叶水、5mL 苏打水、5mL 柠檬汁，混合均匀。

（3）观察各试管中是否有混浊或者沉淀现象，并记录。

【结果与分析】

1. 根据观察的结果，比较酪蛋白溶液各管的混浊度与相应的 pH 值，指出酪蛋白的等电点。

2. 解释新鲜牛乳加入不同食用液体后观察到的现象产生的原因。

实训 六

牛乳中酪蛋白的提取

能力目标

1. 学会进行酪蛋白的提取操作。
2. 掌握影响牛乳中酪蛋白提取的因素。

【原理】

牛乳中含多种蛋白质，其中酪蛋白约占乳蛋白的 80％。酪蛋白是含磷蛋白质的复杂混合物，等电点为 4.7。利用蛋白质在等电点溶解度最低的原理，将牛乳的 pH 调至 4.7，酪蛋白发生沉淀，从牛乳中分离出来。酪蛋白不溶于乙醇、乙醚，用乙醇-乙醚混合液洗涤沉淀，除去脂类杂质，得到较纯的酪蛋白。

【试剂与样品】

95％乙醇、0.2mol/L pH4.7 醋酸-醋酸钠缓冲液、0.1mol/L 氢氧化钠溶液、0.2mol/L 醋酸溶液、乙醇-乙醚混合液 1：1（体积比）等。

市售全脂牛乳（鲜牛乳或复原乳）等。

【仪器和设备】

恒温水浴锅、离心机、精密 pH 试纸或酸度计、抽滤装置、表面皿、离心管、天平、烧杯、量筒、玻璃棒等。

【操作步骤】

1. 提取

量取 50mL 鲜牛乳于 200mL 烧杯中，水浴加热至 40℃，在搅拌下慢慢加入预热至 40℃ 的 pH4.7 醋酸-醋酸钠缓冲液 50mL，以精密 pH 试纸或酸度计调 pH 至 4.7（用 0.1mol/L 氢氧化钠溶液或 0.2mol/L 醋酸溶液调整）。观察牛乳开始有蛋白质絮状沉淀出现后，保温一定时间。冷却至室温后，离心分离 15min（2000r/min），弃去上层清液，得到酪蛋白粗制品。

2. 水洗

用 40mL 蒸馏水洗沉淀，离心 10min（3000r/min），弃去上层清液。如此重复操作 3 次。

3. 去脂

在沉淀中加入 30mL 95％乙醇，搅动至呈悬浊液，转移至布氏漏斗中抽滤，用乙醇-乙醚混合液洗涤沉淀 2 次，最后用乙醚洗涤沉淀 2 次，抽干。

4. 沉淀

将沉淀摊开在表面皿上，风干即得酪蛋白精制品，称量酪蛋白质量。

【结果与分析】

1. 按下式计算鲜牛乳中酪蛋白的含量和得率（牛乳中酪蛋白理论含量为 3.5g/100mL）。

$$酪蛋白含量\left(\frac{g}{100mL}\right)=\frac{酪蛋白质量（g）}{50mL}\times100 \tag{3-2}$$

$$得率=\frac{测得含量}{理论含量}\times100\% \tag{3-3}$$

2. 分析影响牛乳中酪蛋白提取的因素。

实训 七
蛋白质功能性质的测定

【原理】

蛋白质的功能性质是指能使蛋白质成为人们所需要的食品特征而具有的物理化学性质。蛋白质的功能性质可分为水化性质、表面性质、蛋白质-蛋白质相互作用的有关性质，主要包括乳化性、起泡性、凝胶作用等。使用显微镜观察蛋清蛋白溶液、大豆分离蛋白粉溶液的乳状液情况，确定其乳状液类型。采用不同的搅打方式搅打蛋清蛋白溶液、大豆分离蛋白粉溶液，观察泡沫产生的数量及泡沫稳定性，从而认识蛋白质的起泡功能。通过添加凝胶剂或者加热等方法，观察蛋清蛋白溶液、大豆分离蛋白粉溶液的凝胶效果，从而认识蛋白质的凝胶功能。

【试剂与样品】

饱和氯化钠溶液、酒石酸、氯化钠、δ-葡萄糖酸内酯、饱和氯化钙溶液、水溶性红色素、明胶等。

2%蛋清蛋白溶液：取 2g 蛋清加 98g 蒸馏水稀释，过滤取清液。

卵黄蛋白：鸡蛋除蛋清后剩下的蛋黄捣碎。

大豆分离蛋白粉、植物油等。

【仪器和设备】

100mL 烧杯、250mL 烧杯、50mL 量筒、试管、试管架、水浴锅、电动搅拌器等。

【操作步骤】

1. 蛋白质的乳化性

（1）取 5g 卵黄蛋白加入 250mL 的烧杯中，加入 95mL 水、0.5g 氯化钠，用电动搅拌器搅匀后，在不断搅拌下滴加植物油 10mL，滴加完后，强烈搅拌 5min 使其分散成均匀的乳状液，静置 10min，待泡沫大部分消除后，取出 10mL，加入少量水溶性红色素染色，不断搅拌直至染色均匀，取一滴乳状液在显微镜下仔细观察，被染色部分为水相，未被染色部分为油相，根据显微镜下观察所得到的染料分布，确定该乳状液是属于水包油型还是油包水型。

(2) 配制 5% 的大豆分离蛋白溶液 100mL，加 0.5g 氯化钠，在水浴上温热搅拌均匀，同上法加 10mL 植物油进行乳化。静置 10min 后，加入少量水溶性红色素染色，不断搅拌直至染色均匀。同样取一滴乳状液在显微镜下观察其类型。

2. 蛋白质的起泡性

(1) 在 3 个 250mL 的烧杯中各加入 2% 的蛋清蛋白溶液 50mL，一份用电动搅拌器连续搅拌 1～2min；一份用玻璃棒不断搅打 1～2min；另一份用玻璃管不断鼓入空气泡 1～2min，观察泡沫的生成，记录泡沫的多少及泡沫稳定时间的长短。评价不同的搅打方式对蛋白质起泡性的影响。

(2) 取 2 个 250mL 烧杯，各加入 2% 的蛋清蛋白溶液 50mL，一份放入冷水或冰箱中冷至 10℃，另一份保持常温（30～35℃），同时以相同的方式各搅打 1～2min，观察泡沫产生的数量及泡沫稳定性有何不同。

(3) 取 3 个 250mL 烧杯，各加入 2% 的蛋清蛋白溶液 50mL，其中一份加入酒石酸 0.5g，一份加入氯化钠 0.1g，以相同的方式各搅拌 1～2min，观察泡沫产生的多少及泡沫稳定性有何不同。

(4) 用 2% 的大豆蛋白溶液进行以上的同样实验。

3. 蛋白质的凝胶作用

(1) 在试管中取 1mL 蛋清蛋白，加 1mL 水和几滴饱和氯化钠溶液至溶解澄清，放入沸水浴中，加热片刻观察凝胶的形成。

(2) 在 100mL 烧杯中加入 2g 大豆分离蛋白粉和 40mL 水，在沸水浴中加热并不断搅拌均匀，稍冷，将其分成 2 份，一份加入 5 滴饱和氯化钙溶液，另一份加入 0.1～0.2g δ-葡萄糖酸内酯，放置温水浴中数分钟，观察凝胶的生成。

(3) 在试管中加入 0.5g 明胶和 5mL 水，水浴中温热溶解形成黏稠溶液，冷后观察凝胶的生成。

【结果与分析】

1. 分析蛋白质溶液乳状液的类型。
2. 分析影响蛋清蛋白溶液泡沫产生数量及泡沫稳定性的因素。
3. 比较蛋清蛋白与大豆蛋白的起泡性。
4. 解释在不同情况下蛋白质溶液凝胶形成的原因。

实训 八

油脂的氧化与过氧化值的测定

能力目标

1. 学会测定油脂过氧化值的方法。
2. 了解影响油脂氧化的因素。

【原理】

油脂氧化是含油食品腐败变质的主要原因之一。氢过氧化物 ROOH 是油脂氧化的初级产物。油脂过氧化值的测定可以用碘量法。将油脂样品在三氯甲烷和冰醋酸中溶解，其中的过氧化物与碘化钾反应生成碘，用硫代硫酸钠标准溶液滴定析出的碘，根据 100g 油脂中所含过氧化物与碘化钾反应生成碘的质量（g），计算出过氧化物的含量。

【试剂与样品】

三氯甲烷-冰醋酸混合液（体积比 40：60）、饱和碘化钾溶液、1％ 淀粉指示剂、0.1mol/L 硫代硫酸钠标准溶液、0.01mol/L 硫代硫酸钠标准溶液（临用前配制）。

食用油脂样品（已变质）。

【仪器和设备】

250mL 碘量瓶、10mL 或 25mL 滴定管、量筒、天平（感量为 1mg、0.01mg）等。

【操作步骤】

1. 称取 2～3g（精确至 0.001g）油脂，置于 250mL 碘量瓶中，加入 30mL 三氯甲烷-冰醋酸混合液，轻轻振摇使油脂完全溶解。

2. 加入 1.0mL 饱和碘化钾溶液，塞紧瓶盖，并轻轻振摇 0.5min，在暗处放置 3min。

3. 向碘量瓶中加 100mL 水稀释，摇匀后立即用 0.01mol/L 硫代硫酸钠标准溶液滴定至淡黄色时，加淀粉指示剂 1.0mL，继续滴定并强烈振摇至溶液蓝色消失为终点，记录消耗的体积 V。

4. 做空白试验。

【结果与分析】

1. 按下式计算油脂的过氧化值：

$$过氧化值(POV)(\%)=\frac{(V-V_0)\times c\times 0.1269}{m}\times 100\%\qquad(3\text{-}4)$$

式中　V——试样消耗的硫代硫酸钠标准溶液体积，mL；

　　V_0——空白试验消耗的硫代硫酸钠标准溶液体积，mL；

　　c——硫代硫酸钠标准溶液的浓度，mol/L；

0.1269——换算系数，与 1.000mol/L 硫代硫酸钠标准溶液 1.00mL 相当的碘的质量，g/mmol；

　　m——油样质量，g。

2. 分析影响油脂氧化的因素。

实训 九

油脂酸价的测定

☀ 能力目标

1. 学会测定油脂酸价的方法。
2. 了解油脂酸价对油脂类食品的影响。

【原理】

油脂的酸价是指完全中和 1g 油脂中的游离脂肪酸所需氢氧化钾的质量（mg）。酸价是油脂中游离脂肪酸含量的标志，是评价油脂酸败程度的指标之一。国家标准规定，新鲜的食用油脂酸价不得大于 5。

【试剂与样品】

0.1mol/L 氢氧化钾标准溶液、中性乙醚-乙醇混合液（体积比 2∶1，临用前用 0.1mol/L 氢氧化钾溶液中和至中性）、酚酞指示剂（1％乙醇溶液）。

食用油脂样品。

【仪器和设备】

滴定管、分析天平、锥形瓶、量筒等。

【操作步骤】

1. 准确称取 3～5g 油脂试样置于干净的锥形瓶中，加入 50mL 中性乙醚-乙醇混合液，充分振摇溶解试样，再加 3 滴酚酞指示剂。

2. 用 0.1mol/L 氢氧化钾标准溶液滴定至微红色，且 30s 内无明显褪色时即为滴定终点。

3. 记录此滴定所消耗氢氧化钾标准溶液的体积 V（mL）。

4. 做空白实验。

【结果与分析】

1. 按下式计算油脂的酸价（又称酸值）：

$$X_{AV} = \frac{(V - V_0) \times c \times 56.1}{m} \qquad (3\text{-}5)$$

式中 X_{AV}——酸价，mg/g；

   V——试样测定所消耗的氢氧化钾标准滴定溶液的体积，mL；

   V_0——相应的空白测定所消耗的氢氧化钾标准滴定溶液的体积，mL；

   c——氢氧化钾标准滴定溶液的摩尔浓度，mol/L；

  56.1——氢氧化钾的摩尔质量，g/mol；

   m——油脂样品的称样量，g。

2. 分析影响油脂酸价大小的因素。

实训十

果蔬维生素C在热加工中的变化

能力目标

1. 学会测定果蔬中维生素 C 含量的方法。
2. 了解加工方法对果蔬中维生素 C 保存率的影响。

【原理】

维生素 C 是水果、蔬菜中重要的营养成分，易受环境条件影响，如各种加工方法（尤其是热加工）对维生素 C 的保存率影响很大。采用食品安全国家标准的方法测定加工前后维生素 C 含量的变化，可以计算出维生素 C 的保存率。

用蓝色的碱性染料 2,6-二氯靛酚标准溶液对含 L-（＋）-抗坏血酸的试样酸性浸出液进行氧化还原滴定，2,6-二氯靛酚被还原为无色，当到达滴定终点时，稍过量的 2,6-二氯靛酚在酸性介质中显浅红色，根据 2,6-二氯靛酚的消耗量可以计算样品中 L-（＋）-抗坏血酸的含量。

【试剂与样品】

苹果、猕猴桃、柑橘或其他浅色的果蔬。

20g/L 草酸溶液：称取 2g 草酸，用水溶解并定容至 100mL。

L-（＋）-抗坏血酸标准品：纯度≥99％（1.000mg/mL），即称取 100mg（精确至 0.1mg）L-（＋）- 抗坏血酸标准品，溶于 20g/L 草酸溶液并定容至 100mL。该贮备液在 2～8℃避光条件下可保存一周。

2,6-二氯靛酚（2,6-二氯靛酚钠盐）溶液：称取碳酸氢钠 52mg 溶解在 200mL 热蒸馏水中，然后称取 2,6-二氯靛酚 50mg 溶解在上述碳酸氢钠溶液中。冷却并用水定容至 250mL，过滤至棕色瓶内，于 4～8℃环境中保存。每次使用前，用标准抗坏血酸溶液标定其滴定度。

标定方法：准确吸取 1mL 抗坏血酸标准溶液于 50mL 锥形瓶中，加入 10mL 20g/L 草酸溶液，摇匀，用 2,6-二氯靛酚溶液滴定至粉红色，保持 15s 不褪色为止。同时另取 10mL 20g/L 草酸溶液做空白试验。

2,6-二氯靛酚溶液的滴定度按下式计算：

$$T = \frac{c \times V}{V_1 - V_0} \tag{3-6}$$

式中　T——2,6-二氯靛酚溶液的滴定度，即每毫升2,6-二氯靛酚溶液相当于抗坏血酸的质量，mg/mL；

　c——抗坏血酸标准溶液的浓度，mg/mL；

　V——吸取抗坏血酸标准溶液的体积，mL；

　V_1——滴定抗坏血酸标准溶液所消耗2,6-二氯靛酚溶液的体积，mL；

　V_0——滴定空白所消耗2,6-二氯靛酚溶液的体积，mL。

【仪器和设备】

100mL烧杯、100mL容量瓶、10mL移液管、50mL锥形瓶、25mL微量滴定管、天平（精度0.01g）、组织捣碎机、水浴锅、菜刀、砧板等。

【操作步骤】

1. 样品处理

(1) 称取100g苹果、猕猴桃、柑橘或其他浅色果蔬的可食部分，加入100g 20g/L草酸溶液，在组织捣碎机中捣碎成浆状。

(2) 分别称取2份捣碎后的果蔬25～40g（精确至0.01g），再分别置于2个100mL烧杯中。

(3) 将上述一份果蔬液转移到100mL容量瓶中，用20g/L草酸溶液稀释至刻度，摇匀，过滤，滤液备用。

(4) 将上述另一份果蔬液放入沸水浴中，加热30min后，转移到100mL容量瓶中，用20g/L草酸溶液稀释至刻度，摇匀，过滤，滤液备用。

2. 滴定

准确吸取10mL滤液于50mL锥形瓶中，用标定过的2,6-二氯靛酚溶液滴定，直至溶液呈红色15s不褪色为止。同时做空白试验。

【结果与分析】

1. 根据2,6-二氯靛酚标准滴定溶液的消耗体积，计算出果蔬加热前后维生素C的含量，以及维生素C保存率。果蔬中L-(＋)-抗坏血酸含量按下式计算：

$$X = \frac{(V-V_0) \times T \times A}{m} \times 100 \qquad (3\text{-}7)$$

式中　X——试样中L-(＋)-抗坏血酸含量，mg/100g；

　V——滴定试样所消耗2,6-二氯靛酚溶液的体积，mL；

　V_0——滴定空白所消耗2,6-二氯靛酚溶液的体积，mL；

　T——2,6-二氯靛酚溶液的滴定度，即每毫升2,6-二氯靛酚溶液相当于抗坏血酸的质量，mg/mL；

　A——稀释倍数；

　m——试样质量，g。

2. 根据果蔬加热前后维生素C含量的变化情况，分析果蔬中维生素C的热稳定性。

实训 十一

从番茄中提取番茄红素和 β-胡萝卜素

能力目标

1. 学会从番茄中提取番茄红素、β-胡萝卜素的方法。
2. 了解影响类胡萝卜素提取率的因素。

【原理】

番茄中含有番茄红素和少量的 β-胡萝卜素，二者均属于类胡萝卜素。类胡萝卜素为多烯类色素，不溶于水，难溶于甲醇、乙醇，可溶于乙醚、石油醚、丙酮、氯仿等有机溶剂。根据番茄红素和 β-胡萝卜素的性质，可利用石油醚、乙酸乙酯等弱极性溶剂将它们从植物材料中浸提出来。

【试剂与样品】

食盐、丙酮、乙酸乙酯、无水硫酸镁（或无水硫酸钠）。

新鲜番茄（或番茄酱）。

【仪器和设备】

三角瓶（50mL）、分液漏斗（150mL）、蒸馏瓶（50mL）、普通蒸馏装置（或减压蒸馏装置）、量筒、烧杯、试管等。

【操作步骤】

1. 称取 20g 新鲜番茄果肉，捣碎，置于 50mL 三角瓶中，再加入 5g 食盐，用玻璃棒搅拌，使食盐与番茄果肉充分混合均匀，静置一定时间，便会看到果肉组织中水分大量渗出。脱水时间持续 15～30min。随后将脱除下来的水分滤入 150mL 分液漏斗中。

2. 向经过食盐脱水的番茄果肉中加入 10mL 丙酮，用玻璃棒搅拌后，静置 5～10min。然后将丙酮提取液也滤入分液漏斗中。

3. 向经过丙酮处理的番茄果肉中加入 10mL 乙酸乙酯浸提 5min。浸提过程中应经常振摇三角瓶，使番茄果肉和溶剂充分接触。若室温过低，可将三角瓶置于温水浴中预热，但要注意防止浸提溶剂的挥发损失。5min 后，将浸提后的提取液也滤入分液漏斗中，并用玻璃棒轻压残渣尽量使溶剂流尽。

4. 再用乙酸乙酯按照上述方法重复浸提番茄果肉 2 次，合并提取液至分液漏斗中。

5. 充分振摇分液漏斗中的混合溶液，静置，完全分层后，弃去水层，有机酯层再用蒸馏水洗 2 次，每次 8～10mL，弃去水层。

6. 将有机酯层自分液漏斗上口倒入干燥的三角瓶中，加入适量无水硫酸镁（或无水硫酸钠），避光干燥 15min。

7. 将干燥后的有机酯层滤入 50mL 的蒸馏瓶中，水浴加热，小心蒸馏（减压蒸馏），待浓缩至 1～2mL，即为类胡萝卜素样品。

【结果与分析】

1. 观察描述类胡萝卜素样品。
2. 分析影响类胡萝卜素提取率的因素。

实训 十二

绿色果蔬叶绿素的分离及其含量测定

1. 学会从绿色果蔬中提取叶绿素的方法。
2. 学会正确使用分光光度计测定果蔬中的叶绿素含量。

【原理】

叶绿素广泛存在于水果、蔬菜等绿色植物中。高等植物中叶绿素包含叶绿素 a、叶绿素 b 两种，两者都易溶于乙醇、乙醚、丙酮和氯仿中。

根据叶绿体色素提取液对可见光谱的吸收，利用分光光度计在某一特定波长测定其吸光度，即可用公式计算出提取液中各色素的含量。如果溶液中有数种吸光物质，则此混合液在某一波长下的总吸光度等于各组分在相应波长下吸光度的总和，这就是吸光度的加和性。具体测定原理如下所述。

叶绿素 a 与叶绿素 b 分别对 645nm 和 663nm 波长的光有吸收峰，且两吸收曲线相交于 652nm 处。因此，测定提取液在 645nm、663nm、652nm 波长下的光密度，并根据经验公式计算，可分别得到叶绿素含量。

$$OD_{663} = 82.04c_a + 9.27c_b \tag{3-8}$$
$$OD_{645} = 16.75c_a + 45.6c_b$$

式中，c_a、c_b 分别为叶绿素 a、叶绿素 b 的浓度，mg/L。

$$叶绿素 a 含量（mg/g 鲜重）= (12.7OD_{663} - 2.69OD_{645}) \times V/(1000 \times W)$$
$$叶绿素 b 含量（mg/g 鲜重）= (22.9OD_{645} - 4.68OD_{663}) \times V/(1000 \times W)$$
$$总叶绿素含量（mg/g 鲜重）= (20.2OD_{645} + 8.02OD_{663}) \times V/(1000 \times W)$$

如果只要求测定总叶绿素含量，则只需测定一定浓度提取液在 652nm 波长处的光密度。其总叶绿素含量按下式计算：

$$总叶绿素含量（mg/g 鲜重）= (OD_{652}/34.5) \times V/(1000 \times W) \tag{3-9}$$

式中　OD_{652}——表示在 652nm 波长下叶绿素提取液的光密度，mg/L；

V——叶绿素丙酮提取液的最终体积，L；

W——所用果蔬组织鲜重，g。

【试剂与样品】

丙酮、0.1mol/L 的 NaOH 溶液。

绿叶青菜、黄瓜。

【仪器和设备】

玻璃砂、容量瓶、研钵、721 型分光光度计等。

【操作步骤】

1. 叶绿素提取及含量测定

（1）准确称取青菜（或黄瓜）样品 5g，加入少许玻璃砂（0.5～1g）。充分研磨后倒入 100mL 容量瓶中，然后用丙酮分几次洗涤研钵，并倒入容量瓶中，用丙酮定容至 100mL。

（2）充分振荡后，用滤纸过滤。取滤液用分光光度计分别于 645nm、663nm、652nm 波长下测定其光密度。

（3）以 95％丙酮做空白对照实验。记录测定的光密度。

2. 叶绿素在酸碱介质中的稳定性试验

（1）分别取 10mL 叶绿素提取液，逐滴滴加 0.1mol/L 的 NaOH 溶液，观察提取液的颜色变化情况。

（2）记录叶绿素提取液颜色变化时的 pH 值。

【结果与分析】

1. 根据测出的光密度，计算果蔬组织中叶绿素 a、叶绿素 b 和总叶绿素含量。
2. 分析叶绿素提取液在不同 pH 条件下的颜色变化情况。

实训 十三

热加工方法对多酚氧化酶活性的影响

1. 学会果蔬多酚氧化酶活性的检测方法。
2. 了解热加工方式对果蔬中多酚氧化酶活性的不同影响。

【原理】

多酚氧化酶广泛存在于各种植物和微生物中，是酶促褐变的因素之一，果蔬酶促褐变会大大降低食品外观品质和营养价值。利用多酚氧化酶催化酚类物质氧化成醌，醌聚合成褐色物质的特性，以愈创木酚为底物，检测果蔬受热前后褐变的不同程度，判断热加工方法对果蔬中多酚氧化酶活性的影响。褐变程度越严重，说明果蔬中多酚氧化酶活力越高。

【试剂与样品】

1.5%愈创木酚溶液（溶剂为 60%乙醇）、3% H_2O_2 溶液、1%柠檬酸溶液。

新鲜的苹果、梨、荸荠、白萝卜、马铃薯或者浅色果蔬。

【仪器和设备】

烧杯、表面皿、电炉或者电磁炉、菜刀、砧板等。

【操作步骤】

1. 将市售的新鲜果蔬洗净，去皮切成小块后，分别放入沸水中和沸腾的 1%柠檬酸溶液中，煮不同的时间（1min、2min、3min、5min、8min、11min 等），然后取出冷却备用。

2. 将煮前、煮后的果蔬置于表面皿上，切开果蔬，在断面上分别滴 1～2 滴的 1.5%愈创木酚溶液和 3% H_2O_2 溶液，观察断面的颜色变化，并且记录。

【结果与分析】

1. 分别记录放入沸水中和沸腾的 1%柠檬酸溶液中煮 1min、2min、3min、5min、8min、11min 时，果蔬断面与 1.5%愈创木酚溶液和 3% H_2O_2 溶液反应时颜色的变化情况，褐变程度可用一、＋、＋＋、＋＋＋标示。

2. 解释果蔬断面出现不同褐变程度的原因。

参 考 文 献

[1] 陈海华，孙庆杰. 食品化学［M］. 北京：化学工业出版社，2016.

[2] 冯凤琴，叶立扬. 食品化学［M］. 北京：化学工业出版社，2015.

[3] 阚建全. 食品化学. 第3版. 北京：中国农业大学出版社，2016.

[4] 黄泽元. 食品化学［M］. 北京：中国轻工业出版社，2017.

[5] 汪东风. 食品化学［M］. 北京：化学工业出版社，2014.

[6] 谢明勇. 高等食品化学［M］. 北京：化学工业出版社，2014.

[7] 贡汉坤. 食品生物化学［M］. 北京：科学出版社，2010.

[8] 卞生珍，金英姿. 食品化学与营养［M］. 北京：科学出版社，2016.

[9] 张邦建，崔雨荣. 食品生物化学实训教程［M］. 北京：科学出版社，2010.

[10] 邵颖，刘洋. 食品化学［M］. 北京：中国轻工业出版社，2018.

[11] 迟玉杰. 食品化学［M］. 北京：化学工业出版社，2012.

[12] 夏红. 食品化学［M］. 第2版. 北京：中国农业大学出版社，2008.

[13] 夏延斌. 食品化学［M］. 北京：中国轻工业出版社，2001.

[14] 马丽杰，李增绪. 食品化学［M］. 北京：中国医药科技出版社，2017.

[15] 梁文珍，蔡智军. 食品化学［M］. 北京：中国农业大学出版社，2010.

[16] 郑宝东. 食品酶学［M］. 南京：东南大学出版社，2006.

[17] 周家华，崔英德，曾颢. 食品添加剂［M］. 第2版. 北京：化学工业出版社，2008.

[18] 马自超，陈文田，李海霞. 天然食用色素化学［M］. 北京：中国轻工业出版社，2016.

[19] 陈福玉，叶永铭，王桂桢. 食品化学［M］. 第2版. 北京：中国质检出版社，2017.

[20] 张晓鸣. 食品风味化学［M］. 北京：中国轻工业出版社，2017.

[21] 王永华，戚穗坚. 食品风味化学［M］. 北京：中国轻工业出版社，2015.

[22] 曾庆孝. 食品加工与保藏原理［M］. 第3版. 北京：化学工业出版社，2015.

[23] 郝利平. 食品添加剂［M］. 第3版. 北京：中国农业大学出版社，2016.

[24] 谢增鸿. 食品安全分析与检测技术［M］. 北京：化学工业出版社，2010.